Tobias Brenner

Anwendung von Ultraschall zur Verbesserung der Papierfestigkeit durch Beeinflussung der Fasermorphologie

Selbstverlag
TU Dresden
Institut für Naturstofftechnik
Professur für Papiertechnik

Schriftenreihe Holz- und Papiertechnik
Band 17

Tobias Brenner

Anwendung von Ultraschall zur Verbesserung der Papierfestigkeit durch Beeinflussung der Fasermorphologie

Selbstverlag
TU Dresden
Institut für Naturstofftechnik
Professur für Papiertechnik

2016

Selbstverlag
TU Dresden
Institut für Naturstofftechnik
Professur für Papiertechnik
01062 Dresden

Herstellung: SDV Direct World GmbH, Dresden
Satz und Redaktion: Dipl.-Ing. Tobias Brenner

Hergestellt in Deutschland.
Made in Germany.
ISBN 978-3-86780-494-3

Anwendung von Ultraschall zur Verbesserung der Papierfestigkeit durch Beeinflussung der Fasermorphologie

Der Fakultät Maschinenwesen der Technischen Universität Dresden
zur Erlangung des akademischen Grades Doktoringenieur (Dr.-Ing.)
vorgelegte / angenommene Dissertation

von

Dipl.-Ing. Tobias Brenner
geboren am 08. Mai 1977 in Dresden

Tag der Einreichung: 28. September 2015
Tag der Verteidigung: 23. Juni 2016

Gutachter: Prof. Dr.-Ing. Harald Großmann
Prof. Dr.-Ing. habil. Christina Dornack

Professur für Papiertechnik

2016

Vorwort und Danksagung

Die vorliegende Arbeit entstand während meiner Tätigkeit als wissenschaftlicher Mitarbeiter an der Professur für Papiertechnik der Technischen Universität Dresden sowie als Projektleiter an der Papiertechnischen Stiftung.

Mein besonderer Dank gilt Herrn Prof. Dr.-Ing. H. Großmann für die Möglichkeit, diese Arbeit im Bereich Papiertechnik anfertigen zu können. Mein Dank umfasst sowohl die sehr gute wissenschaftliche Betreuung der Arbeit als auch das in mich gesetzte Vertrauen. Ich danke meinen Kollegen an der Professur für Papiertechnik, wobei mein besonderer Dank Herrn Dr.-Ing. M. Wanske, Herrn Dr.-Ing. R. Zelm und Herrn Dr.-Ing. T. Handke für den konstruktiven Meinungsaustausch sowie den Kolleginnen und Kollegen im Labor und der Werkstatt gilt.

Frau Prof. Dr.-Ing. habil. C. Dornack danke ich für ihr Interesse an dieser Arbeit sowie die Übernahme des Gutachtens.

Mein herzlicher Dank gilt auch Herrn Dr. rer. nat. F. Miletzky, Frau Dipl.-Ing. I. Demel, Herrn M. Sc. T. Arndt und Herrn Dipl.-Ing. A. Manoiu, die mir an der Papiertechnischen Stiftung in hervorragender Art und Weise die Rahmenbedingungen zur Bearbeitung dieses Themas geschaffen haben. Ich danke meinen Kollegen an der Papiertechnischen Stiftung für die freundschaftliche Zusammenarbeit und möchte insbesondere Herrn Dr.-Ing. A.-M. Strunz, Herrn Dr. K. Erhard, Frau Dipl.-Ing. B. Kießler und Herrn Dipl.-Ing. J. Kretzschmar für ihre Inspirationen und Ratschläge meinen Dank aussprechen.

Besonderer Dank gilt auch Herrn Dipl.-Ing. I. Jänich, der mir stets als Ansprechpartner bei praktischen Aspekten des Ultraschalls zur Seite stand.

Weiterer Dank gilt den Studenten, die im Rahmen ihrer studentischen Tätigkeit zum Gelingen dieser Arbeit beigetragen haben. Besonderer Dank gilt hierbei Herrn Dr.-Ing. J. Kannengießer, Frau Dipl.-Ing. S. Schack und Herrn Dipl.-Ing. O. Hanke.

Für die Durchsicht des Skriptes danke ich herzlich Frau Dipl.-Ing. M. Härting und Frau Dipl.-Ing. N. El-Karzazi.

Der Arbeitsgemeinschaft industrieller Forschungsvereinigungen (AiF) und dem Kuratorium für Forschung und Technik des Verbandes deutscher Papierfabriken e. V. (VdP) bin ich für die finanzielle Unterstützung zu größtem Dank verpflichtet.

Nicht zuletzt gilt mein Dank meiner Familie, die mir diesen Weg ermöglicht und mich in den Höhen und Tiefen während der Erstellung dieser Arbeit begleitet und motiviert hat.

Inhaltsverzeichnis

I. Abbildungsverzeichnis

II. Abkürzungen

Abkürzung	**Bedeutung**
AFM	Atomic Force Microscopy (Rasterkraftmikroskopie)
AP	Altpapier
CEPI	Confederation of European Paper Industries
CMOS	Complementary Metal Oxide Semiconductor (Metalloxid-Halbleiter)
CWT	Cell wall thickness (Dicke der Faserwand)
dpi	Dots per inch (Punkte pro Zoll)
DSC	Differential Scanning Calorimetry (Dynamische Differenz-Thermoanalyse)
ECF	Elemental chlorine free (elementar-chlorfrei-gebleichter Faserstoff)
EuSa	Eukalyptus-Sulfatzellstoff
FiSa	Fichten-Sulfatzellstoff
GVZ	Grenzviskositätszahl
HIFU	High intensity focused ultrasound (Fokusierter Ultraschall)
INGEDE	International Association of the Deinking Industry
KiSa	Kiefern-Sulfatzellstoff
LWC	Light weight coated (-Papier)
M	Mahlung
MBSL	Multi-bubble sonoluminescence (Mehrblasen-Sonolumineszenz)
MDP	Mean depth of penetretation (Mittlere Eindringtiefe)
MW	Arithmetischer Mittelwert
ONP	Old News Print (grafisches Altpapier / Zeitschriften)
otro	ofentrocken
PM	Pilotpapiermaschine
PPT	Professur für Papiertechnik, TU Dresden
PTS	Papiertechnische Stiftung
R	Referenz
RBA	Relative bonding area (Relative Bindungsfläche)
REM	Rasterelektronenmikroskop
Resid	Residuen
SBSL	Single-bubble sonoluminescence (Einzelblasen-Sonolumineszenz)
SC	Super calandered (-Papier)
SEC	Specific energy consumption (Spezifischer Energiebedarf)
SR	Schopper Riegler
Stabw	Standardabweichung
US	Ultraschall
WFC	Wood free coated (-Papier)
WRV	Wasserrückhaltevermögen

III. Formelzeichenverzeichnis

Formelzeichen	Bezeichnung	Einheit
Lateinische Buchstaben		
A	Spektrales Absorptionsmaß	-
A_1	Querschnittsfläche 1 eines Stufenhorns	cm^2
A_2	Querschnittsfläche 2 eines Stufenhorns	cm^2
A_S	Sonotrodenstirnfläche	cm^2
a	Amplitude, Elongation	m
a_{max}	maximale Amplitude, maximale Elongation	m
a_λ	Absorptionskoeffizient	1/(M·cm)
B	Bestimmtheitsmaß eines Regressionsmodells	-
B_S	spezifische Mahlkantenbelastung	J/m
c	Feststoffgehalt einer Suspension	%, g/l
$c(X)$	Stoffmengenkonzentration eines Stoffes X	mol/l
c_A	Schallgeschwindigkeit	m/s
c_{FL}	Schallgeschwindigkeit in einem Fluid	m/s
c_S	Sättigungskonzentration	g/g
c_{So}	Schallgeschwindigkeit in einem Feststoff	m/s
c_{St}	Konzentration eines Stoffes in einem Lösungsmittel	g/g
c_∞	Sättigungskonzentration in großer Entfernung	g/g
D	Durchmesser	m
d	Schichtdicke	m
d_B	Abstand v. Blasenzentrum bis Feststoffoberfläche	m
d_S	Durchmesser Ultraschallsonotrode an der Spitze	m
F_R	Reibungskraft	N
f	Frequenz	Hz
f_R	Resonanzfrequenz	Hz
g	Wiederholgrenze	-
H_f	Schmelzenthalpie	J
I	(Leistungs-) Intensität	W/cm^2
I_0	Intensität eines Lichtstrahles vor Eintritt	W/m^2
I_a	Schallintensität	W/m^2
I_d	Intensität eines Lichtstrahles nach Durchtritt	W/m^2
j	ganze Zahl	-
K	Kompressionsmodul	Pa
K_A	Kavitationsindex (metallische Prüfkörper / Aluminium)	-
K_{Fl}	Kompressionsmodul eines Fluids	Pa
k_h	Faktor (hoch), Kavitationsindex Aluminium	-
k_n	Faktor (niedrig), Kavitationsindex Aluminium	-
L	Länge	m
m	Anzahl der Variablen / Freiheitsgrade	-

Formelzeichen	Bezeichnung	Einheit
n	Stichprobenumfang, Anzahl	-
p	Druck	Pa
$\tilde{p}$	Schallwechseldruck, Schalldruck	Pa
p_{Fl}	Druck in einem Fluid	Pa
p_G	Gas-Partialdruck über der Flüssigkeit	Pa
p_V	Partialdruck des Dampfes	Pa
p_{WH}	Wasserhammerdruck	Pa
p_i	Druck im Gas an einer Blasenwand	Pa
p_∞	Druck in einem Fluid weit entfernt von eine Blase	Pa
R	Radius	m
R^2	Bestimmtheitsmaß einer (linearen) Regression	-
R_i	Residuen zur i-ten Realisierung	-
R_{max}	Maximaler Radius einer Blase	m
R_P	Krümmungsradius einer Pore	m
R_R	Resonanzradius einer Blase	m
Re	Reynolds-Zahl	-
r	Korrelationskoeffizient	-
r_{Sp}	Sphärischer Radius	m
r_p	Projizierter Radius	m
S	Oberflächenspannung	N/m
SS_k	Quadratsumme (sum of squares) v. Einflussgröße X_k	-
se_k	Standardfehler der Einflussgröße X_k	-
s	Empirische Standardabweichung	-
$\hat{s}^2$	Reststreuung (Schätzung)	-
T	Schwingungsdauer, Periodendauer	s
T_0	Schmelztemperatur von freiem Wasser	K
T_S	Schmelztemperatur von (Eis-) Kristallen	K
t	Zeit oder Dauer	s
t	Wert der Teststatistik	-
t_k	Wert der Teststatistik der Einflussgröße X_k	-
u	Messunsicherheit	-
V	Volumen	m^3
v	Schallschnelle	m/s
$\bar{v}$	(mittlere) Fließgeschwindigkeit	m/s
v_{Fl}	Geschwindigkeit eines Fluids	m/s
v_{Jet}	Geschwindigkeit eines Mikrojet (Kavitation)	m/s
w	Energiedichte	Pa
X_k	Einflussgröße k	-
x	Koordinate, Messgröße	-
y	Koordinate, Messgröße	-

Formelzeichen	Bezeichnung	Einheit
$\hat{y}$	Schwingweite	µm
$\bar{y}$	Mittelwert	-
y_i	Messwert i	-
$\acute{y}_i$	Schätzwert einer Zielgröße i	-
Z	Schallimpedanz, Schallkennimpedanz	N·s/m³
z	Koordinate	-

Griechische Buchstaben

α	Signifikanzniveau	-
α_M	Schnittwinkel einer Mahlgarnitur	°
β_k	Regressionskoeffizient der Einflussgröße X_k	-
γ	Distanz (dimensionslos)	-
γ_{Fl}	Leitfähigkeit einer Flüssigkeit	µS/cm
γ_{sl}	Oberflächenenergie	J/m²
Δ	Differenz, LAPLACE-Operator	-
δ	LAMÉ-Konstante	Pa
η_{Fl}	dynamische Viskosität eines Fluids	N·s/m²
ϑ	Temperatur	°C
κ	Adiabatenexponent	-
λ	Wellenlänge	m
μ	LAMÉ-Konstante	Pa
ν_{Fl}	kinematische Viskosität eines Fluids	m²/s
ρ	Dichte	kg/m³
ρ_{Fl}	Dichte eines Fluids	kg/m³
ρ_{So}	Dichte eines festen Körpers	kg/m³
$\hat{\sigma}^2$	Schätzung der empirischen Varianz	-
σ_r	Wiederholstandardabweichung	-
φ_0	Phasenwinkel zu Beginn einer Schwingung	-
ω	Kreisfrequenz	1/s

IV. Tabellenverzeichnis

1 Einleitung und Zielstellung

Die Festigkeit stellt eine grundlegende Eigenschaft von Papier dar. Bei den meisten Papierprodukten ist eine hohe Festigkeit des trockenen Papiers (Festigkeit bei Gleichgewichtsfeuchte) für die Weiterverarbeitung und den Gebrauch wichtig.

Bei verschiedenen Papierprodukten sind unterschiedliche Beanspruchungsarten von Bedeutung. So wird bei grafischen Papieren eine hohe Oberflächenfestigkeit beziehungsweise Rupffestigkeit verlangt, um eine gute Bedruckbarkeit zu gewährleisten. Bei Verpackungspapieren wie beispielsweise den sogenannten Linern sind hingegen die Stauchfestigkeit innerhalb der Blattebene als auch die Berstfestigkeit wichtig, wenngleich auch bei Verpackungspapieren zunehmend Anforderungen an die Bedruckbarkeit gestellt werden. Neben der Festigkeit des trockenen Papiers spielt bei mehreren Papierprodukten wie ausgewählten Tissueprodukten auch die sogenannte Nassfestigkeit eine hervorgehobene Rolle, wie dies beispielsweise bei Küchenpapier der Fall ist.

Die Ausbildung von Festigkeit im Papier kann durch verschiedene Maßnahmen erreicht werden. Dabei kann in Maßnahmen unterschieden werden, die im Bereich der Stoffaufbereitung erfolgen und somit durch Änderungen am in Wasser suspendierten Faserstoff wirken und in Maßnahmen, die im Bereich der Papiermaschine auf das feuchte Papiervlies oder auf das teil- oder endgetrocknete Papier appliziert werden.

Die Maßnahmen innerhalb der Stoffaufbereitung können auf einem physikochemischen Wirkprinzip basieren und die Zugabe von Trockenfestmitteln wie Stärke sein. Oder sie basieren auf einem mechanischen Wirkprinzip durch einen an die Faserstoffsuspension adaptierten Mahlprozess. Mit diesem wird eine Änderung der Fasermorphologie angestrebt. Der Mahlprozess stellt trotz verschiedener Nachteile wie einem hohen spezifischen Energiebedarf oder eine starke Erhöhung des Entwässerungswiderstandes des Faserstoffes das Verfahren der Wahl zur Beeinflussung der Faserstoff- respektive Papiereigenschaften insbesondere bei Primärfaserstoffen dar. In dieser Arbeit soll der Einsatz von Leistungsultraschall zur Änderung der Fasermorphologie und damit zur Verbesserung der Papierfestigkeit bewertet werden.

Die Nutzung des Leistungsultraschalls innerhalb des Papierproduktionsprozesses erfolgt bisher nicht. In der Literatur wurden für den Produktionsprozess von Papier verschiedene Applikationen für Leistungsultraschall beschrieben, deren technologische Eignung unterschiedlich intensiv untersucht worden ist. Für den Bereich der Faserstofferzeugung wurde in Laboruntersuchungen eine Beschleunigung der Delignifizierung gefunden und neben holzbasierten Faserstoffen insbesondere Faserstoffe aus Einjahrespflanzen untersucht (1), (2), (3).

Als Arbeitshypothese dieser Arbeit wird formuliert, dass die Einleitung von (Hochleistungs-) Ultraschall in eine Faserstoffsuspension in der Erzeugung von Kavitation innerhalb der Faserstoffsuspension resultiert. Die Kavitation wirkt auf den Faserstoff und führt zu einer Änderung der Fasermorphologie wie insbesondere einer Flexibilisierung der Einzelfaser beziehungsweise der Faserwand und auch einer externen Fibrillierung der Faser. Aus dieser Änderung der Fasermorphologie resultiert eine Erhöhung des Festigkeitspotenzials des Faserstoffes respektive eine Erhöhung der Papierfestigkeit.

Das Ziel dieser Arbeit ist die Verbesserung der Papierfestigkeit durch Anwendung der akustisch induzierten Kavitation zur Flexibilisierung der Einzelfaser beziehungsweise der Faserwand. Die Erzeugung von akustischer Kavitation erfolgt durch die Einleitung von hochfrequenten Schallwellen (Ultraschall) in die Faserstoffsuspension, wobei Primärfaserstoffe als auch Sekundärfaserstoffe untersucht werden. Die Intensität des eingesetzten Ultraschalls entspricht dabei dem Hochleistungs-Ultraschall. Auch wenn eine exakte Definition von Hochleistungs-Ultraschall bisher nicht postuliert wurde, so kann als Orientierung eine Intensität von 10 W/cm^2 als untere Grenze des Hochleistungs-Ultraschall angesehen werden.

Diese Arbeit soll einen Beitrag dazu leisten, den spezifischen Energiebedarf des Papierherstellungsprozesses zu senken. Dazu soll insbesondere dem konventionellen Mahlprozess in Refinern ein neuer Prozess – die Ultraschall-Mahlung – gegenübergestellt werden.

Mit der Ultraschall-Mahlung wird eine Erhöhung des Festigkeitspotenzials von Faserstoffen mit einem geringeren spezifischen Energiebedarf gegenüber konventionellen Refinern angestrebt. Gleichzeitig soll mit der Ultraschall-Mahlung eine schonendere Behandlung des Faserstoffes gegenüber der Behandlung in konventionellen Refinern erfolgen. Dies bedeutet, dass die in Refinern auftretende Kürzung der Fasern durch die schneidende Wirkung der Mahlmesser quer zur Faserlängsachse bei einer Ultraschall-Mahlung in einem sehr viel geringerem Maße wirksam werden soll. Auch die mit der konventionellen Refinermahlung verbundene Erhöhung des Entwässerungswiderstandes des Faserstoffes, die mit einer unerwünschten Reduzierung der Entwässerungsgeschwindigkeit in der Siebpartie der Papiermaschine verbunden ist, soll durch die Ultraschall-Mahlung in einem weit geringeren Maße wirksam werden.

2 Theorie

2.1 Papierfestigkeit

Die Festigkeitsausbildung im trockenen Papier wird der Ausbildung von Wasserstoffbrückenbindungen zugeschrieben. Für die Erklärung der Papierfestigkeit ist demnach eine starke Annäherung der Fasern von weniger als 0,32 nm erforderlich, um die Ausbildung der Wasserstoffbrückenbindung zu ermöglichen (4), (5), (6). Zusätzlich muss eine möglichst große Kontaktfläche zwischen den Fasern geschaffen werden. Das mechanische Wirkprinzip der Mahlung unterstützt diese Modellvorstellung, da bei der Mahlung von Faserstoffen eine Erhöhung der spezifischen Oberfläche erfolgt. Der energetische Aufwand für eine fibrillierende Wirkung der Mahlung ist dabei deutlich geringer als die kürzende Wirkung. Im Sinne der Theorie der Wasserstoffbrückenbindung erfolgen demnach bei der Mahlung von Faserstoff eine Freilegung von Hydroxylgruppen und eine Umlagerung dieser Hydroxylgruppen mit Wasserdipolen. (7)

Die übergeordnete Bedeutung der Wasserstoffbrückenbindung für die Papierfestigkeit wird seit einiger Zeit kritisiert. Insbesondere die für die Ausbildung der Wasserstoffbrückenbindung erforderliche starke Annäherung der Fasern ist nicht im gesamten Bereich der Kontaktfläche zwischen zwei Fasern gegeben (Abb. 1). Nach der Auffassung der Kritiker spielen neben der Wasserstoffbrückenbindung auch weitere Bindungsarten wie kovalente und ionogene Bindungen sowie van-der-Waalssche Kräfte eine Rolle. Darüber hinaus üben übermolekulare Strukturen wie Verflechtungen einen Einfluss auf die Papierfestigkeit aus. (8), (9), (10)

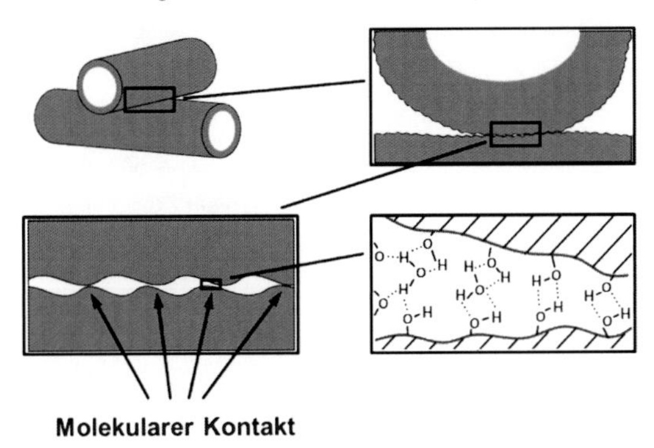

Abb. 1: Vereinfachte Modellvorstellung zur Faser-Faser-Bindung mit schematischer Darstellung der Wasserstoffbrückenbindung nach (10)

Die Eigenschaften des Papiers werden durch verschiedene Aspekte – seinem strukturellen Aufbau (Netzwerk), dem für das Netzwerk eingesetzten Faserstoff und den Komponenten des Faserstoffes (insbesondere Fasern) – beeinflusst (Abb. 2) (11). Die Papierfestigkeit wird daher durch verschiedene Eigenschaften in den einzelnen Ebenen bestimmt, die zum einen aus dem Aufbau und der Zusammensetzung des Rohstoffes (Auswahl des Rohstoffes) und zum anderen aus den gewählten Prozessbedingungen bei der Papierherstellung (Faseraufschluss, Stoffaufbereitung, Blattbildung und -entwässerung) resultieren. Im Rahmen dieser Arbeit soll mit der Ultraschall-Mahlung eine Modifizierung des Rohstoffes innerhalb der Stoffaufbereitung erfolgen, um damit Änderungen an der Faser und am Faserstoff hervorzurufen, die in einer Erhöhung der Papierfestigkeit resultieren.

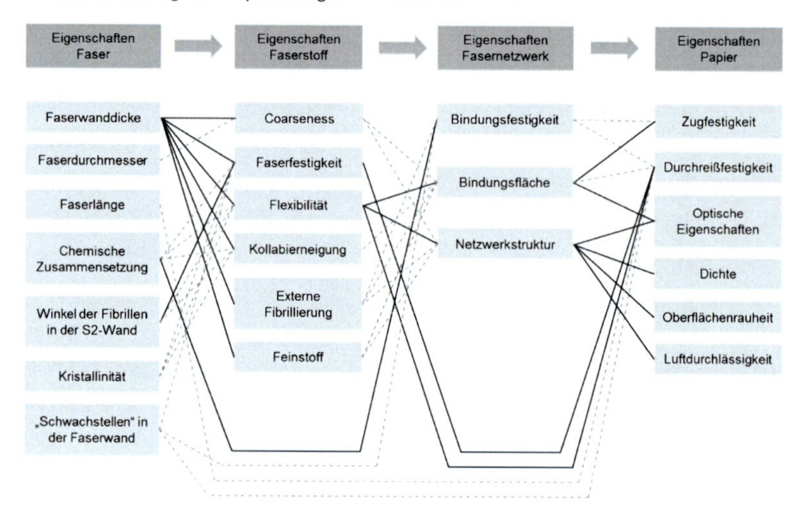

Abb. 2: Zusammenhang zwischen den Eigenschaften der Holzfaser, des Faserstoffes, des Fasernetzwerkes und den Papiereigenschaften, Haupteffekte mit dicken Linien dargestellt nach Paavilainen (11)

Innerhalb der Ebene der Faser kann in morphologische, chemische und strukturelle Eigenschaften unterschieden werden. Die Morphologie wird insbesondere durch den Durchmesser und die Länge der Faser sowie die Dicke der Faserwand bestimmt. Die chemische Zusammensetzung der Faser (Faserwand) ist stark durch die drei Hauptkomponenten des Holzes – Cellulose, Polyosen (Hemicellulosen), Lignin – bestimmt, die einen unterschiedlichen chemischen Aufbau aufweisen. Der Anteil der Hauptkomponenten in der Faserwand wird durch die Pflanze (Art und Provenienz) als auch durch die Bedingungen beim Faseraufschluss bestimmt. Zu den strukturellen Eigenschaften der Faser können der Winkel der Fibrillen in der S2-Wand, die Kristallinität als auch „Schwachstellen" innerhalb der Faserwand gezählt werden. Die strukturellen Eigenschaften werden durch die Pflanze bestimmt, die Kristallinität sowie „Schwachstellen" in der Faserwand zusätzlich durch den Faseraufschluss.

Wie aufgezeigt, können die Eigenschaften der Faser und damit des Faserstoffes von der Wahl der Aufschlussbedingungen beeinflusst werden. Im Papierproduktionsprozess können insbesondere durch eine mechanische Behandlung des Faserstoffes in Refinern (beispielsweise Scheibenmühlen) die Eigenschaften des Faserstoffes stark verändert werden.

Neben dem Modell von Paavilainen (Abb. 2) wurden weitere Modelle veröffentlicht (12), (13), die verschiedene Beanspruchungsarten des Papiers abbilden, wobei die Modelle teils auf physikalischen und teils auf empirischen Zusammenhängen basieren. Die statische Festigkeit des Papiers (Zugfestigkeit) wurde von Page et allius auf Basis eines vereinfachten Modells des Fasernetzwerkes beschrieben (12), (14), (15). Die dynamische Festigkeit des Papiers (Durchreißarbeit) wurde beispielsweise von Kärenlampi (13) beschrieben.

Diese Modelle basieren auf verschiedenen vereinfachenden Annahmen, wie beispielweise eine einheitliche Faserstruktur oder isotrope Eigenschaften des Papiers, so dass die Übertragung der Modelle auf die Eigenschaften realer Papiere sehr begrenzt ist. Dennoch können aus diesen Modellen qualitative Zusammenhänge zwischen den in Abb. 2 aufgeführten Eigenschaften abgeleitet werden. Die Modelle postulieren, dass neben morphologischen Eigenschaften der Faser wie der Faserlänge, für die Papierfestigkeit insbesondere die Einzelfaserfestigkeit als auch die Bindungsfestigkeit zwischen den Fasern wichtig sind (16). Eine Erhöhung der Faserlänge resultiert insbesondere in einer Erhöhung der Durchreißfestigkeit eines Papiers (17), (16). Die Einzelfaserfestigkeit wird durch die Wahl des Faserrohstoffes und des Aufschlussverfahrens bestimmt und unterliegt somit weitgehend ökonomischen Belangen. Für Spezialpapiere wie Transparentpapiere, bei denen eine intensive mechanische Mahlung der Fasern erfolgt, oder auch für mehrfach rezyklierte Faserstoffe kann die Einzelfaserfestigkeit eine übergeordnete Rolle für die Papierfestigkeit haben. Die überwiegende Anzahl an Papieren besteht aus nur leicht geschädigten (Holz-) Fasern, für die die Faser-Faser-Bindungsfestigkeit für die Papierfestigkeit eine übergeordnete Bedeutung gegenüber der Einzelfaserfestigkeit aufweist.

Einen wesentlichen Anteil an der Faser-Faser-Bindungsfestigkeit in diesen Modellen hat die Bindungsfläche zwischen den Fasern, die als relative Bindungsfläche (RBA) ausgedrückt werden kann (12), (13), (14), (18). Eine Erhöhung der Bindungsfläche kann durch eine Erhöhung der externen Fibrillierung der Faseroberfläche erfolgen, wobei Aggregate aus Cellulose (Fibrillen) aus der Faserwand partiell aus dem Verbund gelöst werden. Erfolgt eine vollständige Ablösung von Fibrillen, so wird (sekundärer) bindungsaktiver Feinstoff erzeugt, der ebenfalls die Bindungsfläche zwischen den Fasern erhöht. Die Trennung von Bereichen innerhalb der Faserwand wird als Delaminierung beschrieben, die zur Flexibilisierung der Fasern führt, das gegenseitige Umschlingen von Fasern begünstigt und somit die Bindungsfläche zwischen den Fasern erhöht. Die Delaminierung innerhalb der Faserwand resultiert in der Schaffung von Poren, welche die Wasseraufnahme respektive die Quellung der Faser erhöhen und somit das Wasserrückhaltevermögen der Fasern steigern.

Die Erhöhung der spezifischen Oberfläche des Faserstoffes resultiert zum einen wie zuvor beschrieben in einer Erhöhung des Festigkeitspotenzials des Faserstoffes. Zum anderen folgt daraus eine Reduzierung des Durchlässigkeitsbeiwertes des Faserstoffes für Flüssigkeiten nach dem Darcy-Gesetz (19), wodurch eine Verringerung der Entwässerungsleistung im Bereich der Siebpartie der Papiermaschine hervorgerufen wird. Gleichzeitig hat eine hohe spezifische Oberfläche des Faserstoffes eine Erhöhung des Anteils an gebundenem Wasser zur Folge, das bei der Trocknung des Papiers mehr Energie zur Verdampfung benötigt gegenüber freiem Wasser (20). Dieses gebundene Wasser kann mechanisch nicht entfernt werden.

Eine gängige Messmethode zur Bestimmung des mechanisch nicht entfernbaren Wassers im Faserstoff (Wasserrückhaltevermögen) ist die Entwässerung des feuchten Faserstoffes durch Zentrifugation bei 3000-facher Erdbeschleunigung, was einem Druck von ca. 500 kPa entspricht (21). Die Bestimmung des Wasserrückhaltevermögens nach Zentrifugation mit 3000-facher Erdbeschleunigung stellt eine seit mehreren Dekaden etablierte Messmethode dar (ISO 23714:2014-01). Eine höhere Krafteinwirkung bei der Entwässerung führt zu einer weiteren Entwässerung des Faserstoffes. Die Menge des mechanisch nicht entfernbaren Wassers wurde für verschiedene Faserstoffe bei einem Druck von 9 MPa mit ca. 25 % bis 40 % bestimmt (21). Für die Bestimmung des Wasserrückhaltevermögens des Faserstoffes nach Zentrifugation mit 3000-facher Erdbeschleunigung konnte ein ausreichend guter Zusammenhang zur massenspezifischen Oberfläche des Faserstoffes – Bestimmungsmethode für die hydrodynamisch wirksame, äußere Faserstoffoberfläche nach Heinemann (22) – gefunden werden (23). Das Wasserrückhaltevermögen eines Faserstoffes korreliert gut mit verschiedenen Festigkeitseigenschaften von Papieren, die aus dem Faserstoff gebildet werden.

Generell gelten die für Primärfaserstoffe postulierten Eigenschaften auch für rezyklierte Faserstoffe. Zusätzlich zu den Fasern sind in rezyklierten Faserstoffen aber auch verschiedene Bestandteile enthalten, die durch die Veredelung, Verarbeitung, Nutzung sowie die Sammlung des Altpapiers eingetragen werden. Diese Bestandteile sind vor allem Stärke aus dem Oberflächenauftrag auf das Papier und mineralische Bestandteile (Füllstoff- und Strichpigmente). Insbesondere die mineralischen Bestandteile verfügen über kein Bindungspotenzial und vermindern das Festigkeitspotenzial eines Faserstoffes. Ein weiterer Unterschied zu Primärfaserstoffen ist die Neigung zur Verhornung bei rezyklierten Faserstoffen. Die Verhornung resultiert aus der mehrfachen Rezyklierung von Faserstoff im Papierkreislauf mit den damit einhergehenden Befeuchtungs- und Trocknungszyklen. Unter dem Begriff Verhornung werden strukturelle Änderungen an der Faser zusammengefasst (24). Derzeit wird als zutreffender Mechanismus der Verhornung die gegenseitige Absättigung von Hydroxylgruppen der Cellulose bei der Trocknung von Faserstoff angesehen, wobei insbesondere Mikrofibrillen innerhalb der Faserwand aggregieren und die für Wasser zugängliche Oberfläche abnimmt. Aus der Verhornung resultieren eine Abnahme der Faserflexibilität, eine Abnahme des Wasserrückhaltevermögens des Faserstoffes sowie eine Änderung der Oberflächeneigenschaften der Faser, so dass die Verhornung das Festigkeitspotenzial eines Faserstoffes vermindert. (25)

2.2 Mahlung von Faserstoff

In dieser Arbeit wird der Einsatz von Ultraschall zur Mahlung von Faserstoff bewertet und bei ausgewählten Untersuchungen ein Vergleich zur konventionellen Faserstoffmahlung in Refinern angestellt, deren wesentliche Charakteristika nachfolgend beschrieben werden.

Die Papierbildung auf einer Papiermaschine erfordert die Bereitstellung einer Faserstoffsuspension mit geeigneten Eigenschaften, die durch die Aufbereitung des Faserstoffes realisiert werden. Bei den Prozessen zur Aufbereitung des Faserstoffes ist die Mahlung ein Prozessschritt, der die Morphologie der Fasern und damit die Eigenschaften des Faserstoffes und letztendlich die Eigenschaften des Papiers sehr stark beeinflusst. Die Mahlung von Faserstoff erfolgt heute meist in Rotor-Stator-Maschinen, bei denen der Rotor und der Stator mit Messern in Form von Metallleisten versehen sind, wobei die Messer des Rotors über die Messer des Stators hinweggleiten. Der Faserstoff fließt innerhalb der Nuten zwischen den Messern des Rotors oder des Stators. Ein Teil des Faserstoffes gelangt auch in den Mahlspalt zwischen Rotor und Stator. Der Mahlspalt, das ist der Abstand zwischen Rotor und Stator, beträgt üblicherweise 10^{-5} - 10^{-4} m. Die Dicke der Fasern liegt vorwiegend im Bereich von 1,5 bis 3,0 $\cdot$ 10^{-5} m bei Libriformfasern von Laubhölzern und 2,5 bis 8,0 $\cdot$ 10^{-5} m bei Tracheiden von Nadelhölzern (17). Gelangen Flocken aus mehreren Fasern oder auch einzelne Fasern in den Mahlspalt, so erfahren sie eine intensive mechanische Beanspruchung. Diese ist zu einem gewissen Anteil kürzend, das heißt die Fasern werden mehr oder weniger quer zur Längsachse durchschnitten. Gleichzeitig ist diese Beanspruchung zu einem gewissen Anteil quetschend, das heißt die Faser werden extern oder intern fibrilliert – auf der Faseroberfläche (Abscheren von Fibrillen) oder innerhalb der Faserwand (Delaminierung der Faserwandschichten). Die quetschende Wirkung führt auch zum Kollabieren des Lumens und damit zu einem Abflachen der Faser. Die Vergrößerung der spezifischen Oberfläche durch die fibrillierende Wirkung stellt eine Besonderheit bei der Mahlung von Faserstoff dar. Bei der Mahlung von nichtfaserigen Materialien in anderen Zweigen der Verfahrenstechnik – beispielsweise die Mahlung von mineralischen Stoffen – erfolgt die Vergrößerung der spezifischen Oberfläche nur durch eine Zerkleinerung der Partikel (entspricht der Faserkürzung bei der Faserstoffmahlung). Neben der schneidenden und fibrillierenden Wirkung kann die Mahlung eine Kräuselung (Krümmung) oder Streckung der Fasern hervorrufen – je nach Verfahrensführung. Außerdem führt die Mahlung zu einer Umlagerung der im Faserstoff vorhandenen Hemicellulosen und des Lignins (26). Ein erhöhter Gehalt an Hemicellulosen in der äußeren Faserwandschicht ist insbesondere für die Ausbildung der statischen Festigkeiten im Papier günstig, die dynamischen Festigkeiten im Papier werden vom Hemicellulosengehalt kaum beeinflusst (27). Ein Grund für die Verbesserung der statischen Festigkeiten kann darin gesehen werden, dass für die Ausbildung der Wasserstoffbrückenbindung zwischen zwei Fasern eine starke Annäherung der Faseroberfläche auf ca. 3 Å erforderlich ist und die Hemicellulosen als Sol-Gel auf der Faseroberfläche wirken, die den Abstand zwischen zwei Fasern verringern beziehungsweise die relative Bindungsfläche zwischen zwei Fasern (RBA) erhöhen (28). Gleichfalls erhöhen Hemicellulosen durch ihren amorph geprägten Charakter die Quellbarkeit des Faserstoffes und damit die Flexibilisierung des Faserstoffes und können eine extern aufgeprägte Kraft besser aufnehmen (10), (28).

Wichtige Kenngrößen der Faserstoffmahlung sind die spezifische Mahlarbeit und die spezifische Mahlkantenbelastung. Die spezifische Mahlarbeit wird meist aus der elektrischen effektiven Leistung (Gesamtleistung der Mahlanlage abzüglich der Leistung für den Faserstoff- oder Wasserumtrieb) berechnet und auf die ofentrockene Suspensionsmasse bezogen (Bezeichnung: SEC). Die spezifische Mahlkantenbelastung B_S ist der Quotient der elektrischen effektiven Leistung und der sekündlichen Schnittkantenlänge (Einheit: J/m) und sollte als Mahlintensität aufgefasst werden. Andere Kenngrößen zur Mahlintensität, wie die spezifische Oberflächenbelastung, bringen die Intensität in ihrer Dimension zum Ausdruck, haben aber keine Verbreitung in der Praxis gefunden (29). Die Mahlintensität des Refiners muss auf die Mahlresistenz des Faserstoffes abgestimmt sein, um ein Kollabieren des Faserstoffes im Mahlspalt zu verhindern. Bei chemisch aufgeschlossenen Primärfaserstoffen werden die Einzelfaserfestigkeit und damit die Mahlresistenz des Faserstoffes sowohl durch die Holzart als auch durch die Art des Aufschlusses bestimmt. Bei dem Sulfatverfahren erfolgt der Aufschluss aus dem Faserinneren (Lumen) in Richtung Faseroberfläche, so dass hier die Primärwand nur wenig geschädigt wird. Sulfatzellstoff verfügt daher über einen höheren durchschnittlichen Polymerisationsgrad und einen höheren Gehalt an Hemicellulosen in der äußeren Faserwandschicht gegenüber Sulfitzellstoff. Beim Sulfitverfahren erfolgt der Aufschluss von der Faseroberfläche in Richtung Lumen, so dass die Primärwand stark geschädigt oder vollständig entfernt ist. Sulfatzellstoff verfügt daher über eine höhere Mahlresistenz gegenüber Sulfitzellstoff. Auch die gewählte Bleichsequenz hat insbesondere durch die Änderung des Hemicellulosengehaltes einen Einfluss auf die Mahlresistenz der Faserstoffe (30). Generell haben lange, ungebleichte Nadelholz-Sulfatzellstofffasern eine höhere Mahlresistenz gegenüber kurzen, gebleichten Laubholz-Sulfitzellstofffasern (31). Rezyklierte Faserstoffe haben tendenziell eine geringere Mahlresistenz als Primärfaserstoffen.

Ein wesentlicher Nachteil der Faserstoffmahlung ist der spezifisch hohe Energiebedarf. Dieser resultiert aus dem Umstand, dass die Wirkhäufigkeit beziehungsweise der Kontakt einer

Faser mit der Mahlgarnitur sehr gering ist – bei einem Durchgang des Faserstoffs durch einen Refiner kann die Wahrscheinlichkeit eines Kontaktes mit 7 - 20 % abgeschätzt werden (32). Der Wirkungsgrad der Faserstoffmahlung kann mit weniger als 1 % bis ca. 10 % angenommen werden (7). Diese Arbeit soll bewerten, inwieweit die Ultraschall-Mahlung die Änderung der Fasermorphologie mit einem geringeren spezifischen Energiebedarf bewirkt gegenüber der mechanischen Mahlung.

Die mit der mechanischen Mahlung verbundene Erhöhung des Entwässerungswiderstandes ist insbesondere bei rezyklierten Faserstoffen, die oft bereits einen hohen Entwässerungswiderstand aufweisen, nachteilig für die Geschwindigkeit des Blattbildungsprozesses respektive für die Papiermaschinengeschwindigkeit. Von der Ultraschall-Mahlung wird erwartet, dass die bei der mechanischen Mahlung hervorgerufene Schädigung des Fasermaterials, die insbesondere zur Feinstoffbildung führt, in einem geringeren Maße wirksam wird als bei der konventionellen Faserstoffmahlung in Refinern.

Tab. 1: Kennwerte für die Mahlung von Faserstoffen in Refinern (33)

Faserstoff	**Spezifische Mahlkantenbelastung in J/m**		**SEC in kWh/t**
	gering	**hoch**	
Primärfaserstoff, Nadelholz	2,0 - 4,0	4,0 - 6,0	40 - 200
Primärfaserstoff, Laubholz	0,4 - 0,8	0,8 - 1,5	25 - 80
Rezyklierter Faserstoff	0,4 - 2,0	2,0 - 4,0	20 - 100

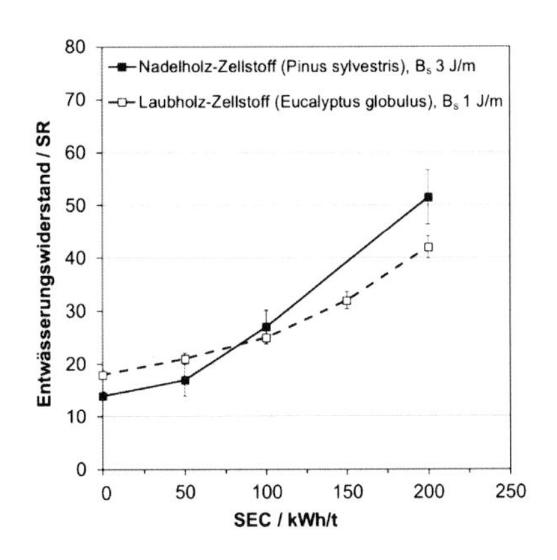

Abb. 3: Entwicklung des Entwässerungswiderstandes von ECF gebleichten Sulfatzellstoffen durch Mahlung im Scheibenrefiner (Pilotrefiner der PTS), Schnittwinkel 60°, eigene Untersuchungen

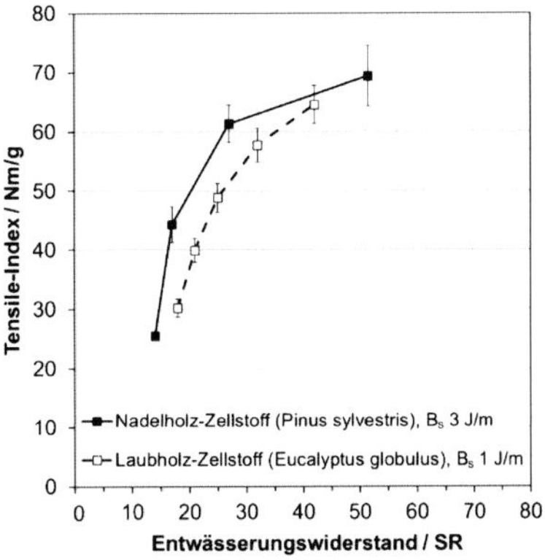

Abb. 4: Entwicklung des Festigkeitspotenzials von ECF gebleichten Sulfatzellstoffen durch Mahlung im Scheibenrefiner (Pilotrefiner der PTS), (Zugfestigkeit von Laborpapieren) , Schnittwinkel 60°, eigene Untersuchungen

Typische Kennwerte für die Mahlung von Faserstoffen enthält Tab. 1. Die mit der Mahlung von Faserstoff verbundenen Eigenschaftsveränderungen kann aus eigenen Untersuchungen in einem Pilotrefiner der Abb. 3 und der Abb. 4 entnommen werden. Neben einer mechanischen Veränderung der Fasermorphologie oder der Zugabe von Trockenverfestigern ist von verschiedenen Arbeitsgruppen eine mehrschichtige Belegung von Cellulosefasern mit Polyelektrolyten mit dem Ziel einer Erhöhung des Festigkeitspotenzials des Faserstoffes untersucht worden (8), (34), (35). Die Technologie konnte sich in der industriellen Praxis nicht durchsetzen.

2.3 *Ultraschall*

Die Technologie des Ultraschalls ist in verschiedenen Bereichen seit Jahrzehnten eingeführt und inzwischen etabliert. Generell können Ultraschallanwendungen in die zwei Bereiche der Ultraschallmesstechnik und des Leistungsultraschalls (Hochleistungs-Ultraschall) unterteilt werden. Die beiden Bereiche unterscheiden sich durch die Intensität des erzeugten Ultraschallsignals.

Anwendungen der Ultraschallmesstechnik sind die zerstörungsfreie Materialprüfung, die medizinische Diagnostik oder die Ortung bzw. Navigation. Leistungsultraschall wird zur Reinigung, Desintegration, Materialbearbeitung (Schweißen, Schneiden, u. a.) oder zur medizinischen Therapie eingesetzt. Innerhalb der Papierindustrie beschränkt sich die Anwendung des Ultraschalls bisher vorwiegend auf den Bereich der Messtechnik (Füllstand- oder Durchflussmessung, Materialprüfung).

In dieser Arbeit wird überwiegend die Anwendung von Hochleistungs-Ultraschall in einer Faserstoffsuspension untersucht. Nachfolgend sollen wesentliche Grundlagen des Ultraschalls vermittelt werden, die für das Verständnis nachfolgender Kapitel hilfreich sind.

2.3.1 Physikalische Grundlagen des Ultraschalls

Ultraschall ist ein Teilgebiet der Akustik und mit den Gesetzen zur Erzeugung und Ausbreitung von Schall verknüpft. Mit Bezug auf den vom Menschen wahrnehmbaren Hörschall wird der Schall in verschiedene Frequenzbereiche eingeteilt (Tab. 2). Nachfolgend werden – beginnend mit Schwingungen und Wellen – wesentliche physikalische Kenngrößen von (Ultra-) Schall beschrieben.

Tab. 2: Einteilung der Akustik in Frequenzbereiche (36)

Frequenzbereich	Gebiet der Akustik
0 bis 20 Hz	Infraschall
20 Hz bis 20 kHz	Hörschall
20 kHz bis 1 GHz	Ultraschall
mehr als 1 GHz	Hyperschall

Wird ein Teilchen in einem Stoff aus seiner Ruhelage ausgelenkt und anschließend los gelassen, so schwingt dieses Teilchen aufgrund seiner Trägheit um seine Ruhelage. Durch die nichtstarre Kopplung der Teilchen eines Stoffes (Elastizität) untereinander folgen auch benachbarte Teilchen der Auslenkung, allerdings zeitversetzt. Die Ausbreitung eines Schwingungszustandes im Raum wird als Welle bezeichnet. Die im Stoff auftretenden Energieverluste während der Schwingungsausbreitung verursachen eine Dämpfung der Schwingung mit fortschreitender Zeit.

Die Geschwindigkeit, mit der sich ein ausgelenktes Teilchen bewegt, wird als Teilchenschnelle beziehungsweise Schallschnelle bezeichnet. Die thermisch induzierte Eigenbewegung eines Teilchens wird bei der Betrachtung von Schwingungen und Wellen nicht beachtet, so dass man die Teilchen im Zusammenhang mit Schwingungen als fiktive Teilchen ansehen sollte. (37)

Eine Unterteilung der Wellen kann in Abhängigkeit von ihrer Erregung anhand der Wellenausbreitung erfolgen, wobei in drei Grundtypen – ebene Wellen, Zylinderwellen und Kugelwellen – unterschieden werden kann (38).

Die Schwingungsrichtung der Teilchen ist ein wesentliches Merkmal mechanischer Wellen. Zwei richtungsabhängige Wellentypen sind die Longitudinalwellen und die Transversalwellen. Longitudinalwellen schwingen parallel zur Ausbreitungsrichtung, so dass sich die Teilchen aufeinander zu und voneinander weg bewegen. Transversalwellen schwingen senkrecht zur Ausbreitungsrichtung, das heißt, die Teilchen bewegen sich auf parallelen Ebenen, jedoch phasenverschoben zueinander. Transversalwellen können sich nur in Medien ausbreiten, die eine Gestaltselastizität aufweisen, so dass diese Wellen nicht in Gasen und Flüssigkeiten auftreten. Longitudinalwellen erfordern eine Volumenelastizität des Mediums, in dem sie sich ausbreiten und treten daher in allen drei Aggregatszuständen (fest, flüssig, gasförmig) eines Mediums auf. (37)

Die durch eine Schallwelle hervorgerufenen Änderungen des physikalischen Zustandes eines Stoffes sind durch Größen wie dem Druck oder der Dichte gekennzeichnet. Diese Größen beschreiben eine Schallwelle und werden daher auch „Schallfeldgrößen“ genannt. (36)

Die mit einem äußeren Druck p verbundene Auslenkung führt zu einer Änderung der Dichte ρ des Stoffes und kann als Fortpflanzungsgeschwindigkeit der Schallausbreitung c_A (Schallgeschwindigkeit) nach Gleichung (1) ausgedrückt werden. Die Schallgeschwindigkeit kann dabei als eine Materialkonstante angesehen werden, die sich aus den LAMÉ-Konstanten δ und μ sowie der Dichte ρ des Stoffes ergibt. (38)

$$c_A = \sqrt{\frac{dp}{d\rho}} = \sqrt{\frac{\delta + 2 \cdot \mu}{\rho}} \qquad (1)$$

Für Flüssigkeiten ist die LAMÉ-Konstante $\mu = 0$, da keine Querkräfte übertragen werden können, so dass sich die Schallgeschwindigkeit c_{Fl} in Flüssigkeiten nach Gleichung (2) berechnet, wobei K_{Fl} der Kompressionsmodul und ρ_{Fl} die Dichte des Fluids sind (38).

$$c_{Fl} = \sqrt{\frac{K_{Fl}}{\rho}} \qquad (2)$$

Für die vereinfachenden Annahmen, dass ein Stoff isotrop ist, die Deformation eines Volumenelementes elastisch und linear ist, die Teilchenauslenkung klein ist gegenüber der Wellenlänge und kleine Glieder vernachlässigbar sind, erhält man partielle Differentialgleichungen, die als Wellengleichungen bezeichnet werden und als sogenannte Wellengleichung nach Gleichung (3) abgebildet werden kann, wobei t die Zeit ist (38). Der LAPLACE-Operator Δ in Gleichung (3) kann in kartesischen Koordinaten nach Gleichung (4) beschrieben werden, wobei x, y, z Koordinaten darstellen (36).

$$\Delta p - \frac{1}{c_A{}^2} \cdot \frac{\partial^2 p}{\partial t^2} = 0 \tag{3}$$

$$\Delta p = \frac{\partial^2 p}{\partial x^2} + \frac{\partial^2 p}{\partial y^2} + \frac{\partial^2 p}{\partial z^2} \tag{4}$$

Von den möglichen Schwingungsformen ist die harmonische Schwingung (Sinusschwingung) einer ebenen Welle der physikalisch einfachste Fall und kann durch Gleichung (5) beschrieben werden, wobei a die Erregung beziehungsweise Elongation (Amplitude) eines Teilchens (Abb. 5) und φ_0 der Phasenwinkel bei Beginn der Schwingung sind. Für die Kreisfrequenz ω gilt $\omega = 2\pi \cdot f = 2\pi/T$ mit der Frequenz $f = c_A/\lambda$. (37)

$$a(t,x) = a_{max} \cdot \sin\left[\omega \cdot \left(t - \frac{x}{c_A}\right) + \varphi_0\right] \tag{5}$$

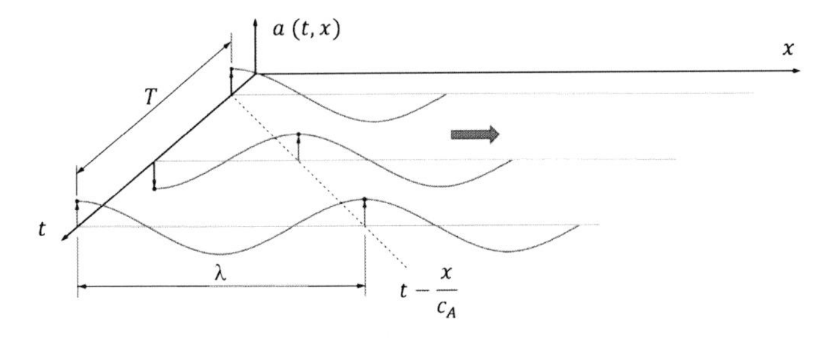

Abb. 5: Welle im Raum-Zeit-Diagramm mit Periodendauer T und Wellenlänge λ nach (37)

Die Elongation (Amplitude) a bezieht sich auf den Abstand von der Ruhelage des Teilchens zur (maximalen) Auslenkung. Die Schwingweite $\hat{y}$ ist hingegen der Abstand zwischen der maximalen positiven und der maximalen negativen Auslenkung und entspricht demnach der doppelten maximalen Amplitude. Zur Abgrenzung von der Amplitude wird die Schwingweite auch mit „Peak to Peak" (pkpk) gekennzeichnet. Die Schallschnelle v, also die Geschwindigkeit der Auslenkung eines Teilchens, kann durch die erste Ableitung der Elongation nach der Zeit erhalten werden. Die Dichteschwankungen in einem Stoff werden durch den Schallwechseldruck $\tilde{p}$ mit $\tilde{p} = \rho \cdot c_A \cdot v$, auch Schalldruck genannt, beschrieben. Die Schallschnelle und der Schallwechseldruck ändern sich dabei analog zur (harmonischen) Schwingung. Der Quotient aus Schalldruck und Schallschnelle ist – im freien Schallfeld – die spezifische Schallimpedanz Z mit $Z = \tilde{p}/v = \rho \cdot c_A$, die auch Schallkennimpedanz oder Schallwellenwiderstand genannt wird. Allgemein sind Schwingungen Vorgänge, bei denen Energie periodisch zwischen zwei Energieformen hin und her verwandelt werden. Bei mechanischen Wellen wird dabei die kinetische Energie durch die Trägheit der bewegten Masseteilchen in potentielle Energie der elastischen Deformation des Stoffes umgewandelt und umgekehrt. Die Summe beider Energien bildet die Gesamtenergie einer Schallwelle die auf das Volumen bezogen als Energiedichte w mit der Einheit [Pa], auch Schalldichte genannt, nach Gleichung (6) ausgedrückt werden kann, wobei K der Kompressionsmodul ist. (37)

$$w = \frac{1}{2} \cdot \rho \cdot v^2 + \frac{1}{2} \cdot \frac{1}{K} \cdot \tilde{p}^2 \quad (6)$$

Wird die Energiedichte während der Zeit t auf eine Fläche A bezogen, so erhält man die Schallintensität I_a, auch Schallstärke genannt, nach Gleichung (7) mit der Einheit [W/m²] (37).

$$I_a = \frac{Z}{2} \cdot v^2 = \frac{1}{2} \cdot \frac{1}{Z} \cdot \tilde{p}^2 \quad (7)$$

2.3.2 Erzeugung von Ultraschall

Ultraschall kann durch verschiedene physikalische Phänomene (mechanisch, thermisch, optisch, elektrodynamisch, elektromechanisch) erzeugt werden. Die Erzeugung von Ultraschall für medizinische oder industrielle Anwendungen erfolgt überwiegend durch eine elektromechanische Erzeugung auf Basis des von den Brüdern Pierre und Jacques Curie entdeckten piezoelektrischen Effekts. Bestimmte Kristalle können bei mechanischer Dehnung elektrische Ladungen abgeben. Kennzeichnend für derartige Kristalle ist eine polare Achse oder das Fehlen eines Symmetriezentrums. Eine Umkehrung des piezoelektrischen Effektes bedeutet, dass, bei Anlegen einer elektrischen Spannung an einen derartigen Kristall, dieser sich verformt (reziproker piezoelektrischer Effekt). Wird an den Kristall eine elektrische Wechselspannung angelegt, so verformt sich dieser entsprechend periodisch, wobei die Stärke der Verformung (Amplitude) proportional zur angelegten elektrischen Spannung ist. Die Frequenz der Wechselspannung muss dabei auf die Resonanzfrequenz des Kristalls abgestimmt sein. Als Material werden Keramiken auf Basis von Barium-Titanat oder Bleimetaniobat, für Hochleistungs-Ultraschall vorwiegend Bleizirkonat-Titanat eingesetzt. Bleizirkonat-Titanat zeichnet sich durch eine hohe mechanische Güte sowie niedrige dielektrische Verluste aus, die zu einer geringen Eigenerwärmung führen und dadurch einen Dauerbetrieb dieses Materials als Ultraschallwandler ermöglichen. (38), (39), (40)

Bei der praktischen Ausführung von piezoelektrischen Schallgebern kann in Dickenschwinger und Verbundschwinger unterschieden werden. Dickenschwinger stellen die einfachste Form der Schallgeber dar und sind zur Erzeugung von Frequenzen von einigen hundert Kilohertz geeignet. Die Resonanzfrequenz eines Kristalls ist von dessen Dicke abhängig und sinkt mit steigender Dicke. Für die Erzeugung von Ultraschall mit hoher Intensität respektive Frequenzen von 20 bis 50 kHz wären sehr dicke Kristalle erforderlich, so dass für diese Frequenzen vorwiegend Verbundschwinger zum Einsatz kommen. Verbundschwinger sind Dickenschwinger, an die Zusatzmassen durch Kleben oder eine Zugschraube angebracht werden. Diese werden beispielsweise für Ultraschallreinigungsbäder eingesetzt, bei denen ein oder mehrere Schallgeber über eine Metallplatte („Plattenschwinger") mit der Reinigungsflüssigkeit verbunden sind. Eine andere Anwendung finden Verbundschwinger bei sogenannten Stabschwingersystemen, die auch in dieser Arbeit eingesetzt wurden. Hier werden für die Erzeugung hoher Schwingschnellen respektive hoher Schwingweiten mechanische Elemente (Stufenhorn / „Booster") an den Schallgeber angebracht (Abb. 6). (41)

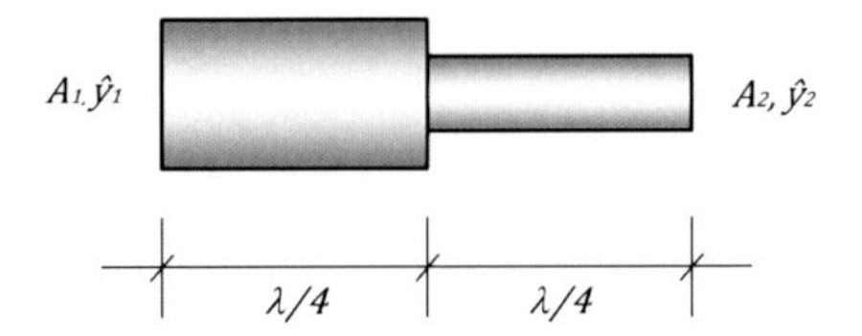

Abb. 6: Stufenhorn

Der Verstärkungsfaktor eines Stufenhorns kann aus dem Verhältnis seiner Querschnittsflächen A_1 und A_2 nach Gleichung (8) berechnet werden.

$$\hat{y}_2 = \frac{A_1}{A_2} \cdot \hat{y}_1 \qquad (8)$$

Die Übertragung des Schalls in ein Medium erfolgt bei Stabschwingersystemen über die sogenannte Sonotrode, die das Werkzeug darstellt und oft ebenfalls als Stufenhorn ausgebildet ist.

Neben Dickenschwingern und Verbundschwingern existieren kalottenförmige Piezokeramiken, die eine Fokussierung des Ultraschalls (High intensity focused ultrasound, HIFU) ermöglichen. Dies wird beispielsweise bei humanmedizinischen Anwendungen genutzt. Dabei kann im Fokus dieser kalottenförmigen Piezokeramiken eine sehr hohe Intensität von mehreren tausend W/cm² erzeugt werden.

2.3.3 Potentielle Applikationen von Ultraschall bei der Aufbereitung von Faserstoffen

Untersuchungen zur Wirkung von Ultraschall auf Suspensionen mit Cellulose wurden ab den 1940er Jahren beschrieben. Dabei zeigte sich, dass die Ultraschallbehandlung zur Depolymerisation der Glucanketten führt (42), (43). Die ersten Untersuchungen zur Bewertung der Ultraschallbehandlung von Zellstoffsuspensionen anhand papiertechnologischer Parameter zeigten, dass eine Steigerung des Quellvermögens sowie des Entwässerungswiderstandes des Zellstoffes und damit einhergehend eine Steigerung der Zugfestigkeit um 43 % bis

231 % und der Berstfestigkeit um 74 % bis 223 % daraus gebildeter Papiere einhergeht. Dabei sind die lange Beschallungsdauer von einigen Minuten bis zu mehreren Stunden bei der Bewertung dieser Untersuchungen zu beachten. Einhergehend mit der hohen Beschallungsdauer und dem sich daraus abgeleiteten hohen spezifischem Energiebedarf war eine Kühlung der Faserstoffsuspension während der Ultraschallbehandlung erforderlich. (44), (45), (46)

Der hohe spezifische Energiebedarf ergibt sich auch aus den sehr geringen Feststoffgehalten der beschallten Suspensionen. Die Ultraschallbehandlung bei einer Stoffdichte von 0,1 % führte zu einem deutlich stärkerem Anstieg des Quellvermögens als die Ultraschallbehandlung bei einer Stoffdichte von 0,3 % oder höher (46), (47).

Bei Zellstoffen, die einer konventionellen Mahlung unterzogen und anschließend mit Ultraschall behandelt wurden, konnte eine stärkere Eigenschaftsveränderung infolge der Ultraschallbehandlung gegenüber der Ultraschallbehandlung von ungemahlenen Zellstoffen beobachtet werden (44), (48), (49). Zu vermuten ist, dass die Vorschädigung des Faserstoffes und Auflockerung der Faserwand (interne Delaminierung) durch die mechanische Mahlung die Angriffsfläche für die Kavitation erhöht. Gleichfalls könnten durch die mechanische Vorbehandlung die Kräfte innerhalb der Faserwand herabsetzt werden, die für eine Änderung der Fasermorphologie durch die Ultraschall-Mahlung zu überwinden sind.

In Untersuchungen an der TU Darmstadt wurde ein System, bestehend aus zwei parallel, im Abstand von 2 mm angeordneten und mit Ultraschall angeregten Walzen zur Behandlung von Faserstoffsuspension eingesetzt (49). Dabei wurde gefunden, dass die Behandlung einer wässrigen Suspension aus Kiefern-Fichten-Sulfatzellstoff nicht zu einer Erhöhung des Entwässerungswiderstandes führt.

Neben der Wirkung des Ultraschalls auf das Festigkeitspotenzial von Faserstoffen (3), (46), (48), (49) wurde auch die Wirkung der Ultraschallbehandlung auf weitere Eigenschaften von Faserstoffen bewertet. Hierbei wurde zum einen die Eignung der Ultraschallbehandlung zur Unterstützung des Deinking-Prozesses bei rezyklierten Faserstoffen untersucht, wobei sowohl durch eine Flüssigkeitspfeife erzeugter Ultraschall (50) als auch piezolelektrisch erzeugter Ultraschall (47), (51) eingesetzt wurden. Der Weißgrad von rezykliertem Faserstoff konnte durch die Ultraschalbehandlung um 4 % bis 6 % gesteigert werden (47), (50), (51). Neuere Untersuchungen zeigen, dass insbesondere UV-gehärtete Druckfarben, die mit den konventionellen Deinking-Prozessen (Flotation, Dispergierung) nur unzureichend aus dem Faserstoff abgetrennt werden können, durch eine Ultraschallbehandlung der Faserstoffsuspension von der Faser abgelöst und in ein durch Flotation abtrennbares Größenspektrum zerkleinert werden können (52), (53), (54).

Die vom Hochleistungs-Ultraschall hervorgerufene Wirkung in Flüssigkeiten und damit auch in einer Faserstoffsuspension wird in der Literatur auf die auftretende Kavitation zurückgeführt, die durch die akustisch induzierten Druckwechsel entsteht (1), (50), (55), (56), (57). Die Kavitation wird in dieser Arbeit als der maßgebliche Effekt zur Beeinflussung der Fasermorphologie durch Anwendung von Ultraschall in der Faserstoffsuspension angesehen. Auf die Kavitation wird daher im nachfolgenden Kapitel vertieft eingegangen.

2.4 Kavitation

2.4.1 Auftreten und Erzeugung von Kavitation

Kavitation wurde erstmals im Schiffsbau zum Ende des 19. Jahrhunderts bei der Entwicklung von Schiffsschrauben beschrieben. Aus der beobachteten Blasenbildung im Wasser wurde der aus dem Lateinischen entlehnte Begriff Kavitation (lateinisch: *cavus* – hohl) eingeführt. Die Bildung von Hohlräumen in einem Fluid kann auf die Verdampfung des Fluids zurückgeführt werden, wobei dies sowohl durch eine Temperaturerhöhung (*Sieden*) als auch eine Druckverminderung (*Kavitation*) ausgelöst werden kann (Abb. 7) (58), (59).

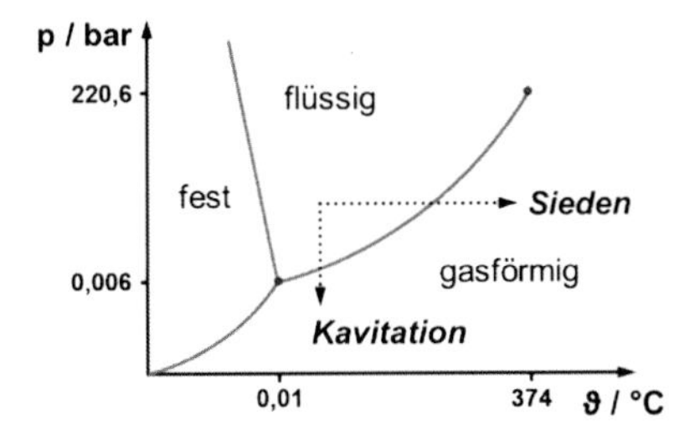

Abb. 7: Phasendiagramm von Wasser in der p-T Projektion nach (59) und (60)

Die bei der Kavitation erzeugten Hohlräume können in mehrere kleine Blasen zerfallen (transiente Kavitation) oder verschwinden nach einer bestimmten Zeit vollständig. Das Auftreten von Kavitation kann in einer allgemeinen Näherung für den Fall angenommen werden, dass der Druck in einer Flüssigkeit unterhalb des Dampfdruckes fällt. Die Änderungen des Druckes kann in Flüssigkeitsströmungen nach dem Bernoullischen Gesetz oder in „ruhenden“ Flüssigkeiten durch Schallwellen respektive Schallimpulse hervorgerufen werden. (41)

Das Auftreten von Kavitation ist an die Zugfestigkeit der Flüssigkeit gekoppelt. Die Zugfestigkeit einer Flüssigkeit wird durch die Anwesenheit von Phasengrenzflächen im Fluid (Keimen) stark vermindert. Diese Phasengrenzflächen können Blasen, gasgefüllte Poren in den Gefäßwänden oder unvollständig benetzte Schwebeteilchen sein (Abb. 8). (58), (59), (61)

Diese Phasengrenzflächen sind in Flüssigkeiten auch nach intensiver Reinigung oder Entgasung vorhanden. Dies zeigen beispielsweise Untersuchungen, bei denen mehrfach unter

Vakuum destillierte Flüssigkeiten noch eine beträchtliche Konzentration an Inhomogenitäten aufweisen (62).

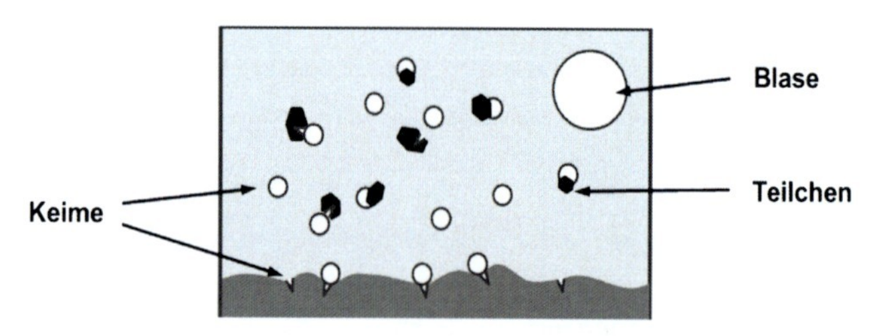

Abb. 8: Formen der Keimbildung an der Grenzfläche Feststoffoberfläche (unten) und in einer Flüssigkeit nach (59), (61) und (63)

2.4.1.1 Homogene Keimbildung

Für die Entstehung von Kavitation an Blasenkeimen (auch homogene Keimbildung genannt) ist das Lösungsgleichgewicht der Gas- oder Luftblase mit der umgebenden Flüssigkeit zu beachten. Das Kräftegleichgewicht an einer kugelsymmetrischen Oberfläche (Abb. 9) kann gemäß Gleichung (9) durch den Druck innerhalb der Blase $(p_V + p_G)$, (mit p_V für den Partialdruck des Dampfes und p_G für den Gas-Partialdruck über der Flüssigkeit), den Druck der Flüssigkeit p_{Fl}, die Oberflächenspannung S und dem Radius R der Blase ausgedrückt werden. Die Oberflächenspannung stellt dabei das makroskopische Merkmal der zwischenmolekularen Kräfte dar (61). Der Druck der Flüssigkeit p_{Fl} setzt sich bei Einleitung von Ultraschall in eine Flüssigkeit aus dem statischen Druck der Flüssigkeit und dem Schalldruck einer Ultraschallwelle zusammen (41).

$$(\boldsymbol{p_V} + \boldsymbol{p_G}) = \boldsymbol{p_{Fl}} + \frac{\boldsymbol{2 \cdot S}}{\boldsymbol{R}} \tag{9}$$

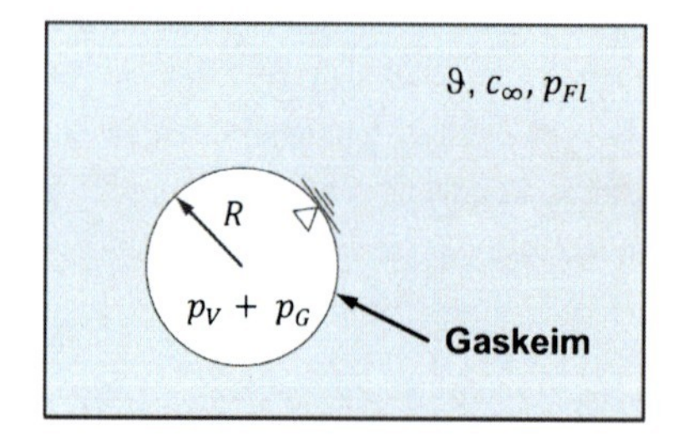

Abb. 9: Blasenkeim in einer Flüssigkeit (Homogene Keimbildung) nach (59)

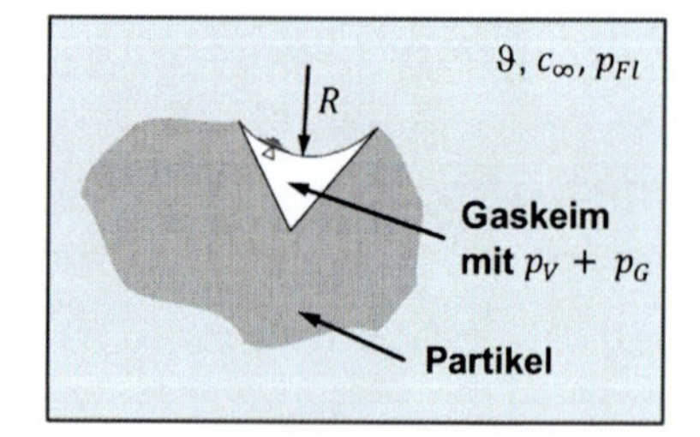

Abb. 10: Porenkeim in einem Partikel (Heterogene Keimbildung) nach (63)

Der Term $2 \cdot S/R$ entspricht dabei der Zugfestigkeit der Flüssigkeit (58). Die Größe solcher Blasenkeime wurde von (58) abgeschätzt und liegt im Bereich von 10^{-5} m.

2.4.1.2 Heterogene Keimbildung

Die Keimbildung an der Phasengrenze fest/flüssig, wie sie an Behälterwandungen oder an Partikeln innerhalb der Flüssigkeit auftritt, wird unter dem Begriff heterogene Keimbildung zusammengefasst. Diese Keime befinden sich in den Poren der Oberfläche (Porenkeime), die in allen realen Oberflächen vorkommen (Abb. 10). Das Kräftegleichgewicht kann bei Porenkeimen nach Gleichung (9) abgeschätzt werden. Eine Druckabsenkung in der Flüssigkeit über einen „kritischen" Blasenradius hinaus führt zur Ablösung der Blase von der Feststoffoberfläche. Die Abmessungen heterogener Keime werden bei (58) mit 3 bis 20 µm abgeschätzt. (59)

Aus der Theorie der homogenen und heterogenen Keimbildung kann abgeleitet werden, dass die Kavitation von der Temperatur der Flüssigkeit, der Oberflächenspannung der Flüssigkeit, dem statischen Druck der Flüssigkeit und von den partiellen Drücken der vorhandenen Gase abhängig ist. Die Theorie der homogenen und heterogenen Keimbildung stellt allerdings nur ein vereinfachtes Bild der Prozesse der Kavitation dar und vernachlässigt unter anderem Transportvorgänge wie die Diffusion.

2.4.1.3 Einzelblasendynamik

Aufbauend auf Arbeiten von Reynold, Besant, Parson und Cook hatte Rayleigh Anfang des 20. Jahrhunderts versucht, die Dynamik von sphärischen Kavitationsblasen zu beschreiben (64). Bei diesem Ansatz wird der Vorgang des Kollapses eines Hohlraumes in einer Flüssigkeit in Abhängigkeit von der Zeit unter Beachtung der kinetischen Energie der Bewegung und bei konstantem Druck in der Flüssigkeit betrachtet. Plesset erweiterte 1949 diesen Ansatz indem er, ausgehend von der allgemeinen *Bernoulli-Gleichung,* dem Modell eine rasche Änderung des Druckes hinzufügte (65). Die damit erhaltene allgemeine *Rayleigh-Plesset-Gleichung* (Gleichung (10)) beschreibt die radiale Oszillation einer Blase unter Beachtung der Oberflächenspannung S und der Viskosität der Flüssigkeit ν_{Fl} (58), (66).

$$\frac{p_i - p_\infty}{\rho_{Fl}} = R\frac{d^2R}{dt^2} + \frac{3}{2}\left(\frac{dR}{dt}\right)^2 + \frac{4 \cdot \nu_{Fl}}{R}\frac{dR}{dt} + \frac{2 \cdot S}{\rho_{Fl} \cdot R} \qquad (10)$$

p_i Druck im Gas an der Blasenwand,

p_∞ Druck in der Flüssigkeit weit entfernt von der Blase,

ρ_{Fl} Dichte der Flüssigkeit,

ν_{Fl} Kinematische Viskosität der Flüssigkeit

Die Rayleigh-Plesset-Gleichung ist die Basis einer Vielzahl von numerischen Betrachtungen der Kavitation in den letzten Jahrzehnten und wurde von mehreren Arbeitsgruppen aufgegriffen und modifiziert (62), (67), (68), (69). (70), (71), (72), (73), (74).

Die theoretischen Betrachtungen der Blasendynamik wurden in verschiedenen Arbeiten experimentellen Untersuchungen gegenübergestellt. Die Beobachtung der Blasendynamik erfolgt meist an mit Laser oder durch Ultraschall angeregten Einzelblasen, die mit Hochgeschwindigkeitskameras bei Bildwiederholungsraten von 10^3 bis 10^8 Bildern pro Sekunde aufgenommen werden, so dass Belichtungszeiten bis unterhalb 1 µs möglich sind (75), (76), (77), (78).

Die Dynamik von Kavitationsblasen kann in die drei Phasen Wachstum, Kollaps und Rückstoß (engl.: „Rebound") unterteilt werden (Abb. 11). Fällt im Fluid lokal der Druck unter den Dampfdruck der Flüssigkeit, so erfolgt an Keimen im Fluid ein Zerreißen des Fluids, wodurch ein Hohlraum gebildet wird („Wachstum"). Steigt der Druck wieder an, so kollabiert der Hohlraum, so dass darin vorhandenes Gas beziehungsweise vorhandener Dampf stark komprimiert wird. Diese Komprimierung führt zur Ausbildung einer Schockwelle und kann zu einer erneuten Expansion des Hohlraumes („Rückstoß") führen, so dass ein Hohlraum mehrfach die Phasen „Wachstum" und „Kollaps" durchlaufen kann. Sowohl in der Phase des Kollapses als auch beim Rückstoß kann – wie in Abb. 11 dargestellt – ein asymmetrischer Kollaps des Hohlraumes einen Hochgeschwindigkeits-Flüssigkeitsstrahl („Mikrojet") verursachen. Die große Bedeutung der Kavitation für verschiedene technische Prozesse ergibt sich insbesondere aus diesen beiden Effekten – der Ausbildung von Mikrojets und der Erzeugung von Schockwellen.

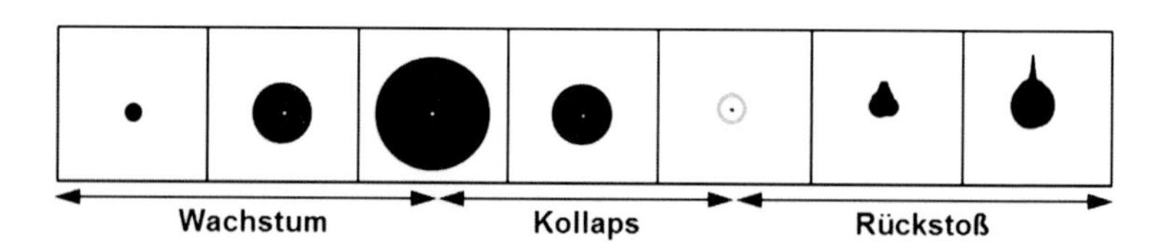

Abb. 11: Schematische Darstellung von Hochgeschwindigkeitsaufnahmen einer Kavitationsblase in freier Phase mit Verlauf des Ereignisses von links nach rechts und Bezeichnung der Phasen nach (79) und (80)

Eine Blase in der Nähe einer Feststoffoberfläche widerfährt einen asymmetrischen Kollaps, da auf der der Feststoffoberfläche abgewandten Seite der Blase die Flüssigkeit ungehindert zuströmen kann, wohingegen auf der der Feststoffoberfläche zugewandten Seite nur seitlich Flüssigkeit zuströmen kann. Hierbei erfährt die der Feststoffoberfläche abgewandte Seite der Blase eine höhere Beschleunigung als die der Feststoffoberfläche zugeneigte Seite. Entscheidend für den Verlauf des Kollapses sind der Abstand der Blase zur Feststoffoberfläche sowie die Blasengröße. Der Abstand wird mit der dimensionslosen Distanz $\gamma = R_{max}/d_B$ (R_{max} = maximaler Radius der Blase, d_B = Abstand zwischen Blasenzentrum und Feststoffoberfläche) ausgedrückt (76). Während des Kollapses der Blase (Abb. 12) und auch in der Rebound-Phase (Abb. 13) kann es zur Ausbildung eines Flüssigkeitsstrahles kommen (76), (78), (81). Die Geschwindigkeit dieser Flüssigkeitsstrahlen wurde von verschiedenen Autoren mit 100 - 960 m/s abgeschätzt (80), (81), (82), wobei bei Kavitationsereignissen in der Nähe von elastischen Oberflächen höhere Geschwindigkeiten ermittelt wurden als bei Kavitationsereignissen in der Nähe von festen Oberflächen (82). Die Richtung dieser Flüssigkeitsstrahlen ist an der Grenzfläche Flüssigkeit / feste Oberfläche meist zur Feststoffoberfläche zugewandt. Das Auftreffen des Flüssigkeitsstrahles auf eine („feste") Feststoffoberfläche führt zu einer lokalen plastischen Verformung des Gefüges, was sich makroskopisch als Erosion der Feststoffoberfläche äußert (58). Der Aufprall des Flüssigkeitsstrahles kann dabei als Wasserhammerdruck abgeschätzt werden und beträgt mehrere Dutzend bis mehrere Hundert MPa (83), (84). Als gegenteiliges Pendant zur Grenzfläche Flüssigkeit / Feststoffoberfläche kann die Grenzfläche Flüssigkeit / freie Oberfläche (Gasphase) gesehen werden. Die Grenzfläche Flüssigkeit / Gasphase ist flexibel und kann die Energie des Blasenkollapses beziehungsweise des auftreffenden Mikrojets dissipativ aufnehmen oder zeitversetzt wieder an das Medium zurückgeben. Zwischen den zwei Extremfällen an Grenzflächen (flüssig versus fest, flüssig versus gasförmig) können weitere Kombinationen von Medien definiert werden. Für „weiche" Oberflächen wie vulkanisierten Gummi konnte gezeigt werden, dass die Richtung des Mikrojets von der Oberfläche (Grenzfläche) abgewandt ist. (85). Ähnliche Ergebnisse zeigen auch Untersuchungen an Grenzflächen von Gelatine (Polyacrylamid), als Modellsubstanz für tierisches beziehungsweise menschliches Gewebe, und Wasser. Für große Werte von γ ist der sich bildende Flüssigkeitsstrahl von der Grenzfläche (Wasser versus Gelatine) weg gerichtet, für kleine Werte von γ bilden sich zwei Flüssigkeitsstrahlen, einer in Richtung Grenzfläche und einer in entgegengesetzter Richtung (82). Die Bewertung der Wirkung der Kavitation in einer Faserstoffsuspension erfolgt in Kapitel 4.2.1 mit der Betrachtung der Grenzfläche Flüssigkeit / Feststoffoberfläche der Faser.

Abb. 12: Schematische Darstellung des Kollapses einer Kavitationsblase an einer starren Feststoffoberfläche (oben) und Ausbildung eines „Mikrojets", fokussierter Laserstrahl in Wasser, Breite eines Einzelbildes beträgt 1,4 mm nach (81)

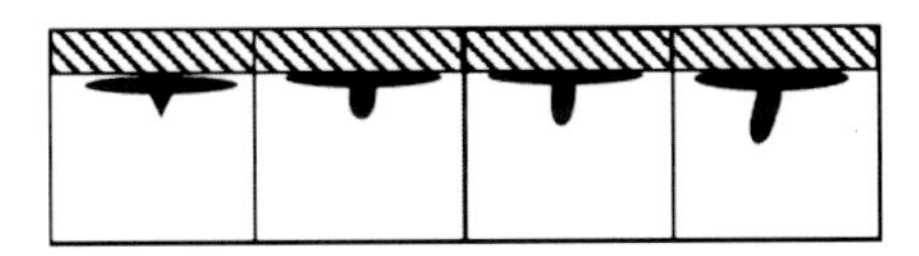

Abb. 13: Schematische Darstellung der Rebound-Phase einer Blase nach Kollaps an einer Feststoffoberfläche (oben) mit Ausbildung eines „Counterjets", fokussierter Laserstrahl in Wasser, γ = 2,2, Breite eines Einzelbildes beträgt 0,97 mm nach (78)

Neben den Flüssigkeitsstrahlen erzeugt der Kollaps der Blase auch Schockwellen in der Flüssigkeit (82), (Abb. 14), die bei der Kollision des Mikrojets mit der Blasenwand und auch zum Zeitpunkt der maximalen Kompression der Blase entstehen (78). Die Ausbreitungsgeschwindigkeit der Schockwellen entspricht der Schallgeschwindigkeit im Medium (Wasser mit ϑ = 20 °C und c_{FL} = 1482 m/s, (86)). Beim Aufprall des Mikrojets auf einen Festkörper entstehen Schockwellen auch im Festkörper (87).

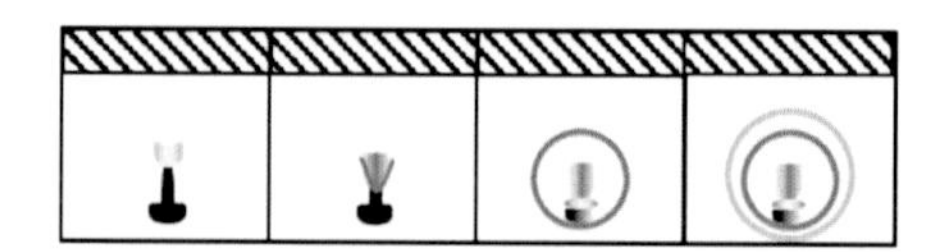

Abb. 14: Schematische Darstellung des Kollapses einer Kavitationsblase nahe einer elastischen Feststoffoberfläche und Ausbildung von Schockwellen, fokussierter Laserstrahl in Wasser, γ = 0,91 Breite eines Einzelbildes beträgt 1,4 mm nach (82)

2.4.1.4 Blasendynamik im Ultraschallfeld

Blasen in einer Flüssigkeit, die von einem Ultraschallfeld durchdrungen wird, oszillieren mit dem aufgezwungenen Wechseldruck. Bei der akustischen Kavitation kann in stabile und transiente Kavitation unterschieden werden. Die stabile akustische Kavitation zeichnet sich durch die sphärische Oszillation der Blasen ohne Blasenkollaps aus. Bei der transienten akustischen Kavitation kollabiert die Blase und zerfällt in kleinere Blasen oder verliert ihre sphärische Symmetrie und entfaltet die für die Kavitation typische erosive Wirkung. (58)

Bei der sphärischen Oszillation erfolgt durch Diffusion ein Wachstum oder Schrumpfen der Blase. In gashaltigen Flüssigkeiten dominiert die Diffusion von Luft, in Flüssigkeiten mit sehr geringem Gasanteil dominiert die thermische Diffusion und die damit verbundene Verdampfung und Kondensation von Dampf (88). Die Intensität des Blasenkollapses ist von der Menge an Gas in der Blase abhängig. Je mehr Gas in der Blase vorhanden ist, umso stärker wird die Kompression der Blase abgebremst und umso geringer ist die Intensität des Blasenkollapses.

Das Wachstum einer Blase in einem oszillierenden Feld erfolgt durch zwei nichtlineare Effekte, die unter dem Begriff „*Rektifizierte Diffusion*" zusammengefasst werden (58), (89). Zum einen gelangen unterschiedliche Mengen an diffundierendem Gas in beziehungsweise aus der Blase während Phasen geringen beziehungsweise hohen Druckes. In der Phase geringen Druckes steht eine viel größere Fläche für die Diffusion von Gas aus der Flüssigkeit in die Blase zur Verfügung als in der Phase hohen Druckes, da die Grenzfläche zwischen Blase und Flüssigkeit quadratisch mit dem Radius der Blase zunimmt. In der Phase niedrigen Druckes diffundiert daher mehr Gas in die Blase als aus ihr entweicht. (58), (88) Zum anderen wird die Grenzfläche, in der die Diffusion stattfindet, bei einer großen Blase gedehnt und somit dünner, was ebenfalls zu einer erhöhten Gaszufuhr in die Blase führt. Dieser Mechanismus der „Rektifizierten Diffusion“ führt dazu, dass kleine Keime sphärisch wachsen können. (58)

Das Wachsen der Blase bei stabiler Oszillation erfolgt bis zu einem kritischen Radius der Blase und einem kritischen Grenzwert-Druck, der als Blake Grenzwert („Blake threshold“) bezeichnet wird. Ein Überschreiten dieses Grenzwertes führt zu transienter Kavitation. (58), (90)

Für eine Blase in einem Ultraschallfeld kann ein kritischer Blasenradius durch die Gleichung von Minnaert bestimmt werden (91). Erreicht die Blase eine Größe, bei der ihre Resonanzfrequenz der Schallfrequenz entspricht, so wird ihre Schwingungsamplitude sehr groß. Die Schwingungsamplitude der Blase wird dann nur durch die Verluste infolge Schallabstrahlung und durch die Dämpfung respektive die Viskosität der Flüssigkeit begrenzt. Aus der Erhöhung der Schwingungsamplitude resultieren Oberflächenwellen auf der Blase, die zu ihrer Zerstörung führen können. Über die Gleichung der Resonanzfrequenz von Minnaert kann in deren vereinfachten Form nach Gleichung (11) der Resonanzradius einer Blase abgeschätzt werden. Für eine Ultraschallfrequenz f_R = 20 kHz – die bei den Untersuchungen in dieser Arbeit überwiegend eingesetzt wurde – ergibt sich bei Atmosphärendruck (p_∞ = 10^5 N/m²), einem Adiabatenexponent von κ = 1,4 (für Luft) und der Dichte ρ_{Fl} = 1000 kg/m³ ein Resonanzradius R_R von 163 µm (41). Andere Autoren geben für die gleiche Frequenz des Ultraschalls einen Resonanzradius der Blase von 150 µm (92), (93) bis 168 µm (94) an. Mit zunehmender Frequenz nehmen die Blasengröße und damit die Dauer des Kollapses ab.

$$\boldsymbol{R_R} = \frac{1}{2 \cdot \pi \cdot f_R} \cdot \sqrt{\frac{3 \cdot \kappa \cdot p_\infty}{\rho_{Fl}}} \qquad (11)$$

f_R Resonanzfrequenz,

R_R Resonanzradius der Blase,

κ Adiabatenexponent

Die mechanische Wirkung des Kollapses ist daher bei (Ultraschall-) Frequenzen von 20 bis 60 kHz am größten und nimmt mit steigender Frequenz ab (94). Neben diesen Schwingungen auf der Blasenoberfläche mit der einhergehenden Forminstabilität der Blase können auch die Nähe einer Feststoffoberfläche (siehe Abb. 12), die Nachbarschaft zu einer oder mehreren anderen Blasen, die Anisotropie des akustischen Feldes oder eine durch Gravitation hervorgerufene translative Bewegung zum Kollaps der Blase führen. Dieser Kollaps ist wie oben aufgeführt für die Erzeugung transienter Kavitation erforderlich. Die im Schallfeld stabil, also sphärisch oszillierenden Blasen werden in eine nicht-sphärische Oszillation überführt, die den starken Kollaps der Blasen mit der einhergehenden Ausbildung von Flüssigkeitsstrahlen und Schockwellen auslöst. Als eine typische Begleiterscheinung transienter

Kavitation wurde das Auftreten von sogenannten Subharmonischen ($f/2$) im abgestrahlten Kavitationsgeräusch gefunden, was zur Detektion der Kavitation genutzt werden kann. (92)

Bei akustischer Kavitation treten immer parallel Blasen auf, die sich hinsichtlich Größe und „Verhalten“ unterscheiden. Das Größenspektrum von Kavitationsblasen reicht von ca. 0,1 µm bis zu 1000 µm, wobei der überwiegende Teil der Blasen eine Größe im Bereich von 1 µm bis 100 µm aufweist (94), (95). Blasen mit einem Resonanzradius nach der Gleichung von Minnaert stellen somit nur einen Sonderfall der Blasen im akustischen Kavitationsfeld dar.

Zusätzlich zu der Oszillation des Volumens einer Blase sind noch weitere nichtlineare Effekte beschrieben worden, die insbesondere in einem Kavitationsfeld, also beim Auftreten mehrerer Blasen, existieren. Mit der sogenannten primären Bjerknes-Kraft kann die Bewegung der Blasen innerhalb der Flüssigkeit in einem akustischen Feld beschrieben werden. Hintergrund ist, dass die Druckwelle im akustischen Schallfeld einen sehr viel höheren Gradienten auf die Blase ausübt (mehrere hundert Pa/µm) als die Gravitation (ca. 10 mPa/µm). Die sekundäre Bjerknes-Kraft beschreibt die Interaktion benachbarter Blasen im akustischen Feld, wobei die gegenseitige Beeinflussung von benachbarten, gleichphasig oszillierenden Blasen betrachtet wird. (74)

Die Anziehungskraft zwischen den Blasen ist auf die starke Verdrängungsströmung zwischen den Blasen infolge des Unterdrucks in diesem Bereich gemäß dem *Bernoulischen Gesetz* zurückzuführen (41). Weitere nichtlineare Effekte sind makroskopische Flüssigkeitsströmungen durch das Ultraschallfeld hindurch und mikroskopische Turbulenzen in der Nähe einer Blase (58), (96). Durch die sekundäre Bjerknes-Kraft können die bei der akustischen Kavitation unterhalb eines zylindrischen Schallgebers auftretenden Kavitationsfelder beziehungsweise Kavitationsmuster in einer theoretischen Beschreibung nachvollzogen werden (74), (97).

2.4.1.5 Numerische Beschreibung der Kavitation

Auf dem Gebiet der Kavitation wird hinsichtlich der numerischen Beschreibung sowohl des Kavitationsereignisses als auch der akustischen Phänomene bei der Ultraschallbehandlung von Fluiden geforscht. Für die Betrachtungen von Fluiden als ein zweiphasiges System – bestehend aus Gas und Flüssigkeit – können dabei experimentelle Beobachtungen schon gut numerisch nachvollzogen werden (80), (97). Dies ist allerdings für dreiphasige Systeme (Gasblasen, Flüssigkeit, Feststoffpartikel) nur bedingt der Fall, da hier die für die Bewältigung der numerischen Simulation erforderlichen Vereinfachungen in der numerischen Beschreibung des Systems eine hohe Abweichung von den Verhältnissen im realen Fluid – wie beispielsweise einer Faserstoffsuspension – bedeuten.

2.4.2 Effekte und Wirkung der Kavitation

Die mit der Kavitation verbundenen Effekte können in drei Bereiche eingeteilt werden: die sogenannte Sonolumineszenz, die Auslösung beziehungsweise Beschleunigung von chemischen Reaktionen und in mechanische Effekte.

Die Sonolumineszenz ist ein bläuliches Eigenleuchten, das infolge der hohen Energiedichte beim Blasenkollaps erscheint und für deren Ursache verschiedene Ansätze diskutiert werden (98). Eine praktische Bedeutung hat die Sonolumineszenz bisher nicht erlangt, aber sie wird in mehreren Arbeiten zur Bewertung physikalischer Kenngrößen beim Blasenkollaps herangezogen. Bei diesen Arbeiten erfolgt oft die Unterscheidung in die Beobachtung einer einzelnen Blase (SBSL – Single-bubble sonoluminescence) und die Beobachtung einer Blasenwolke (MBSL – Multi-bubble sonoluminescence). Aus spektroskopischen Analysen kann abgeleitet werden, dass bei einem Blasenkollaps (MBSL) eine Temperatur von bis zu 5000 K und ein Druck von bis zu 1000 MPa erreicht werden (99), (100), (101). Aus theoretischen Betrachtungen zur Endphase des Blasenkollapses sind Temperaturen von 50.000 bis mehrere Millionen Kelvin errechnet worden, die allerdings nur für die Dauer von Picosekunden vorherrschen (89), was in etwa der Dauer entspricht, in der die Blase Sonolumineszenz-Lichtblitze emittiert (102).

Ebenfalls durch spektroskopische Analysen konnte nachgewiesen werden, dass bei Kavitation (MBSL) in einem Ultraschallfeld eine Spaltung von Wasser in Hydroxyl-Radikale ($OH^•$) und atomaren Wasserstoff erfolgt. Das Hydroxyl-Radikal initiiert die Bildung von Wasserstoffperoxid (101), (103) wodurch verschiedene chemische Reaktionen initiiert werden können (104) wie z. B. die Degradierung und Lösung von Lignin in Faserstoff (Bleiche) (3). Die Zugabe von Edelgasen wie Argon oder Helium kann die Ausbeute an Wasserstoffperoxid erhöhen (105). Die radikalisch initiierten Umsetzungen durch die Kavitationen in einem Medium sind quantitativ eher gering, so dass chemische Änderungen insbesondere in Polymeren überwiegend den mechanischen Effekten der Kavitation zugeschrieben werden (106). Das Auftreten von Radikalen bei der Kavitation kann für den Nachweis der Kavitation beispielsweise durch die Weissler-Reaktion genutzt werden (107), (108).

Die mechanischen Effekte der Kavitation können die Schaffung von Bindungen zwischen Atomen oder aber die Spaltung von Bindungen zwischen Atomen initiieren. Die Schaffung von Bindungen zwischen Atomen resultiert aus den hydrodynamischen Prozessen bei der Kavitation, die eine Beschleunigung von kleinen Partikeln in der Flüssigkeit bewirken, welche ausreicht, um metallische Partikel bei einer Kollision miteinander zu verschmelzen (56). Im Gegensatz dazu können metallische Bindungen auch gespalten werden, wie dies bei der Zerstörung von Schiffsschrauben oder Pumpenlaufrädern infolge des sogenannten „Impingment" der hydrodynamisch induzierten Kavitation zu beobachten ist (80). Auch die Spaltung von ionisch gebundenen Teilchen konnte bei der Beschallung an Suspensionen aus Wasser und Salzkristallen gezeigt werden (77). Kovalente Bindungen gelöster Makromoleküle werden durch Kavitation ebenfalls gespalten (55), (106), (109), (110), (111), (112). Die Beobachtung der Spaltung kovalenter Bindungen kann über spektroskopische Verfahren wie der Einzelmolekül-Kraftspektroskopie (AFM) erfolgen (111), (113).

In der Cellulose ist die β-1,4-glycosidische Bindung zwischen den Monomeren der Anhydro-Cellobiose einer Glucankette durch eine kovalente C–O Bindung sowie mehrere Wasserstoffbrückenbindungen verknüpft. Die Wasserstoffbrückenbindung ist schwächer gegenüber der kovalenten Bindung und soll bei der nachfolgenden Betrachtung zur Vereinfachung vernachlässigt werden. Die β-1,4-glycosidische Bindung stellt das schwächste Glied der Glucankette dar, so dass bei mechanischer Zug-Beanspruchung an dieser Stelle das Molekül brechen wird – wenn auch, wie in (114) angemerkt, bei protischen Lösungsmitteln wie Wasser nicht die schwächste Bindung bricht, sondern die Bindung, die am einfachsten vom Lösungsmittel attackiert werden kann. Auch bei den Hemicellulosen sind die Monomere durch C–O Bindungen verknüpft. Die Kraft, die notwendig ist, um die C–O Bindung bei Raumtemperatur zu zerstören, wurde durch Einzelmolekül-Kraftspektroskopie an Dimethylether experimentell bestimmt und kann mit 3 - 6 nN („Nano-Newton“) abgeschätzt werden – abhängig von der Geschwindigkeit, mit der das Molekül bei der Messung auseinander gezogen wird (111), (113). Für wässrige Lösungen wird dabei eine heterolytische Spaltung der C–O Bindung in Polymeren durch die Kavitation vermutet (114).

Bei der Zugbeanspruchung eines großen Makromoleküls wie der Cellulose oder den Hemicellulosen wirken die Kräfte nicht nur auf die Bindungen (Dehnung der Bindung) zwischen den Atomen, sondern führen auch zur Änderung von Bindungswinkeln und zur Rotation von Molekülteilen, so dass das Makromolekül zusätzlich mechanische Energie aufnehmen kann (106). Für die Cellulose gilt darüber hinaus, dass neben den kovalenten Bindungen und den Wasserstoffbrückenbindungen innerhalb (intramolekular) der Glucankette in den kristallinen Bereichen der Cellulose die Glucanketten untereinander (intermolekular) über Wasserstoffbrückenbindungen verknüpft sind. Für die Herbeiführung eines Bindungsbruches in der Cellulose oder der Hemicellulosen muss daher mehr als nur die Bindungsenergie der einzelnen C–O Bindung aufgebracht werden.

Für die Abschätzung, ob die bei der Kavitation auftretenden Kräfte zu einer Spaltung kovalenter Bindungen in Molekülketten führen können, wurde in (42) ein Ansatz zu dieser Fragestellung beschrieben und in (110) aufgegriffen. Er soll nachfolgend aufgezeigt werden. Dieser Ansatz nutzt die Gleichung von Stokes, die eine Translationsbewegung einer Kugel in einer Flüssigkeit beschreibt und durch Lösung der Differentialgleichungen der Navier–Stokes Gleichungen unter Vernachlässigung von Beschleunigungstermen erhalten wird (115). Bei diesem Ansatz werden Polymere als unbeweglich angenommen und die durch die Beschallung verursachte Reibungskraft F_R zwischen einem einzelnen Polymer und dem flüssigem Medium nach der – modifizierten – Gleichung von Stokes (Gleichung (12)) abgeschätzt (110). Die dynamische Viskosität von Wasser η_{Fl} wird dabei mit 1,0 · 10^{-3} N·s·m^{-2}, der sphärische Radius r_{Sp} eines Monomers der Glucankette mit 4 · 10^{-10} m und die Geschwindigkeit des Fluids im Ultraschallfeld v_{Fl} mit 0,5 m·s^{-1} angenommen. Die Monomere der Glucankette werden dabei als stabile sphärische Elemente angenommen, deren Anzahl im Polymer für diese Berechnung mit n = 3000 abgeschätzt wird.

$$\boldsymbol{F_R = 6 \cdot \pi \cdot \eta_{Fl} \cdot r_{Sp} \cdot v_{Fl} \cdot n} \qquad (12)$$

Die bei der Ultraschallbehandlung des Polymers in wässriger Lösung an einer einzelnen Glucankette auftretende Reibungskraft F_R kann dann nach Gleichung (12) mit 10 nN berechnet werden. Die Reibungskraft weist somit die gleiche Größenordnung auf, die notwendig ist, um eine kovalente Bindung innerhalb einer Glucankette zu zerbrechen. Da in der Gleichung von Stokes keine Beschleunigungsterme betrachtet werden, gilt die Gleichung nur für Reynolds-Zahlen Re kleiner 1 (115). Dies ist in diesem Fall mit $Re = r_{Sp} \cdot v_{Fl} \cdot \rho_{Fl} / \eta_{Fl} =$ 0,2 · 10^{-3} gegeben (116). Die Wirkung der Zerstörung von kovalenten Bindungen wird bei diesem Ansatz auf die durch Ultraschall initiierten Schwingungen zurückgeführt und nicht auf die Effekte der Kavitation wie Schockwellen oder Mikrojets. Dies entspricht nicht dem Stand des Wissens über die Wirkung von Ultraschall in Flüssigkeiten. Auch die Betrachtung der Monomere als einzelne, kubische und tribulogisch aktive Elemente stellt eine Abstraktion der in der Stokes Gleichung beschriebenen Bewegung einer Kugel dar. Die von Schmid stark vereinfachte Betrachtung der Ultraschallbehandlung von Molekülketten muss daher kritisch gesehen werden.

Ein anderer Ansatz ist die Betrachtung des Auftreffens des Mikrojets – bei der Implosion einer Kavitationsblase – auf eine feste Oberfläche (83), (87), (117). Durch den Mikrojet wird ein Wasserhammerdruck p_{WH} erzeugt, der nach Gleichung (13) berechnet werden kann (83).

$$\boldsymbol{p_{WH} = \frac{\rho_{Fl} \cdot c_{Fl} \cdot \rho_{So} \cdot c_{So}}{\rho_{Fl} \cdot c_{Fl} + \rho_{So} \cdot c_{So}} v_{Jet}} \qquad (13)$$

Wird die Dichte des Fluids (Wasser, ϑ = 20 °C) ρ_{Fl} mit 1,00 g/cm³, die Schallgeschwindigkeit des Fluids c_{Fl} mit 1.480 m/s, die Dichte des Festkörpers (Cellulose) ρ_{So} mit 1,53 g/cm³ und die Schallgeschwindigkeit der Cellulose c_{So} mit 3.200 m/s abgeschätzt, so kann bei einer Geschwindigkeit des Mikrojets v_{Jet} von 100 - 400 m/s ein Wasserhammerdruck von 115 - 450 MPa berechnet werden. Der Wasserhammerdruck des Mikrojets ist somit gleich groß dem Wasserhammerdruck beim Wasserstrahlschneiden von Metallen (118). Zusätzlich verursacht der Mikrojet auch Schockwellen sowohl in der Flüssigkeit als auch im Festkörper, so dass Druckspannungen bis 2,5 GPa und Scherspannungen bis 325 MPa in metallischen Festkörpern beim Aufprall eines Mikrojets berechnet worden sind (87).

Im Vergleich dazu sind an einzelnen Holzfasern Zugfestigkeitswerte von 280 - 799 MPa für Fichtenfasern (*Picea abies*) (119), (120) beziehungsweise 410 MPa - 1,4 GPa für Kiefernfasern (*Pinus tadea*) (121) ermittelt worden. Die Festigkeiten von Holzfasern liegen damit im Bereich derer von Baustählen (122). Zu beachten ist, dass diese Untersuchungen an Fasern erfolgten, die direkt dem Holz entnommen wurden und daher nicht chemisch aufgeschlossen waren. Für Fasern von Einjahrespflanzen wie Hanffasern wurde eine Zugfestigkeit von maximal 1,8 GPa gemessen (123). Für Holz ergaben sich Werte zwischen 20 - 1.000 MPa und eine ca. eine Zehnerpotenz geringere Scherfestigkeit (17), (124), (125).

Die durch Kavitation hervorgerufenen Mikrojets können somit Kräfte ausüben, die in der gleichen Größenordnung liegen wie diejenigen, die die Cellulosefaser maximal aufnehmen kann. Experimentell konnte die Kürzung von monodispers vorliegenden Glucanketten durch Ultraschallbehandlung in wässriger Suspension durch eine Verringerung des Polymerisationsgrades von Cellulosederivaten nachvollzogen werden (42), (43).

Die Spaltung von intermolekularen Bindungen in der Cellulose konnte durch die Verringerung der Kristallinität von mikrokristalliner Cellulose nach einer Ultraschallbehandlung nachgewiesen werden. Der Polymerisationsgrad der Cellulose wurde bei diesen Versuchen nur unwesentlich verringert. Daraus kann geschlossen werden, dass bevorzugt die Bindungen zwischen benachbarten Glucanketten und weniger die Bindungen innerhalb der Glucanketten gespalten werden. (126)

Eine Änderung der Fasermorphologie und Flexibilisierung der Einzelfaser beziehungsweise Faserwand durch die Behandlung einer Faserstoffsuspension mit akustisch (Ultraschall) erzeugter Kavitation scheint daher möglich. Die Wirkung der akustischen Kavitation ist dabei von einer Vielzahl interagierender physikalischer Faktoren abhängig.

3 Strategie und Methoden

3.1 Lösungsweg und Arbeitshypothese

Die Bewertung des Einflusses einer Ultraschallbehandlung einer Faserstoffsuspension auf die Morphologie der Faser und des Festigkeitspotenzials des Faserstoffes erfolgte in dieser Arbeit gemäß dem Schema in Abb. 15.

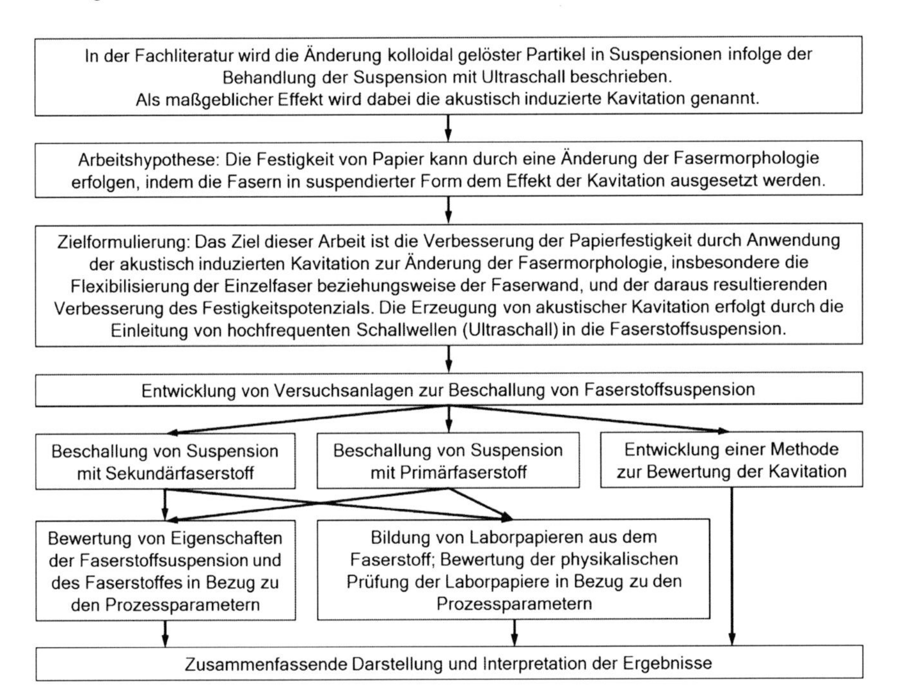

Abb. 15: Lösungsweg der Arbeit

Die Arbeitshypothese wird nachfolgend detailliert dargelegt. Für eine Änderung der Morphologie der Faser sind die in der Faser wirkenden Bindungskräfte zu überwinden. Dabei ist zu unterscheiden, mit welchen Bindungsarten verschiedene Bereiche der Faser miteinander verknüpft sind. Für Zellstoffe bedeutet dies, dass für ein Zerschneiden der Faser quer zur Faserlängsachse insbesondere die kovalenten (β-1,4-glycosidischen) Bindungen und die Wasserstoffbrückenbindungen zwischen den Glucose-Einheiten einer Glucankette gespalten werden müssen. Für das Abscheren von Fibrillen beziehungsweise eine Delaminierung innerhalb der Faserwand sind die zwischen den Glucanketten der Cellulose bestehenden intermolekularen Wasserstoffbrückenbindungen zu überwinden. Zusätzlich sind die Kräfte aufzuwenden, die für das Aufbrechen der übermolekularen Strukturen benötigt werden, die hauptsächlich von der Pflanzenart und dem Aufschlussverfahren abhängig sind. Für Holzstoffe und ausgewählte rezyklierte Faserstoffe ist auch die Wirkung der Kavitation auf die amorphen Bestandteile Hemicellulosen und Lignin für das Festigkeitspotenzial von Bedeutung. (127)

Daneben sind bei rezyklierten Faserstoffen neben den Fasern auch weitere Bestandteile wie anorganische Partikel aus einem mineralischen Deckstrich oder organische Polymere zur Erhöhung der Trockenfestigkeit enthalten, die einen Einfluss auf das Festigkeitspotenzial haben. Die Auswirkung der Ultraschallbehandlung der Faserstoffsuspension auf diese Bestandteile und dessen Beitrag zum Festigkeitspotenzial des Faserstoffes soll ebenfalls bewertet werden.

Abgeleitet aus dem theoretischen Teil dieser Arbeit umreißt die Arbeitshypothese die wesentlichen Wirkmechanismen, die dem Thema dieser Arbeit zugrunde liegen (Abb. 16).

Hochfrequente Schallwellen im Bereich des Ultraschalls führen in einer Faserstoffsuspension zu Kavitation.

↓

Die physikalisch-chemischen Effekte der Kavitation beeinflussen durch Spaltung von Bindungen die Morphologie der Fasern. Dabei wird insbesondere eine externe Fibrillierung und eine interne Flexibilisierung der Fasern hervorgerufen.

↓

Das Auftreten und die Wirkung der Kavitation wird von Parametern der Faserstoffsuspension, des Ultraschalls und des Prozesses der Ultraschallbehandlung beeinflusst.

↓

Die Änderung der Morphologie der Fasern verbessert das Festigkeitspotenzial des Faserstoffes. Aus dem Faserstoff hergestellte Laborpapiere lassen durch eine physikalische Prüfung eine Bewertung des Festigkeitspotenzials zu.

Abb. 16: Arbeitshypothese

Die Einflussgrößen bei der Behandlung von Faserstoffsuspension mit Ultraschall können in drei Gruppen eingeteilt werden (Abb. 17). Die Faserstoffsuspension (Medium) wird durch ihre Gasphase, ihre Feststoffphase und ihre flüssige Phase charakterisiert, aus denen sich die Parameter Oberflächenspannung und Viskosität ableiten. Wesentliche Kenngrößen des Ultraschalls sind die Intensität und die Frequenz der Schwingung sowie die Schwingweite der Ultraschallsonotrode an ihrer Wirkstelle. Der Prozess der Ultraschallbehandlung ist durch verschiedene verfahrenstechnische Parameter charakterisiert, die im Folgenden diskutiert werden.

Zu diesen verfahrenstechnischen Parametern gehören beispielsweise der statische Druck im System oder die Schwingweite des Ultraschalls, die beide den elektrischen Leistungsbedarf des Ultraschallsystems und damit den Energiebedarf des Verfahrens beeinflussen. Zusätzlich wird der Energiebedarf eines Verfahrens zur Faserstoffaufbereitung und damit auch der Ultraschall-Mahlung maßgeblich vom Feststoffgehalt der Faserstoffsuspension bestimmt.

Das Schema in Abb. 17 zeigt die im Rahmen dieser Arbeit untersuchten Parameter und gibt einen Überblick über die in Kapitel 4 aufgeführten Ergebnisse.

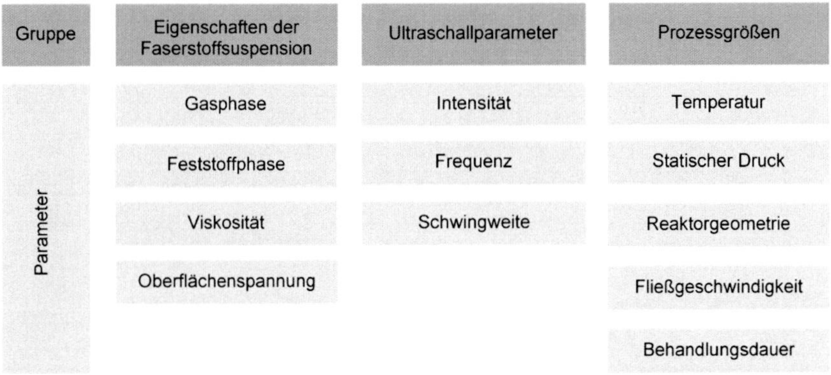

Gruppe	Eigenschaften der Faserstoffsuspension	Ultraschallparameter	Prozessgrößen
Parameter	Gasphase	Intensität	Temperatur
	Feststoffphase	Frequenz	Statischer Druck
	Viskosität	Schwingweite	Reaktorgeometrie
	Oberflächenspannung		Fließgeschwindigkeit
			Behandlungsdauer

Abb. 17: Einflussgrößen bei der Ultraschallbehandlung von Faserstoffsuspension

3.2 Vorversuche

In Vorversuchen an einem Stabschwinger-Ultraschallsystem (f = 20 kHz) wurde die Stirnfläche der Ultraschallsonotrode (BS2d34) im Abstand von 0,1 mm parallel zu einer Metallfläche ausgerichtet und eine Faserstoffsuspension (*Eucalyptus globulus*), unter Variation des Feststoffgehalts zwischen 1 % - 10 % in dem Spalt beschallt. In lichtmikroskopischen Aufnahmen der beschallten Faserstoffsuspension war eine Kürzung der Fasern quer zur Faserlängsachse zu beobachten. Aufgrund der geringen behandelbaren Suspensionsmenge pro Zeiteinheit wurde dieses Wirkprinzip nicht weiter verfolgt.

Vorversuche mit einem Ultraschallsystem (f = 1 MHz) auf Basis einer kalottenförmigen Piezokeramik (HIFU) an einer 1 %-igen Faserstoffsuspension (*Eucalyptus globulus*) in einem Becherglas mit 0,8 ml Suspensionsvolumen konnte eine geringfügige Änderung der Fasermorphologie (Vergrößerung des Faserdurchmessers von 17,0 µm auf 17,9 µm) beobachtet werden. In Probengefäßen mit einem Probenvolumen von 28 ml konnte keine Änderung der Fasermorphologie beobachtet werden. Dieses Wirkprinzip wurde nicht weiter verfolgt.

In Vorversuchen mit einem Stabschwinger-Ultraschallsystem (f = 20 kHz) wurde eine Ultraschallsonotrode bis zu einer Tiefe von $\lambda/4$ in den zylindrischen Beschallungsreaktor FC100L1-1S der Fa. Hielscher Ultrasonics GmbH (Deutschland) eingetaucht und eine 1 %-ige Faserstoffsuspension (*Eucalyptus globulus*) durch den Reaktor geführt. Das Festigkeitspotenzial des Faserstoffes, gemessen als Zugfestigkeit von Laborpapieren, die aus dem Faserstoff hergestellt wurden, konnte durch die Ultraschallbehandlung um mehr als 10 % gesteigert werden.

Auf Basis dieser Vorversuche wurden für die Untersuchungen in dieser Arbeit vorrangig ein Stabschwinger-Ultraschallsystem (f = 20 kHz) eingesetzt, das in eine Faserstoffsuspension eingetaucht wurde.

3.3 Versuchsstände

Die Erzeugung akustischer Kavitation erfolgte durch die Einleitung hochfrequenter mechanischer Schwingungen in die Faserstoffsuspension. Die Schwingungen wurden mit einem Ultraschallaggregat (f = 20 kHz) erzeugt, das ein Ultraschallwerkzeug (Sonotrode) in Form eines Stabschwingers anregt. Für die Untersuchungen wurde im Rahmen dieser Arbeit Hochleistungs-Ultraschall eingesetzt.

3.3.1 Ultraschall-Mahlung

3.3.1.1 Ultraschallsystem (Stabschwinger)

Die Frequenz des Ultraschalls bestimmt die Resonanzfrequenz, bei der eine Kavitationsblase in einer Flüssigkeit bevorzugt implodiert. Mit kleiner werdender Resonanzfrequenz wird nach Gleichung (11) der kritische Blasenradius und damit das Blasenvolumen größer, so dass bei der Implosion der Blase mehr Energie freigesetzt werden kann. Die Frequenz steht in Zusammenhang mit der Dämpfung des Schalls. Eine Erhöhung der Frequenz resultiert in einer Erhöhung der Dämpfung. Die Schwelle, ab der Kavitation in einem Fluid auftritt, nimmt exponentiell mit der Erhöhung der Ultraschallfrequenz zu. (41) Als Frequenz des Ultraschallsystems wurde daher die untere Schwelle des Hochleistungs-Ultraschalls von 20 kHz gewählt.

Für die Untersuchungen wurden im Rahmen dieser Arbeit drei baugleiche Ultraschallsysteme UIP1000 der Fa. Hielscher Ultrasonics GmbH (Deutschland) eingesetzt (Abb. 18).

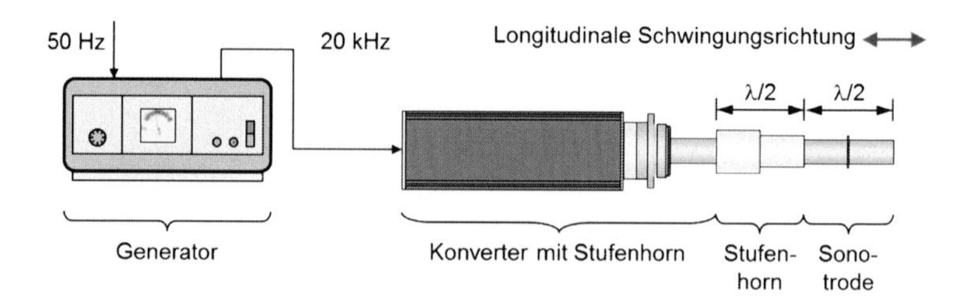

Abb. 18: Ultraschallsystem (Stabschwinger)

Die Variation der Schwingweite des Ultraschallsystems erfolgte durch die Auswahl der Anzahl und des Verstärkungsfaktors der Stufenhörner sowie durch eine elektronische Steuerung des Konverters im Bereich von 20 % bis 100 % der maximalen Schwingweite. Durch die Auswahl der Sonotrode (Tab. 3) konnte der Durchmesser der Sonotrodenspitze variiert werden, was einen direkten Einfluss auf den Verstärkungsfaktor der Sonotrode und damit sowohl auf die Schwingweite als auch auf die Intensität des Ultraschalls hat.

Die Überprüfung der Schwingfrequenz des Ultraschallgerätes erfolgte durch Lasertriangulation mit einem Laser-Wegmesssystem LK-G5001 der Fa. Keyence (Deutschland) und Auswertung der Messdaten durch Fourier-Transformation im Programm EXCEL 2010 der Fa. Microsoft (USA). Die ermittelte Frequenz entsprach den Herstellerangaben von 20 kHz ± 1 kHz. Zwischen der gemessenen Schwingweite und der theoretischen Schwingweite, die aus den Herstellerangaben zum Ultraschallwandler und den Verstärkungsfaktoren der Stufenhörner und Sonotroden abgeleitet wird, ergibt sich eine Abweichung. Für Schwingweiten kleiner 20 µm beträgt die Abweichung maximal 2 µm, für Schwingweiten größer 20 µm beträgt die Abweichung maximal 5 µm. Die Angabe der Schwingweite in dieser Arbeit erfolgt auf Basis der Herstellerangaben zum Ultraschallwandler und den genutzten Verstärkungsfaktoren der Stufenhörner und Sonotroden.

Tab. 3 Ultraschallsonotroden (Stabschwinger)

Bezeichnung		**BS2d40**	**BS2d34**	**BS2d22**	**BS2d18**	**BS2d10spec**
Durchmesser Sonotrodenspitze	**mm**	40	34	22	18	10
Fläche an Spitze	**cm²**	12,6	9,1	3,8	2,5	0,8
Verstärkungsfaktor	-	0,7	1	2,4	3,5	11,6

Das in der Arbeit eingesetzte Ultraschallsystem basiert auf einer elektronischen Leistungsregelung, bei der die Erzielung einer vorgegebenen Schwingweite durch die elektronisch gesteuerte Anpassung des elektrischen Leistungsbedarfs des Ultraschallsystems realisiert wird. Für die Beschreibung der Kenngrößen des Ultraschallsystems beziehungsweise der Ultraschallbehandlung der Faserstoffsuspension werden bei den Untersuchungen die aus den elektrischen Betriebsdaten des Ultraschallsystems abgeleiteten Kenngrößen herangezogen. Diese Herangehensweise lässt einen direkten Rückschluss auf verfahrenstechnisch interessante Betriebskenngrößen wie insbesondere den spezifischen Energiebedarf zu und erlaubt den direkten Vergleich mit dem Prozess der Faserstoffmahlung im Refiner.

Analog zur Mahlung im Refiner wird zwischen der elektrischen Gesamtleistung des Ultraschallsystems und der elektrischen Leistung abzüglich der Leerlaufleistung unterschieden. Bei der Refinermahlung wird in der Leerlaufleistung auch die durch die Mahlmaschine aufgebrachte Arbeit für die Förderung des Mediums erfasst. Bei der Ultraschall-Mahlung wird die Leerlaufleistung hingegen ohne Medium (Faserstoffsuspension) erfasst, also der Schwingung der Ultraschallsonotrode in Luft. Der in der Arbeit aufgeführte spezifische Energiebedarf (SEC) der Ultraschall-Mahlung bezieht sich auf den elektrischen Energiebedarf abzüglich des Energiebedarfs für den Betrieb des Ultraschallsystems ohne Medium. Die Bestimmung der Leerlaufleistung des Ultraschallsystems erfolgte vor und nach jedem Experiment und wurde gemittelt.

Die Intensität der Ultraschallbehandlung kann sowohl mit der akustischen Kenngröße Schallintensität I_a (Kapitel 2.3.1) als auch mit einer Kenngröße, die sich auf den elektrischen Leistungsbedarf des Ultraschallsystems bezieht, ausgedrückt werden. In der Literatur erfolgt bei der Beschreibung von Untersuchungen zur Ultraschallbehandlung von Flüssigkeiten die Angabe der Intensität des Ultraschalls nicht einheitlich und oftmals nicht eindeutig (128). In dieser Arbeit wird die Intensität der Ultraschallbehandlung in Anlehnung an (128) als der Quotient des elektrischen Leistungsbedarfs P des Ultraschallsystems – abzüglich Leerlaufleistung (ohne Medium) – und der Sonotrodenstirnfläche A_S gemäß Gleichung (14) ausgedrückt. Die Sonotrodenstirnfläche A_S kann aus dem Durchmesser d_S an der Spitze der Ultraschallsonotrode berechnet werden.

$$I = \frac{P}{\frac{\pi}{4} \cdot d_S^2} \tag{14}$$

Der Wirkungsgrad des eingesetzten Ultraschallsystems UIP1000 wurde durch ein kalorimetrisches Verfahren bestimmt (129). Für die maximale elektrische Eingangsleistung von 1000 W kann ein Wirkungsgrad von 77 % abgeschätzt werden (129).

Die Bestimmung der elektrischen Leistung des Ultraschallsystems erfolgte mit einem Digital-Multimeter VC 940 der Fa. VOLTCRAFT. Eine Vergleichsmessung mit dem digitalen Leistungsmesser WT 230 der Fa. YOKOGAWA bestätigte die für das VC 940 vom Hersteller angegebene Messtoleranz von 0,5 % (130).

3.3.1.2 Druck

Die Angabe des Druckes wird in dieser Arbeit relativ zum atmosphärischen Druck angegeben, so dass die Angabe eines (relativen) „statischen Druckes" von 0 bar einem absoluten Druck von näherungsweise 1 bar (1013 hPa) entspricht.

3.3.1.3 Versuchsanlage mit diskontinuierlicher Beschallung (Stabschwinger)

An der Technischen Universität Dresden stand eine diskontinuierliche Versuchsanlage (Abb. 19, Anhang-Abbildung 1) zur Beschallung von flüssigen Medien mit Ultraschall zur Verfügung, die hinsichtlich Arbeitsschutzanforderungen modifiziert wurde. In der Versuchsanlage kann der statische Druck in einem Bereich von 0 bis 5 bar durch Aufbringung von Druckluft eingestellt werden. In der Versuchsanlage wurden Bechergläser mit einem Fassungsvermögen von 400 ml der Fa. VITLAB GmbH (Deutschland) mit einer absoluten Höhe von 105,2 mm ± 0,2 mm, einem Innendurchmesser von 76,1 mm ± 0,1 mm und einer Wandstärke von 1,5 mm eingesetzt. Das Material war Polymethylpenten. Die im Becherglas beschallte Menge an Medium betrug 400 ml. In Abhängigkeit vom Durchmesser der Sonotrode und der damit verbundenen Verdrängung des Suspensionsvolumens resultiert daraus eine Eintauchtiefe der Ultraschallsonotrode in das Medium gemäß Tab. 4.

Tab. 4: Eintauchtiefe der Ultraschallsonotrode ins Medium

Bezeichnung		BS2d40	BS2d34	BS2d22	BS2d18	BS2d10spec
Durchmesser Sonotrodenspitze	mm	40	34	22	18	10
Eintauchtiefe	mm	16,0	15,2	14,2	14,0	13,7

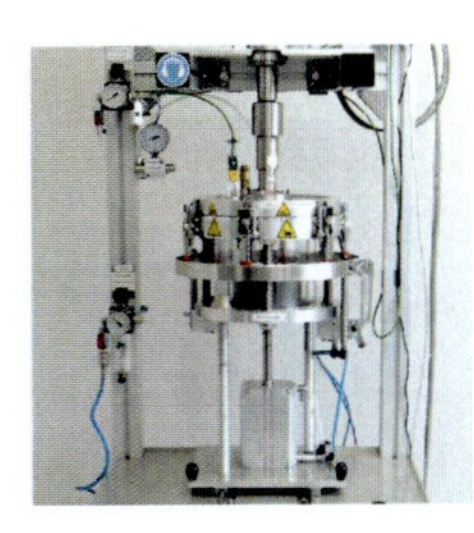

Abb. 19: Versuchsanlage zur diskontinuierlichen Ultraschallbehandlung von Faserstoffsuspensionen (Batchzelle, PPT)

3.3.1.4 Versuchsanlage mit kontinuierlicher Beschallung (Stabschwinger)

Sowohl an der TU Dresden als auch an der Papiertechnischen Stiftung sind jeweils ein Versuchsstand zur kontinuierlichen Ultraschallbehandlung von Faserstoffsuspension entwickelt und eingesetzt worden (Abb. 20, Abb. 21).

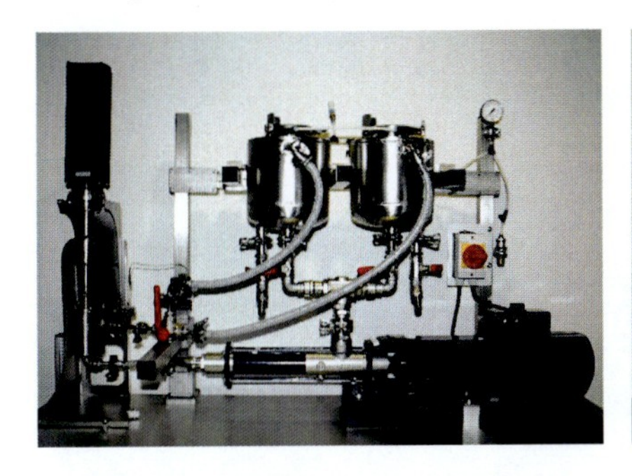

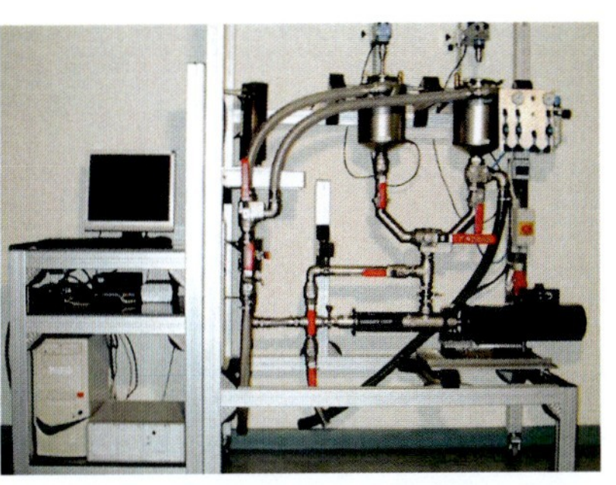

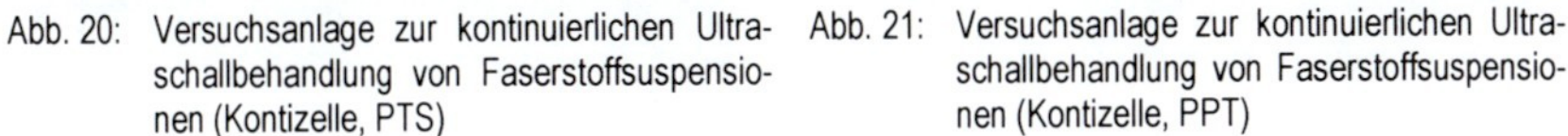

Abb. 20: Versuchsanlage zur kontinuierlichen Ultraschallbehandlung von Faserstoffsuspensionen (Kontizelle, PTS)

Abb. 21: Versuchsanlage zur kontinuierlichen Ultraschallbehandlung von Faserstoffsuspensionen (Kontizelle, PPT)

Beide Versuchsstände wurden in der Grundkonfiguration von der Fa. JTT (Deutschland) gefertigt. Da in beiden Versuchsständen in den wichtigen Elementen (Reaktor, Ultraschallsystem, Pumpe, Drucksystem) baugleiche Komponenten installiert waren, wird in der vorliegenden Arbeit zwischen beiden Versuchsständen nicht differenziert. Die Wiederholbarkeit zwischen beiden Versuchsständen ist gegeben. In diesen Versuchsanlagen wird die Faserstoffsuspension von einem Vorlagebehälter über eine Exzenterschneckenpumpe durch einen Reaktor (Durchflusszelle) in einen weiteren Behälter gepumpt (Anhang-Abbildung 2). In den Anlagen können eine Faserstoffsuspension mit einem Volumen zwischen 3 und 7 Liter behandelt werden. Der statische Druck ist im Bereich von 0 bis 5 bar durch Aufbringung von Druckluft regelbar.

Als Pumpe wurden in beiden Versuchsständen baugleiche Exzenterschneckenpumpen vom Typ BN 05-12 (Fa. Seepex GmbH & Co KG, Deutschland) eingesetzt. Der Stator besteht aus Nitril-Butadien-Kautschuk, der Rotor aus Edelstahl (Werkstoffnummer 1.4571).

Der Einfluss der verwendeten Pumpe auf die Entwicklung der Faserstoffkennwerte sowie das Festigkeitspotenzial kann als vernachlässigbar angesehen werden. Die elektrische Leistung der Pumpe kann mit maximal 0,28 kW abgeschätzt werden.

3.3.1.4.1 Reaktorformen

Zur Beschallung der Faserstoffsuspension im Versuchsstand zur kontinuierlichen Ultraschallbehandlung wurden verschiedene Formen von Beschallungsreaktoren eingesetzt. Der Beschallungsreaktor FC100L1-1S wurde in den Untersuchungen in Kombination mit dem Einsatz "FC Insert34" verwandt und wird in dieser Arbeit als „FC Insert 34" bezeichnet. Der zylindrische Beschallungsreaktor „FC Gap 5 mm" stellt eine Weiterentwicklung des zylindrischen Beschallungsreaktors FC100L1-1S der Fa. Hielscher Ultrasonics GmbH (Deutschland) dar. (Abb. 22)

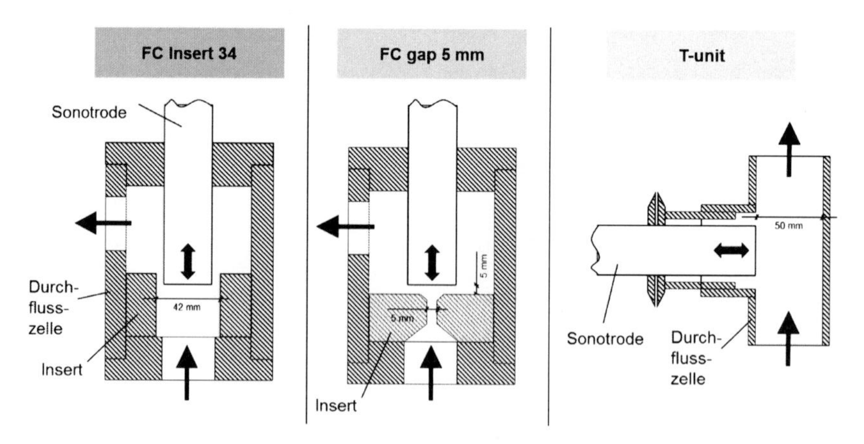

Abb. 22: Reaktorformen für den Versuchsstand zur kontinuierlichen Beschallung von Faserstoffsuspension (Schnitt), Pfeil: Strömungsrichtung der Faserstoffsuspension, Doppelpfeil: longitudinale Schwingungsrichtung der Sonotrode

Für die Reaktorgeometrie „FC Insert 34“ wird eine Strömung der Faserstoffsuspension in Richtung der Sonotrodenstirnfläche unterstellt, für die Reaktorgeometrie „FC Gap 5 mm“ kann von einer radialen Strömung unterhalb der Sonotrodenstirnfläche ausgegangen werden. Beim Reaktor „T-unit“ erfolgt die longitudinale Schalleinleitung rechtwinklig zur Strömungsrichtung der Faserstoffsuspension in ein Rohr. In allen Reaktorformen ragt die Ultraschallsonotrode bis zu eine Tiefe von $\lambda/4$ in den Reaktor hinein.

3.3.1.4.2 Fließgeschwindigkeit der Faserstoffsuspension

Die mittlere Fließgeschwindigkeit (Strömungsgeschwindigkeit) $\bar{v}$ der Faserstoffsuspension unterhalb der Sonotrodenstirnfläche, also innerhalb des durch die Schwingung der Sonotrode erzeugten Kavitationsfeldes, kann gemäß Tab. 5 abgeschätzt werden.

Tab. 5: Mittlere Fließgeschwindigkeit in den Ultraschallreaktoren in Abhängigkeit vom Volumenstrom

Mittlere Fließgeschwindigkeit in m/min		**Volumenstrom in l/min**			
		1	**1,5**	**3**	**5**
Ultraschall-reaktor	**FC Insert 34**	0,7	1,1	2,2	3,6
	FC Gap 5 mm	2,7	4,0	8,0	13,3
	T-unit	0,5	0,8	1,5	2,5

3.3.1.5 Versuchsdurchführung zur Ultraschall-Mahlung

Die Durchführung der Versuche zur Ultraschall-Mahlung in dem diskontinuierlichen Versuchsstand und den kontinuierlichen Versuchsständen erfolgte gemäß dem Schema in Abb. 23. Die Aufbereitung der Faserstoffe (Quellung, Desintegration) wird in Kapitel 3.5.3 ausführlich beschrieben. Die Anpassung der Stoffdichte erfolgte durch Verdünnung des Faserstoffes mit Wasser oder durch Eindickung des Faserstoffes in einem Büchnertrichter unter Vakuumeinfluss.

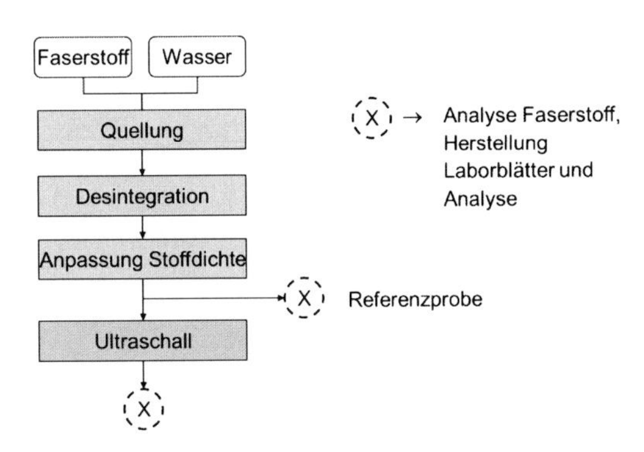

Abb. 23: Versuchsablauf Ultraschall-Mahlung

3.3.1.6 Versuchsaufbau zur Bewertung der „Stehenden Welle“

Eine stehende Welle kann in Schwingsystemen beobachtet werden, die sich in Resonanz befinden. Solche Systeme benötigen weniger Energie zur Ausbildung einer bestimmten Schwingungsamplitude respektive Schwingweite als Schwingsysteme, die nicht in Resonanz schwingen. In Kapitel 4.4.3 wird die Erzeugung einer stehenden Welle in einer Flüssigkeitssäule untersucht. Das Ziel ist, das Potenzial für eine Reduzierung der Leistungsaufnahme des Ultraschallsystems und damit für eine Reduzierung des spezifischen Energiebedarfs bei der Ultraschall-Mahlung zu bewerten.

Für die Bewertung des Phänomens der stehenden Welle in einer Suspension wurde der Versuchsaufbau nach Abb. 24 in Verbindung mit dem Stabschwingersystem eingesetzt. Als Behälter wurde ein SR-Messzylinder nach EN ISO 5267-1:2000 eingesetzt. Die Sonotrodenstirnfläche war parallel zu einer am Boden des SR-Messzylinder angebrachten Metallplatte (Aluminium, Dicke 10 mm) im Abstand L angeordnet.

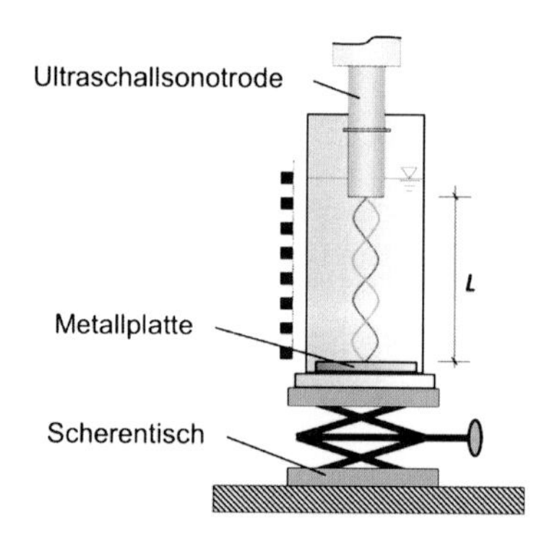

Abb. 24: Messaufbau „Stehende Welle“ (nicht maßstabsgerecht)

3.3.1.7 Versuchsanlage mit diskontinuierlicher Beschallung (Flächenschwinger)

Neben Stabschwingersystemen sind Ultraschallsysteme in Form von Flächenschwinger weit verbreitet und werden beispielsweise in Ultraschall-Reinigungsbädern eingesetzt. Kennzeichnend für Flächenschwinger sind eine geringe Schwingweite und eine geringe Leistungsaufnahme des Ultraschallsystems gegenüber Hochleistungs-Ultraschallsystemen auf Basis von Stabschwingern.

Ultraschallreaktoren auf Basis von Flächenschwingern wurden in Form des Ultraschallreinigungsbads Typ Sonorex RK512H (Frequenz 35 kHz) der Fa. Bandelin Electronic GmbH & Co. KG (Deutschland) und des Ultraschallreinigungsbades vom Typ Ultrasonic Cleaner 5510E-MT (Frequenz 42 kHz) der Fa. Bransonic (USA) eingesetzt.

3.3.1.8 Bewertung der Fließgeschwindigkeit in einem Strömungskanal

In einer experimentellen Untersuchung in einem Strömungskanal wurde die Form des Kavitationsfeldes unterhalb der Sonotrodenstirnfläche in Abhängigkeit von der mittleren Fließgeschwindigkeit des Fluids $\bar{v}$ bewertet. Ziel war es, zu beurteilen, ob die in der kontinuierlichen Versuchsanlage angestrebte Fließgeschwindigkeit eine Verformung oder sogar einen Abriss des Kavitationsfeldes bewirkt und damit die Wirkung der Ultraschall-Mahlung vermindert. Der Messaufbau im Strömungskanal besteht aus einem rechteckigen Querschnitt, in den die Sonotrode hinein ragt. Das Fluid strömt quer zur Sonotrodenlängsachse. Dieser Aufbau weicht zwar von den Strömungsverhältnissen in der Ultraschallzelle des kontinuierlichen Versuchsstandes ab (Anströmung der Sonotrodenstirnfläche), genügt aber, um den prinzipiellen Zusammenhang zwischen der Fließgeschwindigkeit des Fluids und dem Kavitationsfeld abzubilden. Das Kavitationsfeld unterhalb der Sonotrode wurde im Strömungskanal seitlich mit einer Lichtquelle ausgeleuchtet und mit einer Digitalkamera erfasst (Tab. 6, Abb. 25, Anhang-Abbildung 3).

Tab. 6: Spezifikation Messaufbau Strömungskanal

Eigenschaft	Ausprägung
Schwingweite	120 µm (pkpk)
Sonotrode	BS2d18
Medium	Leitungswasser, ϑ = 20 °C
Kamera:	
Kameramodell	EOS 1000D, Fa. CANON (Japan)
Objektiv	ES-S18-55mm, f/3,5-5,6 IS, Fa. CANON (Japan)
Blende	f/5,0
Belichtungszeit	1/25 s
ISO-Empfindlichkeit	800
Lichtquelle	TR-1200, Fa. TrustFire (China), (Hochleistungs-LED)

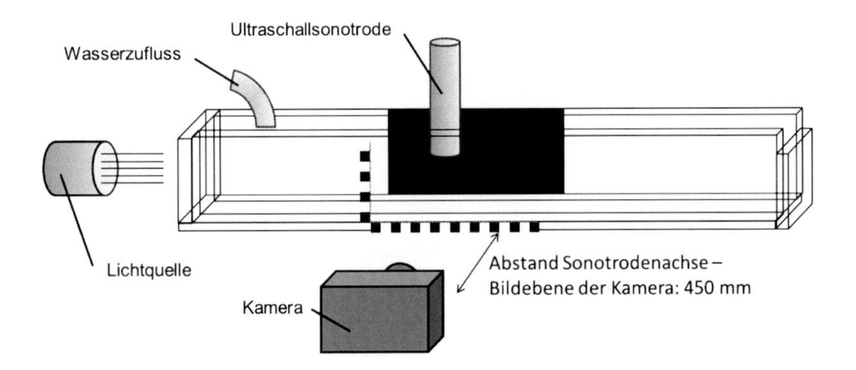

Abb. 25: Messaufbau Strömungskanal (nicht maßstabsgerecht)

Bei konstanter Fließgeschwindigkeit wurden zehn Aufnahmen im Abstand von einer Sekunde aufgenommen und diese in der Software Photoshop CS5 Extended, Fa. Adobe Systems (USA) zu einem Bild vereinigt. Um das Kavitationsfeld visuell abbilden zu können, wurde Wasser als Fluid eingesetzt. Das Wasser wurde vor dem Versuch unter Vakuum ($p = -0{,}8$ bar) für zehn Minuten entgast, um der Bildung und Ablagerung von Blasen an der Wandung des Strömungskanals entgegenzuwirken.

3.3.1.9 Beschallung einer einzelnen Faser

Zur Bewertung der Morphologieänderung am Faserstoff infolge einer Ultraschallbehandlung in wässriger Phase erfolgte die Beschallung einer Einzelfaser in einem Wasserbad (Abb. 27, Tab. 7). Für die visuelle Bewertung der Faser in einem Rasterelektronenmikroskop (REM) war es erforderlich, die Faser auf einem REM-Probenträger fixiert zu beschallen. Die Fixierung der Faser auf dem REM-Probenträger erfolgte an beiden Enden der Faser mit einem UV-härtenden Kleber (Abb. 26).

Tab. 7: Spezifikation Versuchsaufbau zur Beschallung einer einzelnen Faser

Eigenschaft	**Ausprägung**
Sonotrodendurchmesser	34 mm
Schwingweite	40 µm (pkpk)
Beschallungsdauer	2 min
Becherglas	1400 ml
Medium	Wasser (Trinkwasser)
Volumen Medium	1100 ml
Temperatur Medium	20 °C (Start), 24 °C (Ende)
Eintauchtiefe Sonotrode	10 mm
Abstand Probenträger – Sonotrodenstirnfläche	10 mm
Material Probenträger	Kupfer

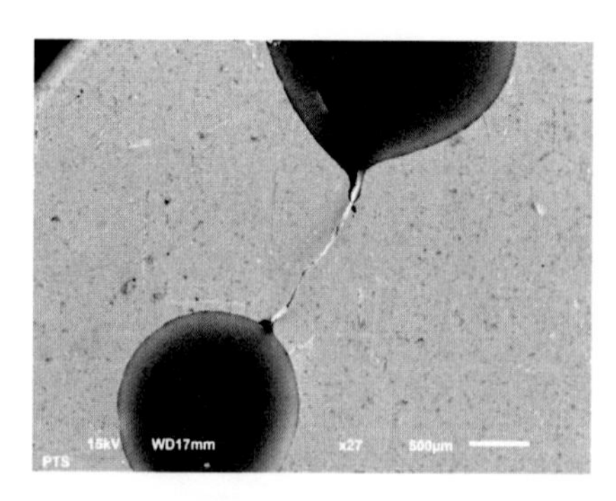

Abb. 26: Rasterelektronenmikroskopie einer einzelnen Faser (FiSa) auf einem REM-Probenträger mit Klebepunkten

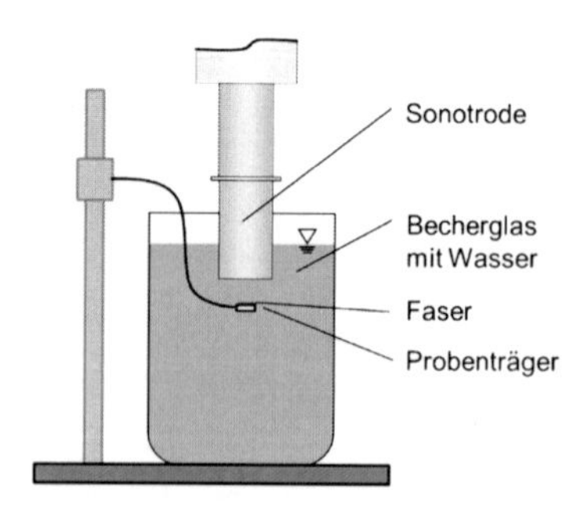

Abb. 27: Versuchsanordnung zur Beschallung einer Einzelfaser (nicht maßstabsgerecht)

Da eine Aufnahme im verwendeten REM eine Besputterung der Probe erfordert, war die Erstellung einer REM-Aufnahme von einer Faser vor und nach der Beschallung im Wasserbad nicht möglich.

3.3.2 Mechanische Mahlung

Für einen Vergleich der Ultraschall-Mahlung mit der mechanischen Mahlung erfolgte die Behandlung des Faserstoffes auch in mechanischen Mahlaggregaten im Labor- und Pilotmaßstab.

3.3.2.1 Mahlung mit Mahlkörpern (Jokro-Mühle-Verfahren)

Eine klassifizierende Mahlung von Faserstoff erfolgte nach dem Jokro-Mühle-Verfahren gemäß EN 25264-3:1994. Dabei werden bis zu sechs Mahlbüchsen über ein Planetengetriebe in Rotation versetzt. Die Mahlung erfolgt mit jeweils 16 g otro Faserstoff je Mahlbüchse bei einer Stoffdichte von 6,25 %. Ein messerbesetzter Mahlkörper in der Mahlbüchse rollt über die Wandung der Mahlbüchse ab. Die Suspendierung des Faserstoffes erfolgte nach EN ISO 5263:1997 mit 30 g ofentrockener Faserstoffmasse in 2 Litern Wasser bei einer Temperatur von 20 °C für 20 Minuten bei 3000 Propelerumdrehungen pro Minute.

3.3.2.2 Mahlung im Laborrefiner

Die Mahlung des Faserstoffes im Labormaßstab wurde mit dem Laborrefiner „Laboratoriums-Raffinator, Typ D“ der Fa. DEFIBRATOR (Schweden) durchgeführt. Die verwendete Mahlgarnitur bestand aus zwei Scheiben mit einem Schnittwinkel der Messer α_M von 60° und einen Durchmesser von 200 mm. Die Mahlung erfolgte bei einer Stoffdichte von 4 %. Die Suspendierung des Faserstoffes erfolgte in einem Laborpulper der Fa. Lamort (Frankreich) mit einem Fassungsvermögen von 14 Litern bei einer Stoffdichte des Faserstoffes von 4 % und einer Temperatur von 20 °C.

3.3.2.3 Mahlung in Pilotrefiner

Für eine simulierende Mahlung wurde der Pilotrefiner der PTS eingesetzt. Die verwendete Mahlgarnitur bestand aus zwei Scheiben mit einem Schnittwinkel der Messer α_M von 60° und einen Durchmesser von 300 mm. Die Mahlung erfolgte bei einer Stoffdichte von 4 – 5 %. Die Suspendierung erfolgt in einem Laborpulper des Technikums der PTS Heidenau mit einem Fassungsvermögen von 50 - 150 Litern bei einer Stoffdichte von 5% und einer Temperatur von 20 °C.

3.4 Messmethoden

3.4.1 Analytik der Faserstoffsuspension

Die Bestimmung faserstoffspezifischer Eigenschaften erfolgte gemäß Tab. 8.

Tab. 8: Verwendete Analysenmethoden zur Charakterisierung der Faserstoffeigenschaften

Eigenschaft	Prüfnorm
Fasermorphologie (FiberLab): Faserlänge, Wanddicke, Faserdurchmesser, Feinstoffanteil, Curl-Index, Fibrillierung	ISO 16065-1:2001
Wasserrückhaltevermögen	Zellcheming Merkblatt IV/33/57; PPT-Methode
Entwässerungswiderstand (Schopper Riegler)	EN ISO 5267-1:2000
Glührückstand 525 °C im Ausgangsstoff	ISO 1762:2001
Porengrößenverteilung mit Differenz-Wärmestrom-Kalorimetrie (DSC), Verfahren nach (131)	DIN EN ISO 11357-1:2009
Grenzviskositätszahl	ISO 5351:2010

Zu beachten ist, dass bei der Bestimmung des WRV an rezyklierten Faserstoffen neben dem Faserstoff auch andere Inhaltsstoffe Wasser binden können. Nach dem Faserstoff nehmen die anorganischen Bestandteile dabei den massebezogenen größten Anteil in rezyklierten Faserstoffen ein. Die anorganischen Bestandteile sind vorwiegend mineralische Füllstoff- und Strichpigmente, die aufgrund der geringen durchschnittlichen Partikelgröße über eine hohe Oberfläche verfügen und Wasser vorwiegend adsorptiv aber kaum absorptiv aufnehmen. Eine Anpassung der Messung des Wasserrückhaltevermögens bei rezyklierten Faserstoffen erfolgte nicht, so dass bei diesen Stoffen der Anteil an mineralischen Partikeln – die ein anderes Wasseraufnahmevermögen als Faserstoff aufweisen – bei der Interpretation dieses Messwertes beachtet werden muss.

Wie in Kapitel 2.3.3 erläutert, sind für die Ausprägung der Kavitation auch die Eigenschaften der Flüssigkeit relevant. Neben der Temperatur und dem statischen Druck in der Flüssigkeit beeinflussen auch die Oberflächenspannung und die Viskosität der Flüssigkeit die Kavitation. Für die beiden zuletzt genannten Größen stehen für Faserstoffe allerdings keine vollständig befriedigenden Messmethoden zur Verfügung.

3.4.1.1 Oberflächenspannung

Die Messung der Oberflächenspannung einer Flüssigkeit erfolgte nach der Blasendruck-Methode mit einem Tensiometer (Labor-Tensiometer Science line t60 der Fa. SITA, Deutschland). Diese Methode erfordert die Abwesenheit grober Partikel, um ein undefiniertes Zerplatzen der Luftblase zu verhindern. In Anlehnung an (132) erfolgte die Messung der Oberflächenspannung am Filtrat der Faserstoffsuspension (Schwerkraftentwässerung über Bronzesieb nach EN ISO 5267-1:2000). Bei der Messung wird eine Kapillare in die Flüssigkeit bis zu einer definierten Tiefe eingetaucht und mit getrockneter Luft unter Druck gesetzt. Durch die Messung des maximalen Druckes der Blase kann über die Young-Laplace-Beziehung (18) die Oberflächenspannung bestimmt werden.

3.4.1.2 Viskosität

Die Charakterisierung der Rheologie der in dieser Arbeit eingesetzten Faserstoffsuspensionen erfolgte durch die Messung der scheinbaren Viskosität mit einem Flügelrotor im Messrührersystem MR-A 0.5 der Fa. IKA-Werke GmbH & CO. KG (Deutschland) mit einem Propellerrührer „R1343" (Rotor-Durchmesser 100 mm, Becher „HF 2000" nach DIN 12331:1988, Füllvolumen 1 Liter).

3.4.1.3 Differenz-Wärmestrom-Kalorimetrie

Eine Änderung der Porengrößenverteilung im Faserstoff deutet auf eine Änderung der internen Delaminierung der Faserwand hin. Die Bewertung der Porengrößenverteilung im Faserstoff erfolgte durch Thermoporosimetrie mittels Wärmestrom-Differenz-Kalorimetrie (DSC-Methode). Die physikalische Grundlage sowie die Durchführung dieser Messmethode sind im Anhang aufgeführt.

3.4.1.4 Gasgehalt

Bei der Kavitation befindet sich in den Kavitations-Hohlräumen ein Gleichgewicht aus Dampf und Gas. Verschiebt sich dieses Gleichgewicht hin zu einem erhöhten Anteil an Dampf, so wird diese Kavitationsform als „hart" bezeichnet und eine starke Ausprägung der mit der Kavitation verbundenen Effekte unterstellt. Verschiebt sich das Gleichgewicht hin zu einem erhöhten Anteil an Gas, so wird diese Kavitationsform „weich" genannt und dieser Kavitationsform eine geringe Wirkung zugeschrieben. Kavitationsblasen befinden sich durch Diffusion im Austausch mit dem Gas im umgebenden Fluid. Zur Bewertung des Zusammenhanges zwischen dem Anteil an gelöstem Gas in der Faserstoffsuspension und der Wirkung der Kavitation aus der Ultraschall-Mahlung auf die Faserstoffeigenschaften wurde der Gasgehalt gemessen. Eine detaillierte Beschreibung des Messaufbaus ist im Anhang aufgeführt.

3.4.1.5 Hyperwäsche

Rezyklierter Faserstoff enthält neben Fasern auch einen erhöhten Anteil an kleinen Partikeln (< 200 µm), der eine Bewertung des Faserstoffes hinsichtlich seiner Morphologie sowohl im Lichtmikroskop als auch in automatisierten optischen Messsystemen wie dem FiberLab erschwert. Aus diesem Grund erfolgte an ausgewählten Proben eine Entfernung kleiner Partikel durch Hyperwäsche in einem McNett-Fraktioniergerät nach INGEDE Methode 5:2003. In einem gerührten wassergefüllten Behälter mit ovaler Querschnittsfläche r wird die Faserstoffsuspension (20 g otro in 2 Liter Wasser) an einem Sieb (Sieb Nr. 50 mit lichter Maschenweite von 300 µm und 50 Maschen je 25,4 mm, Fläche 0,034 m^2) und über eine Dauer von 20 Minuten vorbeigeführt. Der Volumenstrom durch das Sieb betrug 10 Liter je Minute.

3.4.2 Analytik des Papiers

Zur Bewertung des Festigkeitspotenzials der Faserstoffe wurde Papier (Laborblätter) nach dem Rapid-Köthen Verfahren gebildet (ISO 5269-2:2004). Die Festigkeitseigenschaften der Papiere wurden gemäß der folgenden Prüfvorschriften (Tab. 9) bewertet. Die flächenbezogene Masse des Papiers wurde nach EN ISO 536:2012, die Dicke und scheinbare Dichte des Papiers nach EN ISO 534:2011 bestimmt.

Tab. 9: Physikalische und chemische Prüfung von Laborblättern

Eigenschaft	Standard
Zugfestigkeit	DIN EN ISO 1924-2:2009
Weiterreißarbeit (Brecht-Imset-Verfahren)	DIN 53115:2008
Durchreißwiderstand (Elmendorf-Verfahren), Tear	DIN 21974:1994 / DIN EN ISO 1974:2012
Spaltfestigkeit, Scott-Bond	TAPPI 569 pm-00:2000
Stärkegehalt im Papier	PTS-Methode RH 23/09
Weißgrad (Reflexionsfaktor R457)	ISO 2470-1:2009
Glührückstand 525°C	ISO 1762:2001

Die Datenaufbereitung der physikalischen Blattprüfung erfolgte mit dem Ausreißer-Test nach Grubbs unter Nutzung eines Signifikanzniveaus von 95% (133), (134).

3.4.3 Mikroskopie

Die Bewertung der Morphologieänderung an der Faser durch die Ultraschall-Mahlung erfolgte durch mikroskopische Aufnahmen des Faserstoffes.

Die rasterelektronenmikroskopischen Aufnahmen erfolgten an der PTS mit dem Rasterelektronenmikroskop JSM-6510 der Fa. JEOL (Japan). Für lichtmikroskopische Aufnahmen der Faserstoffproben wurde das Mikroskop VHX-500F in Verbindung mit der 3D-Einheit VHX-S15 der Fa. Keyence (Deutschland) und das DM4000B der Fa. Leica (Deutschland) eingesetzt.

3.4.4 Messung der Kavitation

3.4.4.1 Optische Bewertung

Das Kavitationsfeld bildet sich unterhalb der Stirnfläche der Ultraschallsonotrode aus und ist in seiner räumlichen Ausdehnung begrenzt. Um eine optimale Behandlung des Faserstoffes mit Ultraschall zu erzielen, muss eine Durchströmung des Faserstoffes durch das Kavitationsfeld gewährleistet werden. Durch eine optische Bewertung des Kavitationsfeldes soll eine geeignete Reaktorform für die Ultraschall-Mahlung abgeleitet werden (Abb. 28).

Für die optische Bewertung des Kavitationsfeldes unterhalb der Ultraschallsonotrode wurde die Hochgeschwindigkeitskamera Motion Analysing Microscope VW 6000 mit einer Kameraeinheit VW-100M (S/W) mit einem ½-Zoll CMOS-Bildempfänger, beides Fa. Keyence (Deutschland) in Verbindung mit der optischen Einheit VH-Z00R, RZ5-50x, Fa. Keyence (Deutschland) eingesetzt. Als Lichtquelle diente die in der Hochgeschwindigkeitskamera integrierte Lichtquelle (Metallhydrid-Lampe, Leistung 80 W, Farbtemperatur 6400 K), die das Kavitationsfeld unterhalb der Sonotrode seitlich anstrahlt, in einem Winkel von 90° zur Kamera. Die Film-Aufnahmen erfolgten mit einer Bildwiederholrate von 250 Bildern pro Sekunde.

Die Versuche wurden in de-ionisiertem Wasser (ϑ = 20 °C) durchgeführt. Die Flüssigkeit befand sich in einem Plastikgefäß (Höhe 50 mm, Breite 70 mm, Länge 140 mm).

Das Kavitationsfeld wurde mit dem Ultraschallsystem UIP 1000 der Fa. Hielscher Ultrasonics GmbH unter Verwendung der Sonotrode BS2d34, (d_S = 34 mm) und einer Eintauchtiefe der Sonotrode von 10 mm erzeugt.

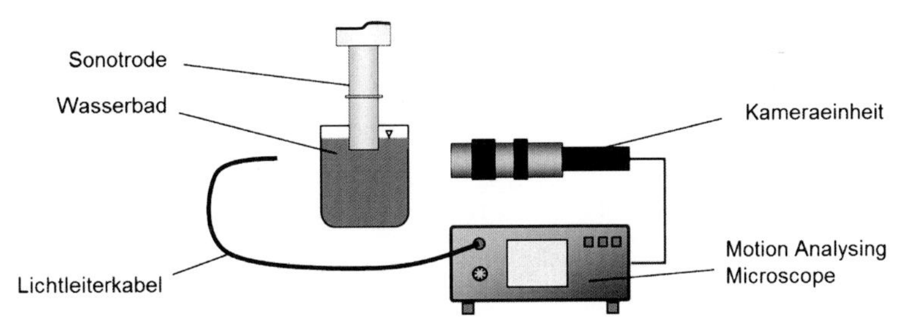

Abb. 28: Versuchsanordnung zur optischen Bewertung eines Kavitationsfeldes

3.4.4.2 Nachweis von gebildeten Radikalen (Weissler-Reaktion)

Die Bewertung der Kavitation durch den Nachweis der bei der Kavitation gebildeten Radikale kann durch die Weissler-Reaktion erfolgen. Bei der Kavitation in wässriger Lösung entstehen Hydroxyl-Radikale ($OH^•$), die zur Bildung von Wasserstoffperoxid führen. In Anwesenheit von farblosem Kaliumiodid (KI) resultiert die Bildung von Iod (I_2) und Triiodid (I_3^-). Der gelbliche Farbumschlag bei der Bildung von Triiodid kann quantitativ durch Photometrie bewertet werden. (107), (108), (135)

$$H_2O \rightarrow H^- + OH^• \quad \textit{(unter Einwirkung von Ultraschall)}$$

$$OH^• + OH^• \rightarrow H_2O_2$$

$$H_2O_2 + 2\,KI \rightarrow I_2 + 2\,KOH$$

$$I_2 + 2\,e \leftrightarrow 2\,I^-$$

$$I_2 + I^- \leftrightarrow I_3^-$$

Die Photometrie beruht auf dem Effekt, dass ein (monochromatischer) Lichtstrahl mit der Intensität I_0 bei der Durchdringung einer Lösung auf die Intensität I_d abgeschwächt wird. Die Abschwächung bei einer bestimmten Wellenlänge λ ist von dem stoffspezifischen Absorptionskoeffizienten a_λ, der Konzentration des Stoffes in einem Lösungsmittel c_{St} und der Schichtdicke d abhängig. Dieser Zusammenhang wird durch das Lambert-Beersche Gesetz ausgedrückt, welches das spektrale Absorptionsmaß (früher Extinktion) A beschreibt (Gleichung (15), (136). In einer geeigneten Messanordnung mit konstanter Schichtdicke und einer ausreichend verdünnten, homogenen Lösung kann durch die Bestimmung des spektralen Absorptionsmaßes auf die Konzentration der Lösung geschlossen werden.

$$\boldsymbol{A = \log \frac{I_0}{I_d} = a_\lambda \cdot c_{St} \cdot d} \qquad (15)$$

In der verwendeten Messanordnung wurden durch Vergleichsmessungen an reinem Lösungsmittel die Anteile an Streulicht, an Reflexion und an durch die Küvette absorbiertem Licht korrigiert.

Die maximale Absorption für Iodid wird in der Literatur mit einer Wellenlänge von 350 - 353 nm und einem Absorptionskoeffizienten $a_{\lambda=352nm}$ von 26400 M^{-1} cm^{-1} angegeben (108), (135). Die Messung des spektralen Absorptionsmaßes erfolgte im Photometer LASA100, Fa. Dr. Lange (Deutschland) mit einer Wellenlänge von 340 nm. Für die Messung wurden 4 ml der zu messenden Lösung in Glasküvetten (rund, Durchmesser (innen) 10 mm, Fa. Hach Lange, Deutschland) überführt und fünfmal das spektrale Absorptionsmaß an einer Küvette vermessen. Der Messwert des spektralen Absorptionsmaßes sollte maximal 1,5 betragen – was einer Transmission von ca. 4 % entspricht, um der Forderung einer ausreichend verdünnten Lösung gemäß dem Lambert-Beerschen Gesetz zu genügen.

Die Validierung der Messmethode ist im Anhang 1.05 aufgeführt. Die Entwicklung der Methode erfolgte im Rahmen von (137). Bei der Entwicklung einer Methode zur Bewertung der Kavitation auf Basis der Weissler-Reaktion bei der Beschallung von Faserstoffsuspension ergaben sich Probleme hinsichtlich der Abtrennung der Lösung vom Faserstoff und beim Stoffumtrieb bei der Beschallung, die einer repräsentativen Erfassung von Messdaten entgegenstanden (138). Die Anwendung dieser Methode zur Bewertung der akustischen Kavitation in Faserstoffsuspensionen ist daher nicht möglich.

3.4.4.3 Metallische Prüfkörper

In der Arbeit von Hanke wurde eine Methode zur Bewertung der Kavitation in Faserstoffsuspensionen auf Basis von metallischen Prüfkörpern (Aluminiumfolie) erarbeitet (139).

Eine Aluminiumfolie wurde in einem Becherglas mit 400 ml Fassungsvermögen (siehe Kapitel 3.3.1) längs zur Richtung der longitudinalen Schwingungsachse der Ultraschallsonotrode sowie mittig eingespannt und im diskontinuierlichen Versuchsstand beschallt (Abb. 29). Die Aluminiumfolie wurde dabei auf einem Rahmen fixiert und hatte einen Abstand zur Sonotrode von 2 mm. Die Aluminiumfolie hatte eine Dicke von 12,9 µm ± 0,2 µm (Messung gemäß EN ISO 534:2011).

Ab einer Beschallungsdauer von mehreren Sekunden kann die Verteilung der Kavitationswolke unterhalb der Ultraschallsonotrode als rotationssymmetrisch angenommen werden, so dass die nach mehreren Sekunden Beschallungsdauer auf der Aluminiumfolie sichtbare Erosion die Kavitationswolke als 2D-Transformation abbildet.

Die beschallte Aluminiumfolie wurde in einem Scanner CanoScan LiDE 100 (Fa. CANON INC., Vietnam) mit einer Auflösung von 600 dpi mit Drauflicht aufgenommen. Auf das Bild der Aluminiumfolie wurde in einem grafischen Computerprogramm ein Raster von 8 x 8 Quadraten gelegt, wobei ein Quadrat einer Abmessung von 10 mm x 10 mm entsprach. Die Anzahl an Quadraten mit einer intensiven Erosion der Aluminiumfolie wurden als Faktor k_h (vollständige Zerstörung) und mit einer niedrigen Erosion der Aluminiumfolie als Faktor k_n (Beeinträchtigung der Oberfläche) manuell gezählt (Abb. 30). Mit diesen Faktoren wurde der Kavitationsindex K_A gemäß Gleichung (16) bestimmt.

$$K_A = \frac{k_h + \frac{k_n}{2}}{64} \qquad (16)$$

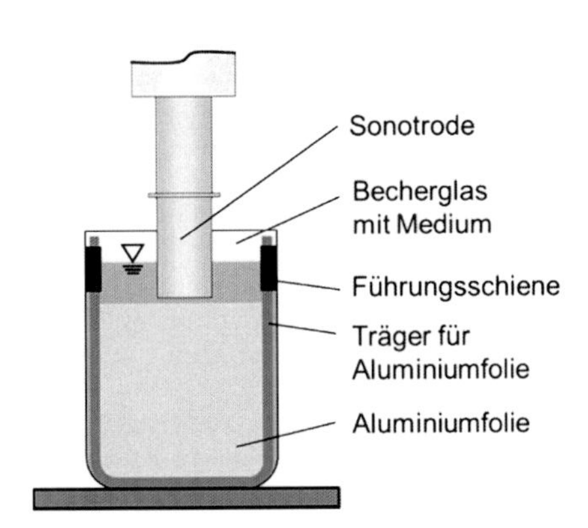

Abb. 29: Versuchsanordnung zur Bewertung eines Kavitationsfeldes mit metallischem Prüfkörper

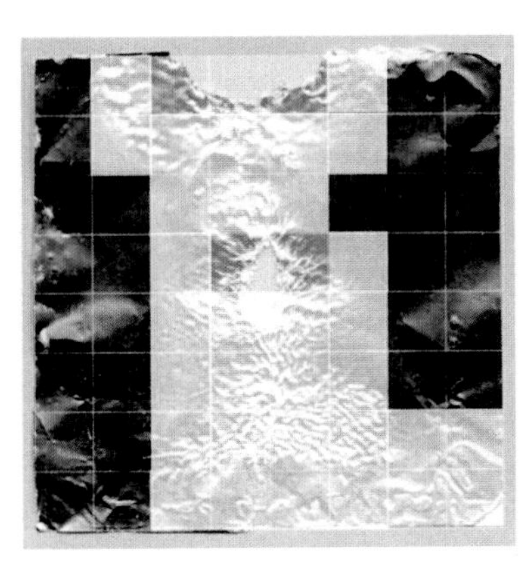

Abb. 30: Beispiel für Ermittlung des Kavitationsindex, k_h = 5, k_n = 32 (139)

Der Einfluss der Beschallungsdauer auf den Kavitationsindex wurde anhand der Veränderungen, die in Leitungswasser mit einer Temperatur von 20 °C eingetauchte Aluminiumfolien bei der Beschallung unter statischem Druck von 2,5 bar erfahren, ermittelt. Die Dauer der Ultraschallbehandlung hat im Bereich von 10 bis 60 Sekunden nur einen untergeordneten Einfluss auf die qualitative Aussage des Kavitationsindex (Abb. 31). Die Beschallungsdauer wurde für die Bestimmung des Kavitationsindex für die weiteren Untersuchungen auf 60 Sekunden festgelegt. Aufgrund des Messprinzips ist jedoch mit dieser Messmethode keine Aussage zum Zusammenhang der Beschallungsdauer und der Kavitation möglich, da die

Aluminiumfolie wegen ihrer geringen Dicke einen zeitlichen Verlauf der Materialerosion nur eingeschränkt wiedergibt.

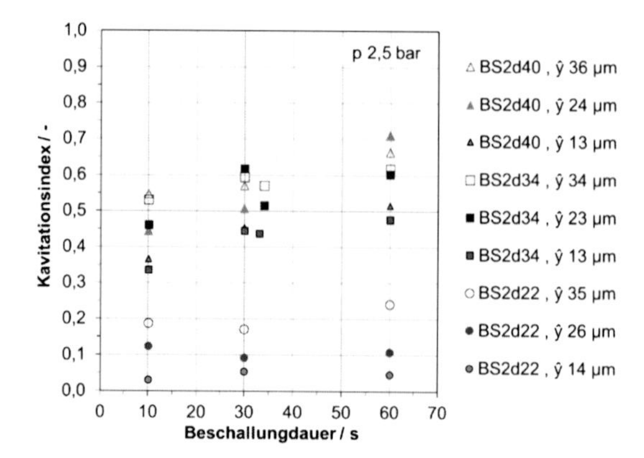

Abb. 31: Entwicklung des Kavitationsindex in Abhängigkeit der Beschallungsdauer, der Ultraschallsonotrode (BS2d22, BS2d34, BS2d40) und der Schwingweite (pkpk)

Die Messmethode mit Kavitationsindex nach Gleichung (16) wurde durch die Bestimmung des Massenverlustes der Aluminiumfolie überprüft. Dabei wurde bei einer Beschallungsdauer von 60 Sekunden, unter Nutzung der Sonotrode BS2d34, bei einer Schwingweite von 28 µm (pkpk) Leitungswasser mit einer Temperatur von 20 °C beschallt. Der Korrelationskoeffizient r zwischen der Messmethode Massenverlust und der Messmethode Kavitationsindex beträgt 0,91, bei einem Stichprobenumfang von $n = 10$. Sowohl die hohe Linearität zwischen beiden Bestimmungsmethoden als auch der Durchgang der Kalibriergeraden nahe dem Nullpunkt lässt auf eine ausreichend hohe Richtigkeit der Messmethoden schließen (Anhang-Abbildung 8). Anzumerken ist, dass beide Messmethoden nur bedingt unabhängig sind, da beide vorrangig die erosive Wirkung der Kavitation abbilden und dabei andere physikalisch-chemische Effekte der Kavitation nicht signifikant einfließen.

Tab. 10: Wiederholgrenze und Vertrauensbereich der Messmethode mit Kavitationsindex

Statischer Druck in bar	**0**	**5**
Mittelwert für $n = 2$ in -	0,18	0,50
Standardabweichung für $n = 2$ in -	0,02	0,02
Wiederholgrenze für $n = 10$ in -	0,06	0,08
Vertrauensbereich für $n = 2$, $\alpha = 0,1$ in -	0,07	0,07

Die Berechnung der Wiederholgrenze g sowie des Vertrauensbereichs erfolgt analog zu Kapitel 3.4.4.2 und Anhang 1.05. Die Wiederholstandardabweichung wurde durch die empirische Standardabweichung (Stichprobenumfang $n = 10$) ersetzt (Tab. 10).

Die Bestimmung eines Messergebnisses mit der Messmethode mit Kavitationsindex erfolgte aus der Messung von zwei Einzelmessungen ($m = 1$). Für eine Wahrscheinlichkeit von 90 % (t-Verteilung, zweiseitig) kann der Vertrauensbereich $s \cdot t/\sqrt{n}$ mit $t = 6{,}31$ nach (140) abgeschätzt werden (Tab. 10).

3.5 Probenmaterial

Für die Bewertung des Einflusses der Ultraschallbehandlung auf das Festigkeitspotenzial von Faserstoff wurden sowohl Primärfaserstoffe als auch rezyklierte Faserstoffe betrachtet. Die in dieser Arbeit eingesetzten Faserstoffe haben zum einen in Deutschland eine hohe industrielle Relevanz. Zum anderen weisen die untersuchten Faserstoffe Unterschiede sowohl im morphologischen Aufbau und der chemischen Zusammensetzung der Fasern als auch in den Eigenschaften des Faserstoffes auf, die eine vertiefte Bewertung der Wirkung des Ultraschalls auf den Faserstoff erlauben.

Primärfaserstoffe müssen gewöhnlich einer Mahlbehandlung in Refinern unterzogen werden, um die erforderlichen Eigenschaftskennwerte für die Papiererzeugung aufzuweisen. Bei der Refinermahlung wird vordergründig sowohl eine externe Fibrillierung als auch eine interne Delaminierung der Fasern erzielt. Es wird erwartet, dass bei der Ultraschallbehandlung der Faserstoffe in einer wässrigen Suspension ebenfalls sowohl eine externe Fibrillierung als auch eine interne Delaminierung der Faser erfolgt. Bei den rezyklierten Faserstoffen wird erwartet, dass zusätzlich die Verhornung durch eine Ultraschallbehandlung teilweise reversiert werden kann.

3.5.1 Primärfaserstoffe

In Europa haben fast ausschließlich holzbasierte Faserstoffe eine Bedeutung als Faserrohstoffquelle für die Produktion von Papier. Faserstoffe aus Einjahrespflanzen und nicht verholzten Pflanzenteilen werden meist nur in Spezialpapieren eingesetzt. Nadelhölzer (Coniferae) besitzen Fasern mit einer durchschnittlichen Faserlänge von 2,5 bis 4 mm – teilweise auch darüber – und werden als Langfaserstoffe bezeichnet. Typische Vertreter als Faserrohstoffquelle in Europa sind Fichte und Kiefer (141). Die entwicklungsgeschichtlich jüngeren Laubhölzer (Dicotyledoneae) weisen eine durchschnittliche Faserlänge von < 2 mm auf und werden Kurzfaserstoffe genannt. Neben heimischen Baumarten wie Birke oder Buche erfolgte in den letzten Jahren ein verstärkter Einsatz von Eukalyptus (Provenienz Südeuropa oder Südamerika) als Kurzfaserrohstoff.

Die Gewinnung von Fasern – botanisch Zellen – kann sowohl durch mechanisches Herausreißen der Fasern aus dem Verbund (Holzstoff), chemisch durch Auflösen der überwiegend ligninhaltigen Mittellamelle (Zellstoff) oder aus Kombinationen beider Verfahren erfolgen. In Europa (CEPI-Länder) werden mehr als 70 % der eingesetzten Primärfaserstoffe durch chemischen Aufschluss gewonnen, wobei ca. 25-mal mehr Sulfatzellstoff verbraucht wird als Sulfitzellstoff (142). Auch auf nationaler Ebene (Deutschland) erfolgt der chemische Aufschluss von Primärfaserstoffen überwiegend nach dem Sulfatverfahren, für das sich der Begriff Kraftverfahren etabliert hat. Unterschiede in den chemisch aufgeschlossenen Faserstoffen ergeben sich insbesondere durch die angewandten Bleichsequenzen. Der überwiegende Anteil an Zellstoffen wird ohne Einsatz von Elementarchlor (ECF) gebleicht (143). Die in dieser Arbeit eingesetzten Primärfaserstoffe sind in Tab. 11 und Tab. 12 beschrieben.

Tab. 11: Verwendete Primärfaserstoffe

Faserstoff	Abkürzung	Holzart	Klimazone / Provenienz	Aufschluss	Bleiche
Fichten-Sulfatzellstoff	FiSa	80 % Fichte (*Picea abies*), 20 % Kiefer (*Pinus sylvestris*)	Mitteleuropa	Sulfat	ECF
Kiefern-Sulfatzellstoff	KiSa	90 - 100 % Kiefer (*Pinus sylvestris*) 0 - 10 % Fichte (*Picea abies*),	Nordeuropa	Sulfat	ECF
Eukalyptus-Sulfatzellstoff	EuSa	100 % Eukalyptus (*Eucalyptus globulus*)	Südeuropa	Sulfat	ECF

Tab. 12: Grundcharakterisierung der Primärfaserstoffe

Faserstoff	Glührückstand 525 °C	Kappa	Löslichkeit in NaOH		Carboxylgruppen	Oberflächenladung
			S5	S18		
	%	-	%	%	mmol/kg	mmol/kg
Fichten-Sulfatzellstoff	0,34	0,5	6,9	12,4	38,3	26,7
Kiefern-Sulfatzellstoff	0,33	0,7	7,5	15,0	28,1	28,9
Eukalyptus-Sulfatzellstoff	0,37	0,7	12,1	5,4	71,2	25,7

3.5.2 Rezyklierte Faserstoffe

Als rezyklierte Faserstoffe wurden Rohstoffe, die typischerweise in den Produktgruppen Verpackungspapiere und grafische Papiere eingesetzt werden, ausgewählt. Innerhalb Europas besetzt Deutschland die Spitzenposition bei der Einsatzquote rezyklierter Faserstoffe als Rohstoffquelle zur Papierproduktion (141). Innerhalb der Produktgruppe der Verpackungspapiere hat in Deutschland die Sorte „Pack- und Wellpappenpapiere" mit einer Produktionsmenge von 7,9 Mio. t/a im Jahr 2014 (144) einen hohen Marktanteil. Als wesentlicher Faserrohstoff kommen dabei die Altpapiersorten 1.01, 1.02, 1.04 und 1.05 (EN 643:2001) mit einer Menge von 8,3 Mio. t/a im Jahr 2012 zum Einsatz (144). Innerhalb dieser Altpapiersorten nehmen die Sorte 1.02 und die Sorte 1.04 eine herausragende Stellung bezüglich der Einsatzmenge ein. Diese Altpapiersorten enthalten gemäß EN 643:2001 maximal 40 % grafische Papiere (Sorte 1.02) beziehungsweise mindestens 70 % Wellpappen (Sorte 1.04). Für die Produktgruppe der Verpackungspapiere wurde ein Wellenstoffpapier auf der Basis 50 %

Sortiertes gemischtes Altpapier (Sorte 1.02) und 50 % Kaufhausaltpapier (Sorte 1.04) eingesetzt, welches nicht mit Oberflächenstärke behandelt worden ist. Der Alterungsprozess des Papiers wurde dabei vernachlässigt, da die damit verbundenen Eigenschaftsveränderungen als gering eingeschätzt werden können, insbesondere auch dadurch, dass keine Stärke auf das Papier aufgebracht wurde.

Tab. 13: Verwendete rezyklierte Faserstoffe

Rezyklierter Faserstoff	Abkürzung	Sorten gemäß EN 643:2001	Papier / Druck
LWC-Druckmuster	LWC-Papier	1.11	LWC Papier / UV-Druck
SC-Druckmuster	SC-Papier	1.11	SC Papier / UV-Druck
WFC-Druckmuster	WFC-Papier	1.11	WFC Papier / UV-Druck
Altpapier 1.02 + 1.04	AP 1.02 1.04	1.02, 1.04	Wellenstoff / ohne

Für die Produktion grafischer Papiere werden neben Zellstoff und Holzstoff auch Altpapiere der unteren Sortengruppe – insbesondere die Altpapiersorte 1.11 (Deinkingware) – als auch mittlere und bessere Sorten eingesetzt. Diese (Alt-) Papiere haben eine größere Diversifizierung hinsichtlich des Aufbaus des Papieres und können beispielsweise hinsichtlich eines mineralischen Deckstriches (gestrichen / ungestrichen) oder des Ligninanteils („holzfrei" / „holzhaltig") unterschieden werden. Um diesen Umstand zu berücksichtigen wurden verschiedene grafische Altpapiere untersucht. Als Faserrohstoffe für die Produktion von grafischen Papieren wurden ein LWC-Papier (gestrichen, „holzhaltig") und ein WFC-Papier (gestrichen, „holzfrei") eingesetzt, die einer natürlichen Alterung von 18 Monaten ausgesetzt waren sowie ein SC-Papier (ungestrichen, „holzhaltig"), das einer natürlichen Alterung von 4 Monaten ausgesetzt war.

Die eingesetzten rezyklierten Faserstoffe sind in Tab. 13 zusammengefast.

3.5.3 Aufbereitung der Faserrohstoffe

Sowohl die Primärfaserstoffe als auch der rezyklierte Faserstoff „AP 1.02 1.04" wurden gemäß DIN EN ISO 5263:1997 aufbereitet. Die Quellung dauerte 24 Stunden bei Raumtemperatur. Die Suspendierung (Desintegration) des Faserstoffes zu einer Suspension erfolgte mit 30 g ofentrockener Faserstoffmasse in 2 Liter Wasser (Trinkwasser) bei einer Temperatur von 20 °C bei 3000 Propellerumdrehungen pro Minute. Die Zerfaserung erfolgte bis zur Stippenfreiheit – mindestens mit einer Dauer von zehn Minuten. Abweichend dazu erfolgte bei den Versuchen in Kapitel 4.3.4 die Suspendierung des Faserstoffs in einem Laborpulper der Fa. Lamort (Frankreich) bei einer Stoffdichte von 4 % und einer Temperatur von 20 °C.

Die rezyklierten Faserstoffe, die für die Produktion von grafischen Papieren (SC-Druckmuster, LWC-Druckmuster, WFC-Druckmuster) eingesetzt werden, wurden gemäß

INGEDE Methode 11p:2009 aufbereitet, um die beim industriellen Einsatz dieser Altpapiere üblichen Prozessbedingungen abzubilden. Abweichend zu dieser Norm kam ein Laborpulper Kenwood KM020 zum Einsatz. Das Verdünnungswasser war Leitungswasser mit einer Gesamtwasserhärte von 14 °dH (deutscher Härtegrad), das durch Zugabe von Calciumchlorid-Dihydrat auf eine Gesamtwasserhärte von 18 °dH eingestellt wurde. Der pH-Wert wurde bei der Zerfaserung durch Anpassung der Dosierung von Natriumhydroxid und Natronwasserglas auf 9,5 ± 0,5 geregelt. Die Versuchsdurchführung ist in Anhang-Abbildung 15 dargestellt. Zur Nachstellung des Stoffaufbereitungsprozesses industrieller Aufbereitungsanlagen und auch zur Verbesserung der Lagerfähigkeit des Faserstoffes (grafisches Altpapier) nach der Zerfaserung erfolgte eine Eindickung des Faserstoffes mit der Laborzentrifuge LS, der Fa. CEPA (Durchmesser 200 mm, Drehzahl 2300 1/min, Suspensionsmenge 10 Liter, Dauer 10 min) auf einen Feststoffgehalt von 43 %. Das Filtrat wurde nach einer Zentrifugation über den Stoffkuchen gegeben, um enthaltene Feinstoffe dem Stoffkuchen zurückzuführen. Nach einer zweiten Zentrifugation wurde das Filtrat zurückgewonnen, um eine Verdünnung auf die erforderliche Stoffdichte durchführen zu können. Der Glührückstand des Faserstoffes des WFC-Druckmusters verringerte sich durch die Eindickung von ca. 46,5 % vor der Eindickung auf ca. 45,5 % nach der Eindickung.

3.6 Statistische Bewertung der Versuchsergebnisse

Die Bewertung des Einflusses der Ultraschallbehandlung und der dabei variierbaren Parameter (Einflussgrößen) auf eine zu erklärende Variable (Zielgröße) erfolgte durch Regressionsanalyse der Versuchsdaten. Hierfür wurden die Software Applied Cornerstone in der Version 5.0 (Fa. Applied Materials, USA) und die Software EXCEL 2010 (Fa. Microsoft, USA) eingesetzt. Die statistischen Größen sind im Anhang beschrieben.

4 Darstellung und Diskussion der Ergebnisse

Die Ergebnisdarstellung erfolgt in vier Kapiteln. In Kapitel 4.1 wird der Einfluss einzelner Parameter der Ultraschallbehandlung von Faserstoffsuspensionen auf die Änderung der Fasermorphologie bewertet. In Kapitel 4.2 wird die Wirkung der akustischen Kavitation auf Primärfaserstoffe aufgezeigt. Kapitel 4.3 geht auf Besonderheiten bei der Behandlung von Suspensionen aus rezyklierten Faserstoff mit Ultraschall ein. In Kapitel 4.4 werden praktische Aspekte der Ultraschall-Mahlung beschrieben.

4.1 Einfluss von Betriebsparametern

Um zu bewerten, wie die Ultraschallbehandlung einer Faserstoffsuspension das Festigkeitspotenzial eines Faserstoffes verbessert, wurden zum einen der Einfluss verschiedener Betriebsparameter auf die Kavitation durch zwei verschiedene Messmethoden (Weissler-Reaktion, Kavitationsindex auf Basis metallischer Prüfkörper) und zum anderen die Änderung der Fasermorphologie mit verschiedenen papiertechnologischen Analysemethoden untersucht. Die Einflussgrößen bei der Ultraschallbehandlung einer Faserstoffsuspension können nach Abb. 17 in die drei Gruppen Faserstoffsuspension, Ultraschallparameter und Prozessgrößen aufgeteilt werden, auf die in Kapitel 4 eingegangen wird.

4.1.1 Messung der Kavitation – Weissler-Reaktion (Spektrales Absorptionsmaß)

Wie in den Kapiteln 2.4.2 und 3.4.4 beschrieben, werden durch Kavitation in wässrigen Medien Hydroxyl-Radikale ($OH^{\bullet}$) erzeugt, bei deren Zerfall das Oxidationsmittel Wasserstoffperoxid gebildet wird. Dessen quantitativer Nachweis als Maß für die Stärke der Kavitation ist photometrisch unter Nutzung von Kaliumiodid möglich.

Die nachfolgenden Untersuchungen erfolgten gemäß der Messmethode aus Kapitel 3.4.4 durch Beschallung von Kaliumiodidlösung in der Batchzelle mit der Ultraschallsonotrode BS2d22. Die Temperatur bei den Versuchen wurde mit ϑ = 14 °C (± 8 °C) konstant gehalten. Die Änderung der Temperatur resultiert aus dem in Wärme dissipierten Teil der durch die Ultraschallbehandlung eingebrachten Energie. Die Erzielung einer Schwingweite an der Sonotrodenstirnfläche $\hat{y}$ über einen weiten Bereich von 6 bis 96 µm wurde durch die geeignete Wahl und Anordnung von Stufenhörnern (Booster) in Kombination mit der elektronischen Regelung der Schwingweite am Ultraschallgenerator erzielt. Die Daten für die dargestellten Zusammenhänge sind in Anhang-Tabelle 2 aufgeführt.

Das spektrale Absorptionsmaß steigt mit zunehmender Schalldauer linear an (Abb. 32). Auch die Erhöhung der Intensität, also des elektrischen Leistungsbedarfs des Ultraschallsystems bezogen auf die Sonotrodenstirnfläche, resultiert in einer linearen Erhöhung des spektralen Absorptionsmaßes (Abb. 33). Die Intensität des Ultraschalls ist bei diesen Untersuchungen eine Funktion des statischen Druckes und der Schwingweite der Ultraschallsonotrode.

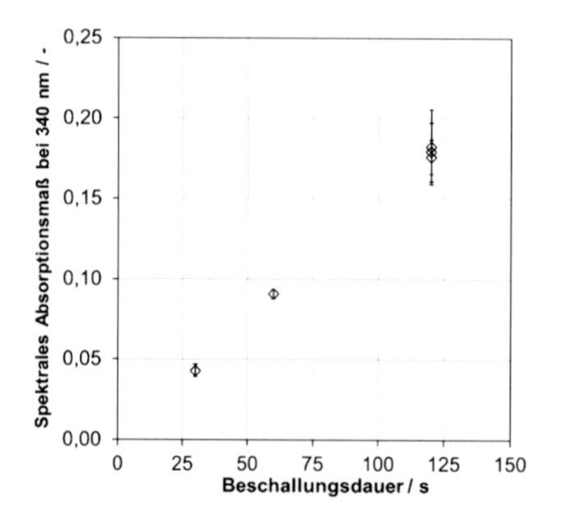

Abb. 32: Kavitationsmessung – Spektrales Absorptionsmaß nach Weissler-Reaktion, Variation Beschallungsdauer, Sonotrode BS2d22

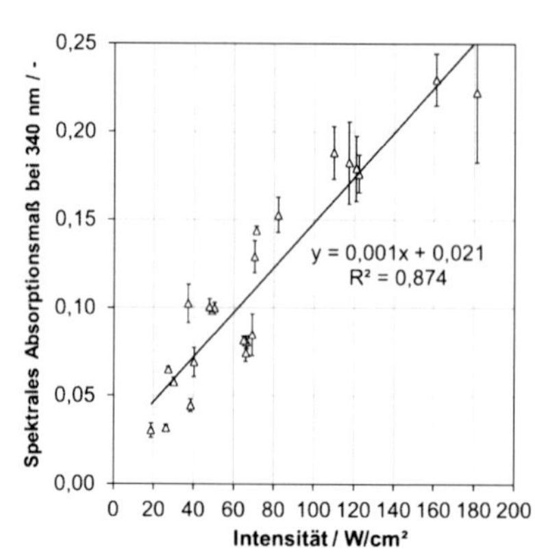

Abb. 33: Kavitationsmessung – Spektrales Absorptionsmaß nach Weissler-Reaktion, Variation Intensität, Beschallungsdauer t = 120 s, Sonotrode BS2d22

Der Zusammenhang zwischen den Parametern statischer Druck im Beschallungssystem p, und Schwingweite der Ultraschallsonotrode $\hat{y}$ auf die Zielgröße Spektrales Absorptionsmaß A, als Maß für die Stärke der Kavitation, ist in Abb. 34 und Abb. 35 aufgeführt. Diese Daten wurden durch Regressionsanalyse untersucht (Tab. 14). Die für die Regression eingesetzten Daten sind in Anhang-Tabelle 2 mit „in" gekennzeichnet, Ausreißer, die aus dem Modell entfernt wurden, mit „out". Bei der Regression der Daten ohne Interaktion (Wechselwirkung) zwischen dem statischen Druck und der Schwingweite ist der Einfluss der Einflussgröße „Statischer Druck" mit einem positiven Vorzeichen behaftet und der p-Wert kleiner gegenüber dem Regressionsmodell mit Interaktion. Das Regressionsmodell ohne Interaktion kann im betrachteten Wertebereich die Ereignisse (Messergebnisse) nur mit einer deutlichen Abweichung nachbilden. Das Bestimmtheitsmaß des Regressionsmodells ohne Interaktion ist $B = 0{,}87$. Im Regressionsmodell mit einem zusätzlichen Term $\hat{y} \cdot p$ für die Interaktion zwischen der Schwingweite und dem statischen Druck ist das Bestimmtheitsmaß $B = 0{,}94$. Die Reststreuung dieses Modells folgt der Normalverteilung (Anhang-Abbildung 6). Die Standardabweichung des Regressionsmodells mit Interaktion (Reststreuung $\hat{s}^2$) beträgt 0,016, die Anzahl der Freiheitsgrade 60.

Die Erhöhung des Bestimmtheitsmaßes durch die Beachtung der Wechselwirkung $\hat{y} \cdot p$ im Regressionsmodell deutet darauf hin, dass dieser Interaktion eine erhöhte Bedeutung zukommt. Dies kann wie folgt gedeutet werden: Bei einer hohen Schwingweite wird durch die

Erhöhung des statischen Druckes die Kavitationsintensität gesteigert. Ein hoher statischer Druck resultiert in einem intensiveren Kollaps der Kavitationsblase.

Tab. 14: Regressionsmodell für Kavitationsmessung – Weissler-Reaktion, Daten Anhang-Tabelle 2

Parameter	Koeffizient	Standard-fehler	t-Wert	p-Wert
Konstante	0,01121	0,00537	2,0878	0,0411
$\hat{y}$	0,00149	0,00010	14,2871	0,0000
p	-0,00492	0,00188	-2,6221	0,0111
$\hat{y} \cdot p$	0,00038	0,00004	8,9967	0,0000

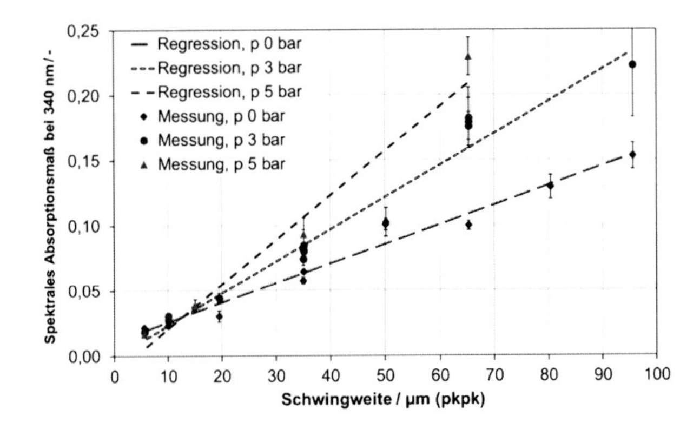

Abb. 34: Kavitationsmessung – Spektrales Absorptionsmaß nach Weissler-Reaktion, Variation Schwingweite und statischer Druck, Theoretischer Kurvenverlauf (Regression) gemäß Tab. 14, Beschallungsdauer t = 120 s, Sonotrode BS2d22

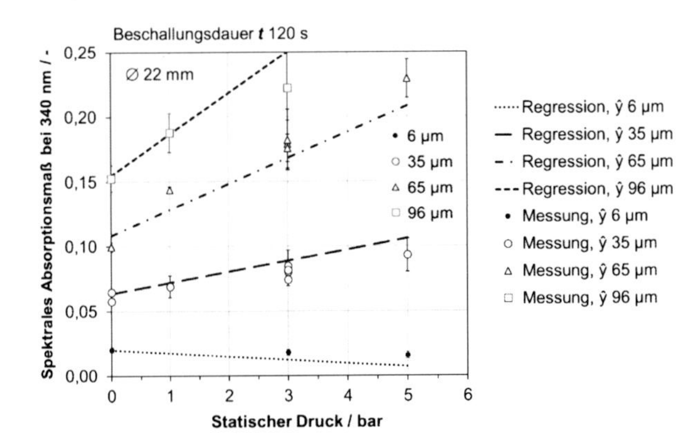

Abb. 35: Kavitationsmessung – Spektrales Absorptionsmaß nach Weissler-Reaktion, Variation statischer Druck und Schwingweite, Theoretischer Kurvenverlauf (Regression) gemäß Tab. 14, Beschallungsdauer t = 120 s, Sonotrode BS2d22

Bei einer geringen Schwingweite von 6 µm wird durch die Erhöhung des Druckes die Kavitationsintensität nicht gesteigert, sondern eventuell sogar leicht vermindert. Eine geringe Schwingweite der Ultraschallsonotrode kann bei einem hohen statischen Druck die Flüssigkeit nur noch begrenzt zur Hohlraumbildung anregen. Daher sollte insbesondere bei Plattenschwingern, wie beispielsweise Ultraschallreinigungsbäder, die üblicherweise mit Schwingweiten kleiner 10 µm arbeiten, keine Erhöhung der Kavitationswirkung bei einer Erhöhung des statischen Druckes eintreten, sondern nur bei Hochleistungs-Ultraschall. Im betrachteten Wertebereich der Parameter hat die Schwingweite einen größeren Einfluss auf die Kavitation als der statische Druck im System (Abb. 34, Abb. 35, Anhang-Abbildung 7).

4.1.2 Messung der Kavitation – Kavitationsindex (metallische Prüfkörper)

Die Messung der Kavitation nach der Weissler-Reaktion konnte – wie in Kapitel 3.4.4 beschrieben – nur für Wasser reproduzierbar durchgeführt werden und nicht für Faserstoffsuspension. Die Bestimmung des Einflusses des Feststoffgehaltes der Faserstoffsuspension auf die Kavitation wurde daher mit der Messmethode zur Kavitation auf Basis metallischer Prüfkörper in der Batchzelle durchgeführt. Mit letztgenannter Methode wurde der Zusammenhang zwischen den Parametern Sonotrodenstirnfläche A_S, statischer Druck im Beschallungssytem p, Feststoffgehalt der Faserstoffsuspension c und der Schwingweite der Ultraschallsonotrode $\hat{y}$ auf den Kavitationsindex K_A bewertet. Die Daten sind in Anhang-Tabelle 3 aufgeführt. Für das gewählte lineare Regressionsmodell ergab sich ein Bestimmtheitsmaß von $B = 0{,}58$. Die Reststreuung des Modells folgt der Normalverteilung (Anhang-Abbildung 9). Die Regressionskoeffizienten des linearen Regressionsmodells sowie die zugehörigen t-Werte und p-Werte können Tab. 15 entnommen werden. Die Standardabweichung des Regressionsmodells (Reststreuung $\hat{s}^2$) beträgt 0,14, die Anzahl der Freiheitsgrade 137. Das geringe Bestimmtheitsmaß wird zu einem gewissen Grad durch den teilfaktoriellen Versuchsraum verursacht.

Tab. 15: Regressionsmodell für Kavitationsindex – metallische Prüfkörper, Daten Anhang-Tabelle 3

Parameter	Koeffizient	Standard-fehler	t-Wert	p-Wert
Konstante	-0,327	0,089	-3,7	0,00
c_F	-0,032	0,004	-7,7	0,00
$\hat{y}$	0,003	0,001	2,4	0,02
p	0,045	0,006	7,4	0,00
A_S	0,054	0,006	8,8	0,00

Eine Erhöhung des statischen Drucks p, der Sonotrodenstirnfläche A_S und der Schwingweite der Sonotrode $\hat{y}$ bewirkt gemäß dem Regressionsmodell eine Erhöhung der Kavitationswirkung, wohingegen eine Erhöhung des Feststoffgehaltes der Faserstoffsuspension c in einer Erniedrigung der Kavitationswirkung resultiert (Anhang-Abbildung 10). Dies kann wie folgt interpretiert werden: Die Schwingweite der Ultraschallsonotrode kann bei einer Erhöhung des statischen Druckes im Beschallungsreaktor respektive dem Fluid, in das die Ultraschallsonotrode hineinragt, als konstant angesehen werden, obwohl eine Erhöhung des statischen Druckes der Auslenkung (Schwingweite) der Ultraschallsonotrode entgegen wirkt. Die Aufrechterhaltung der Schwingweite bei Erhöhung des Druckes wird durch einen elektronischen Regelkreis des Ultraschallsystems erzielt und ist mit einer Erhöhung des elektrischen Leistungsbedarfs des Ultraschallsystems verbunden. Sowohl die Erhöhung des statischen Druckes als auch der Schwingweite der Sonotrode resultieren in einer Erhöhung der im beschallten Fluid verrichteten Arbeit, so dass in einem größeren Volumen der Faserstoffsuspension Kavitationsblasen entstehen und dadurch eine größere Fläche der Aluminiumfolie erodiert. Die Erhöhung der Sonotrodenstirnfläche führt ebenfalls zu einer Erhöhung des Volumens in der Faserstoffsuspension, in dem Kavitation auftritt, so dass dadurch ebenfalls eine größere Fläche der Aluminiumfolie erodiert.

Wird anstatt der Sonotrodenstirnfläche A_S der Term Intensität I – als Quotient aus dem elektrischen Leistungsbedarf des Ultraschallsystems und der Sonotrodenstirnfläche A_S – eingeführt, so hat in einem linearem Regressionsmodell dieser Term (Intensität I) den größten Einfluss (t-Wert) auf den Kavitationsindex. Da die Leistung innerhalb der Einflussgröße Intensität allerdings eine eigene Zielgröße darstellt und damit einer Streuung unterliegt, sinkt das Bestimmtheitsmaß dieses Modells auf B = 0,39 und ist für eine Analyse kaum geeignet.

Die Erhöhung der Intensität des Ultraschalls bewirkt bei den Sonotroden mit einem Stirnflächendurchmesser von 34 mm (BS2d34) beziehungsweise 40 mm (BS2d40) eine Erhöhung des Kavitationsindex (Abb. 36). Für die Sonotrode mit einem Durchmesser von 22 mm ist hingegen keine wesentliche Erhöhung des Kavitationsindex festzustellen. Dies steht in Widerspruch zu den Ergebnissen der Messmethode unter Nutzung der Weissler-Reaktion (vergleiche Abb. 33). Die Ursache für die unterschiedlichen Messergebnisse der zwei Kavitationsmessmethoden bei der Sonotrode BS2d22 kann darin gesehen werden, dass diese schmale Sonotrode nur ein sehr kleines Kavitationsfeld unterhalb der Stirnfläche ausbildet. Bei der Messmethode nach der Weissler-Reaktion wird durch die induzierte Autorotation das gesamte Volumen der Flüssigkeit durch dieses Kavitationsfeld geführt. Bei der Messmethode mit (starrer) Aluminiumfolie wird hingegen nur ein kleiner Teil der Folie erodiert, woraus ein geringer Messwert bei der Messmethode mit metallischem Prüfkörper resultiert.

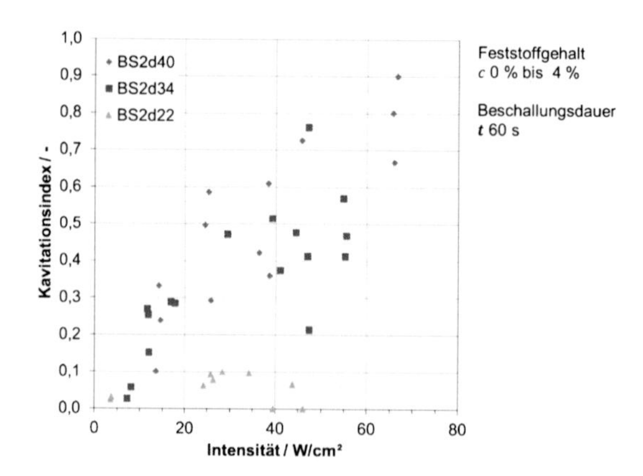

Abb. 36: Entwicklung des Kavitationsindex (metallische Prüfkörper) für eine Suspension aus EuSa in Abhängigkeit von der Intensität des Ultraschalls für verschiedene Sonotroden

4.1.3 Feststoffgehalt der Faserstoffsuspension

Nachfolgend ist ein Teil der Versuchsdurchführung (Realisierungen) des in Tab. 15 aufgeführten Regressionsmodells dargestellt (Sonotrode BS2d40 mit Sonotrodenstirnfläche $A_S = 12{,}6\ cm^2$).

Der Feststoffgehalt der Faserstoffsuspension hat – bezogenen auf die ofentrockene Feststoffmasse – einen entscheidenden Einfluss auf den spezifischen Energiebedarf der Ultraschallbehandlung. Aus einer theoretischen Betrachtung kann abgeleitet werden, dass durch eine Verdoppelung des Feststoffgehaltes eine Halbierung des spezifischen Energiebedarfs resultiert – bei konstanter Beschallungsdauer eines Suspensionsvolumens. Voraussetzung dafür ist, dass sowohl die Wirkung des Prozesses auf den Faserstoff als auch der Leistungsbedarf des Ultraschalls unabhängig vom Feststoffgehalt der Faserstoffsuspension sind.

In Abb. 37 ist der Kavitationsindex (Messmethode mit metallischem Prüfkörper) von Beschallungsversuchen dargestellt, bei denen der Feststoffgehalt der Suspension in Abhängigkeit vom statischen Druck im System und der Schwingweite der Ultraschallsonotrode variiert wurde. Eine Erhöhung des Kavitationsindex resultiert aus einer Erhöhung des statischen Druckes über den atmosphärischen Druck (0 bar). Bei einem statischen Druck von 5 bar ist der Kavitationsindex bis zu einem Feststoffgehalt von 10 % deutlich größer als bei der Beschallung bei atmosphärischen Druck (Abb. 37). Zu beachten ist dabei, dass bei jedem Versuchspunkt die Beschallungsdauer konstant war (60 Sekunden), eine Änderung des statischen Druckes jedoch zu einer Erhöhung des Leistungsbedarfs des Ultraschallsystems führt und damit zu einem erhöhtem Energieeintrag, so dass bei den dargestellten Versuchspunkten der spezifische Energieeintrag nicht konstant war.

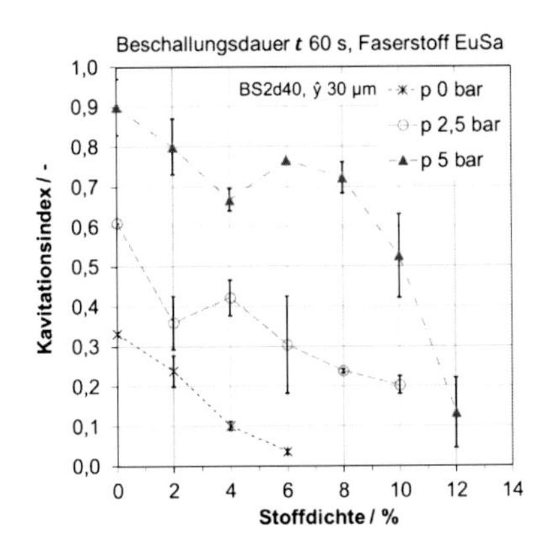

Abb. 37: Entwicklung des Kavitationsindex in Abhängigkeit vom Feststoffgehalt der Faserstoffsuspension (Stoffdichte) und des statischen Druckes

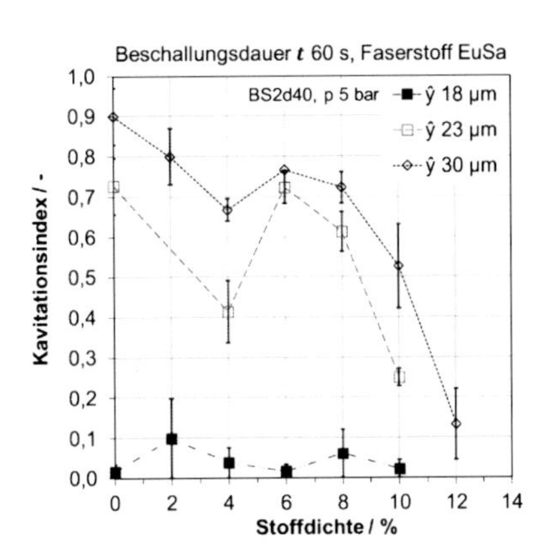

Abb. 38: Entwicklung des Kavitationsindex in Abhängigkeit vom Feststoffgehalt der Faserstoffsuspension (Stoffdichte) und der Schwingweite der Sonotrodenstirnfläche

Unabhängig vom Feststoffgehalt der Faserstoffsuspension existiert bei der Sonotrode mit 40 mm Durchmesser bezüglich des Parameters Schwingweite bei einem statischen Druck von 5 bar eine Schwelle ($\hat{y}$ < 23 µm), unterhalb derer die Kavitation nur schwach ausgeprägt ist (Abb. 38). Bei einem geringeren Druck von 2,5 bar kann hingegen keine derartige Schwelle beobachtet werden – dies gilt auch für Sonotroden mit kleinerem Durchmesser (nicht dargestellt). Anzumerken ist, dass bei einem statischen Druck von 5 bar und einer Schwingweite von mindestens 23 µm ein lokales Minimum des Kavitationsindex bei einem Feststoffgehalt von 4 % eintritt, was auf eine schlechte Ankopplung des Ultraschalls in das Fluid bei diesen Verhältnissen zurückgeführt werden könnte.

Bei der Versuchsanlage mit diskontinuierlicher Beschallung kann ein starker Leistungsabfall innerhalb der ersten 60 s Beschallungsdauer bei einer Stoffdichte der Faserstoffsuspension > 4 % beobachtet werden (Abb. 39, Abb. 40). Ein Grund hierfür kann sein, dass bei einer Stoffdichte > 4 % keine ultraschallinduzierte Rotation der Suspension (EuSa) im Becher erfolgt und dadurch eine Entmischung des Faserstoffes unterhalb der Sonotrodenstirnfläche auftritt. Die Entmischung im Becherglas wurde anhand des Temperaturprofiles nachvollzogen. Die Messung der Temperatur erfolgte nach der Beschallung mit einem Digital–Kontaktthermometer an neun Positionen des Becher-Längsschnitts (Abb. 41). Im Falle einer Durchmischung der Suspension während der Ultraschallbehandlung hätte Temperaturkonstanz über den Längsschnitt des Bechers vorliegen müssen. Zum anderen ist bei Stoffdichten > 4 % eine erhöhte Verspinnungsneigung des Faserstoffes an der erodierten Sonotrodenstirnfläche zu beobachten (siehe auch Kapitel 4.4.2). Eine reproduzierbare Versuchsdurchführung bei Faserstoffsuspensionen mit deutlich über 4 % Feststoffgehalt ist aufgrund dieser Voraussetzungen bei der Ultraschallbehandlung im diskontinuierlichen Versuchsstand nur bedingt gegeben.

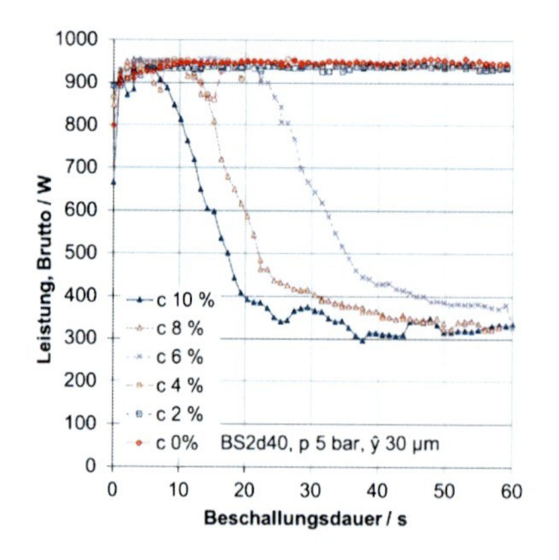

Abb. 39: Leistungsbedarf des Ultraschallsystems (diskontinuierliche Versuchsanlage) in Abhängigkeit der Beschallungsdauer bei der Beschallung von Faserstoffsuspension (EuSa), Variation des Feststoffgehalts

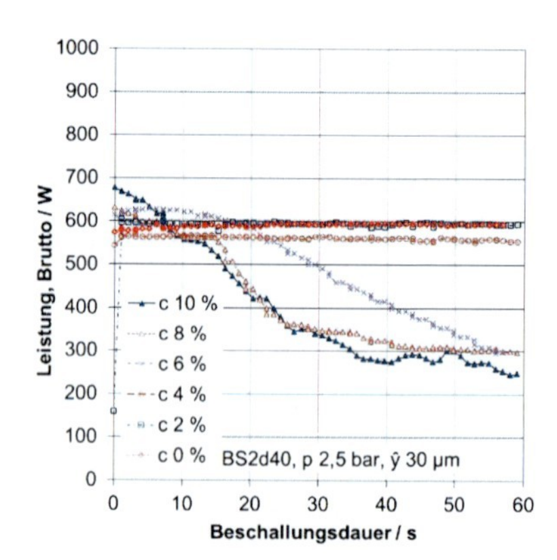

Abb. 40: Leistungsbedarf des Ultraschallsystems (diskontinuierliche Versuchsanlage) in Abhängigkeit der Beschallungsdauer bei der Beschallung von Faserstoffsuspension (EuSa), Variation des Feststoffgehalts

Im kontinuierlichen Versuchsstand ist die Ultraschallbehandlung von Faserstoffsuspensionen mit hohem Feststoffgehalt durch die Fließfähigkeit der Faserstoffsuspension, die eine Funktion der Viskosität und damit des Feststoffgehaltes ist, limitiert. Im kontinuierlichen Versuchsstand kann in Abhängigkeit von verschiedenen Randbedingungen wie Faserlänge oder Füllstoffanteil eine Faserstoffsuspension mit einem Feststoffgehalt von maximal 5 % gefördert werden. Ein Abfall des Leistungsbedarfs des Ultraschallsystems im kontinuierlichen Versuchsstand in Abhängigkeit der Stoffdichte (maximal 5 %) der Faserstoffsuspension konnte nicht beobachtet werden.

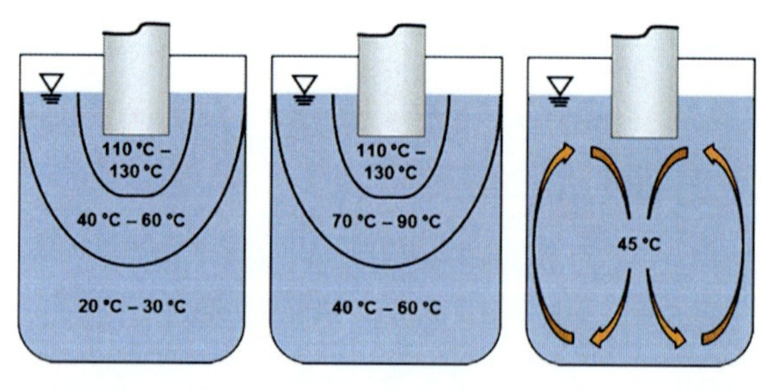

Abb. 41: Temperaturprofil bei diskontinuierlicher Ultraschallbehandlung mit Sonotrode BS2d40 in Faserstoffsuspension (EuSa), Variation des Feststoffgehaltes: 10 % (links), 6 % (Mitte), 4 % (rechts)

In Versuchen mit einer Beschallung von Faserstoffsuspension im diskontinuierlichen Versuchsstand (Anhang-Tabelle 4) mit einem Feststoffgehalt zwischen 3 % und 8 % und einem erhöhten statischen Druck (5 bar) ist für rezyklierten Faserstoff (AP 1.02 1.04) sowohl bei 3 % als auch bei 6 % Stoffdichte eine Erhöhung des Entwässerungswiderstandes zu beobachten (Abb. 42). Daraus resultiert ein geringer Anstieg der Papierfestigkeit (Tensile-Index, Abb. 43).

Eine Verdoppelung des Feststoffgehaltes der Faserstoffsuspension würde die Verdoppelung der Beschallungsdauer erforderlich machen, wenn ein linearer Zusammenhang zwischen Behandlungsergebnis und spezifischem Energieeintrag unterstellt wird. Trotz der doppelten Beschallungsdauer bei der Beschallung der Faserstoffsuspension mit 6 % Feststoffgehalt und einem spezifischen Energiebedarf von ca. 430 kWh/t bewirkt dies nicht einen höheren Entwässerungswiderstand als die Beschallung der Faserstoffsuspension mit 3 % Feststoffgehalt (Entwässerungswiderstand beider Versuchspunkte ca. 43 Schopper Riegler). Dass dieser Faserstoff ein Potenzial für einen höheren Entwässerungswiderstand infolge einer Ultraschallbehandlung besitzt, zeigt die Beschallung der Faserstoffsuspension mit 3 % Feststoffgehalt und einem SEC von 1200 kWh/t (Entwässerungswiderstand 50 Schopper Riegler). Fazit dieses Experimentes ist, dass aus einer Erhöhung des Feststoffgehaltes einer Faserstoffsuspension aus rezykliertem Faserstoff (AP 1.02 1.04) von 3 % auf 6 % keine Energieeinsparung bei der Ultraschallbehandlung abgeleitet werden kann. Ein Grund kann in der Entkopplung der Ultraschallsonotrode vom Faserstoff während der Beschallung gesehen werden.

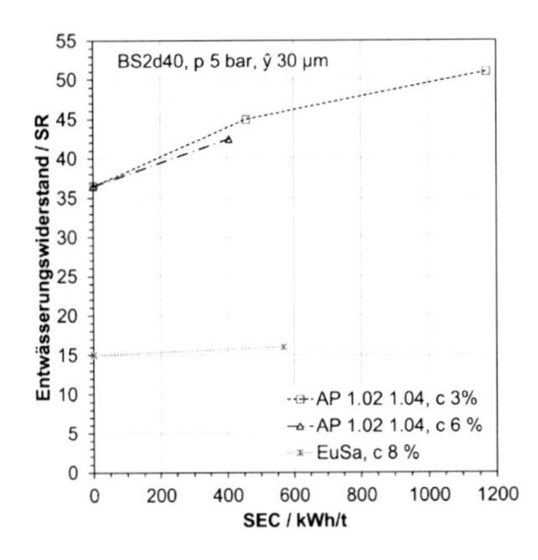

Abb. 42: Entwicklung des Entwässerungswiderstandes in Abhängigkeit vom spezifischen Energiebedarf (SEC) bei Ultraschallbehandlung (diskontinuierlich), Variation Faserstoff und Feststoffgehalt

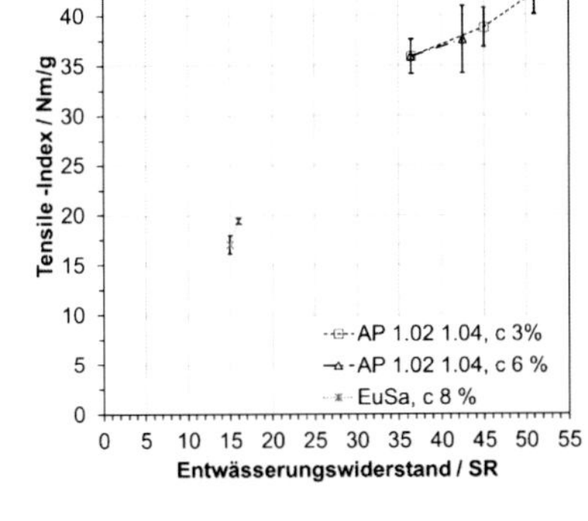

Abb. 43: Entwicklung des Tensile-Index von Laborblättern in Abhängigkeit vom Entwässerungswiderstand bei Ultraschallbehandlung (diskontinuierlich), Variation Faserstoff und Feststoffgehalt

Analog zum Verlauf des Leistungsbedarfs des Ultraschallsystems über der Zeit bei Versuchen in Abb. 39 ist auch bei den Versuchen in Abb. 42 / Abb. 43 ein starker Abfall des Leistungsbedarfs des Ultraschallsystems bei der Beschallung bei einem Feststoffgehalt von 6 % beziehungsweise 8 % zu beobachten. Aus der Beschallung von Primärfaserstoff (EuSa) mit einem Feststoffgehalt in der Suspension von 8 % resultiert nur eine geringe Entwicklung des Entwässerungswiderstandes und des Festigkeitspotenzials (Abb. 42, Abb. 43).

Die Untersuchungen in diesem Kapitel wurden unter anderem im Rahmen der Arbeit (145) durchgeführt.

4.1.4 Temperatur

Die Temperatur eines Mediums hat sowohl Einfluss auf seine Oberflächenspannung als auch auf seine Viskosität. Gemäß der Rayleigh-Plesset-Gleichung (Gleichung (10)) hat damit die Temperatur des Mediums einen Einfluss auf das Kavitationsereignis. Eine Erhöhung der Temperatur erniedrigt die Oberflächenspannung und damit die Zugspannung des Wassers (59) und begünstigt damit das Auftreten von Kavitation. Gleichzeitig wird durch eine höhere Medium-Temperatur der Druck in der Kavitations-Blase erhöht, was sich in einer stärkeren Dämpfung beim Blasenkollaps und damit einer geringeren Kavitationsintensität zeigt. Einen entgegengesetzten Einfluss hat die Temperatur auf die Bindungskraft zwischen den Teilchen eines Moleküls. Bei steigender Temperatur wird die Bindungskraft – infolge der Wärmebewegung der Teilchen – herabgesetzt, so dass weniger Energie bei der Ultraschallbehandlung erforderlich ist, um einen Bruch der Bindungen im Molekül zu bewirken (146).

Bei der Messung der Intensität der Kavitation mit einem Kavitations-Intensitätsmeter konnte von Niemczewski für Wasser ein Maximum für den Temperaturbereich zwischen 20 - 50 °C gefunden werden (147). Bei der Bewertung der Kavitation anhand des Massenverlustes einer Aluminiumfolie wurde von Rosenberg eine maximale Erosion der Aluminiumfolie bei einer Temperatur von 50 bis 60 °C ermittelt (148). In Untersuchungen zur Umsetzung von Cellulose (Buchen-Sulfitzellstoff) in wässriger Natronlauge mit Ultraschall (Frequenz f = 35 kHz) konnte von Paul et. al. bei einer Temperatur von 75 °C ein geringfügig höherer Anstieg des WRV gefunden werden als bei einer Temperatur von 25 °C (149).

Für die Bewertung des Einflusses der Temperatur des Mediums auf die Kavitation erfolgte die Messung des Kavitationsindex (metallischer Prüfkörper) bei der Beschallung auf verschiedenen Temperaturniveaus mit dem Medium Wasser. Bei der Durchführung wurde mit der Ultraschallsonotrode BS2d40 über eine Dauer von 30 Sekunden eine Aluminiumfolie gemäß Kapitel 3.4.4.3 beschallt. Die Änderung der Temperatur des Wassers durch die Beschallung betrug maximal 5 K.

Eine maximale Kavitationserosion an der Aluminiumfolie erfolgt oberhalb einer Temperatur von 50 °C des Mediums (Abb. 44) und bestätigt damit die Ergebnisse von (148) und (149). Für Schwingweiten der Ultraschallsonotrode von 24 µm und 36 µm erfolgt bei Temperaturen oberhalb von 50 °C keine Erhöhung des Kavitationsindex. Faserstoffsuspensionen von Stoffaufbereitungsanlagen weisen typischerweise ein Temperaturniveau von 30 °C bis 40 °C auf, so dass sich gemäß diesen Untersuchungen eine Anhebung des Temperaturniveaus der Faserstoffsuspension auf 50 °C bis 60 °C als günstig für die Kavitation erweist.

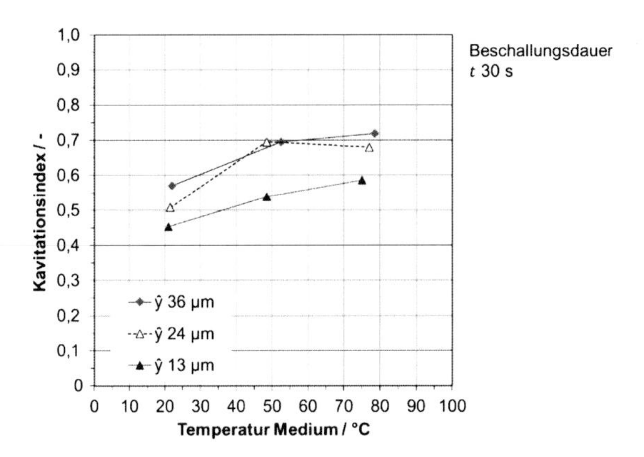

Abb. 44: Entwicklung des Kavitationsindex (metallischer Prüfkörper) in Abhängigkeit von der Temperatur ϑ und der Schwingweite $\hat{y}$ (pkpk) bei Ultraschallbehandlung

4.1.5 Schwingweite

Die Schwingweite einer Ultraschallsonotrode bestimmt die Schwingungsschnelle und dadurch wesentlich den Betrag der in der Flüssigkeit ausgelösten Druckwechsel und damit das Kavitationsereignis. Für Stabschwinger sind die Schwingungsschnelle respektive die Schwingweite an der Sonotrodenstirnfläche durch Materialkennwerte der schwingenden Ultraschallkomponenten begrenzt. Die Erzielung einer hohen Schwingweite über mechanische Verstärkungsglieder erfolgt – wie beschrieben – für ein Stufenhorn (Boosterhorn und Sonotrode) durch das Querschnittsverhältnis vor und nach dem schwingungsfreien Knoten (longitudinal) dieser Elemente. Eine hohe Schwingweite bedingt eine erhöhte Verdrängung von Flüssigkeit durch die Sonotrode und damit einhergehend einen erhöhten Leistungsbedarf des Ultraschallsystems zur Aufrechterhaltung der vorgegebenen Schwingweite, wobei dieser Zusammenhang gerätespezifisch ist. Eine Erhöhung der Schwingweite resultiert daher in einer Erhöhung der Intensität des Ultraschalls.

Die Entwicklung ausgewählter papiertechnologischer Eigenschaften eines Primärfaserstoffes und eines rezyklierten Faserstoffes als Funktion der Schwingweite ist in Abb. 45 und Abb. 46 aufgetragen. Um die Variation der Schwingweite ohne Variation der Beschallungsdauer, der Intensität des Ultraschalls, des Sonotrodendurchmessers als auch des spezifischen Energieeintrages zu erzielen, wurde der statische Druck im System variiert. Aus den Abbildungen geht hervor, dass im Bereich von 68 bis 123 µm keine Schwelle bezüglich der Schwingweite existiert, bei der eine sprunghafte Änderung der papiertechnologischen Eigenschaften des Faserstoffes bewirkt wird. Die Versuchsbedingungen sind in Anhang-Tabelle 5 aufgeführt.

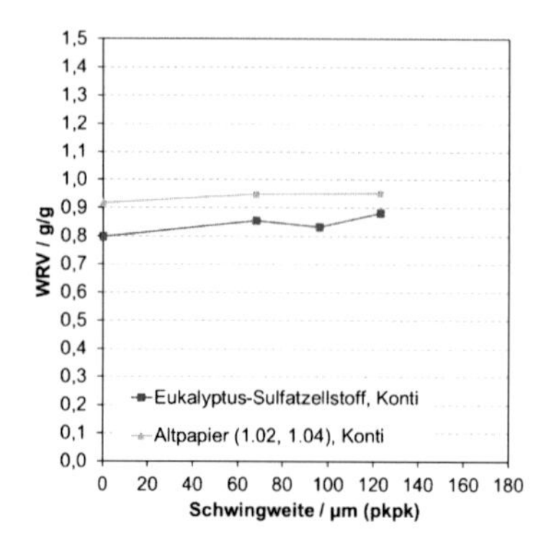

Abb. 45: Entwicklung des WRV als Funktion der Schwingweite, Intensität: 120 W/cm²

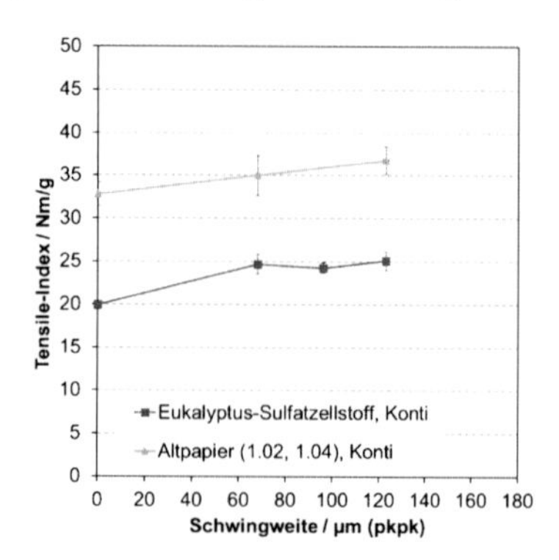

Abb. 46: Entwicklung des Tensile-Index von Laborblättern als Funktion der Schwingweite, Intensität: 120 W/cm²

4.1.6 Intensität

Wie an den Ergebnissen der Kavitationsmessung nach der Weissler-Reaktion sowie dem Kavitationsindex (metallische Prüfkörper) zu sehen ist, steigt die Wirkung der Kavitation mit zunehmender Intensität des Ultraschalls an. Bei der Beschallung von Faserstoff ist mit steigender Intensität des Ultraschalls im Bereich bis 140 W/cm² hingegen keine Änderung des Festigkeitspotenzials zu beobachten – weder in Richtung der Papierebene durch Messung der Zugfestigkeit des Papieres (Abb. 47) als auch in z-Richtung durch Messung der Spaltfestigkeit des Papiers (Abb. 48).

Um zu prüfen, ob eine Schwelle hinsichtlich der Intensität des Ultraschalls existiert, oberhalb derer eine starke Änderung der Fasermorphologie erfolgt, wurde mit einer Sonotrode mit einem Verstärkungsfaktor von 11,6 gearbeitet (BS2d10spec). Die kleine Fläche der Sonotrodenspitze von 0,8 cm² erlaubt eine Ultraschallbehandlung mit sehr hoher Intensität.

Die Beschallung der Faserstoffsuspension bei einer Intensität des Ultraschalls von ca. 440 W/cm² resultiert nicht in einer drastischen Änderung der papiertechnologischen Eigenschaften (Anhang-Tabelle 6) beziehungsweise des Festigkeitspotenzials des Faserstoffes (Abb. 49). Der Tensile-Index kann bei einem spezifischen Energiebedarf von ca. 900 kWh/t um 24 % gesteigert werden. Sowohl die hohe Intensität von 440 W/cm² als auch die hohe Schwingweite von 170 µm in dieser Versuchsserie wurden durch die Nutzung einer Sonotrode mit schmalem Schaft (Durchmesser 10 mm) erreicht. Die hohe Intensität führt zu einem raschen Verschleiß der Sonotrode, der innerhalb von einigen Minuten zu einer Änderung der

Sonotrodenoberfläche führt (Abb. 50). Eine sehr hohe Intensität bei der Ultraschallbehandlung ist daher für eine industrielle Anwendung bei der Papierproduktion nicht geeignet.

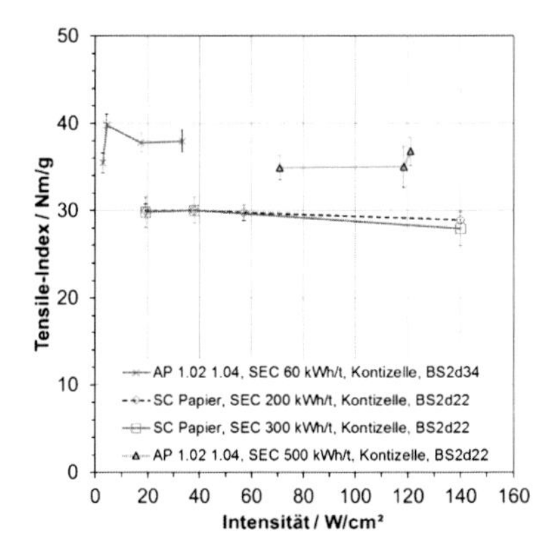

Abb. 47: Tensile-Index von Laborblättern als Funktion der Intensität der Ultraschallbehandlung der Faserstoffsuspension

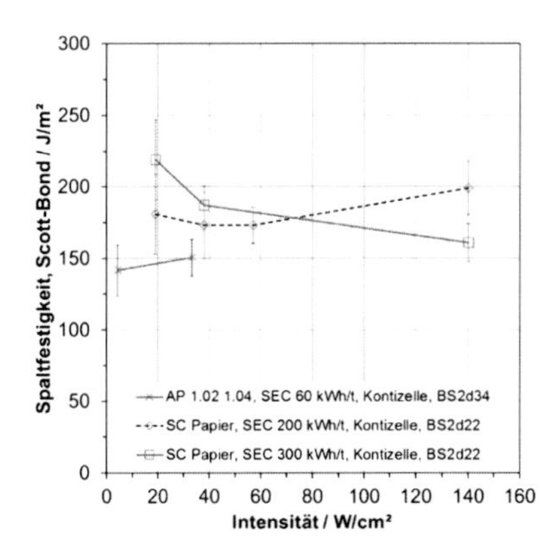

Abb. 48: Spaltfestigkeit (Scott-Bond) von Laborblättern als Funktion der Intensität der Ultraschallbehandlung der Faserstoffsuspension

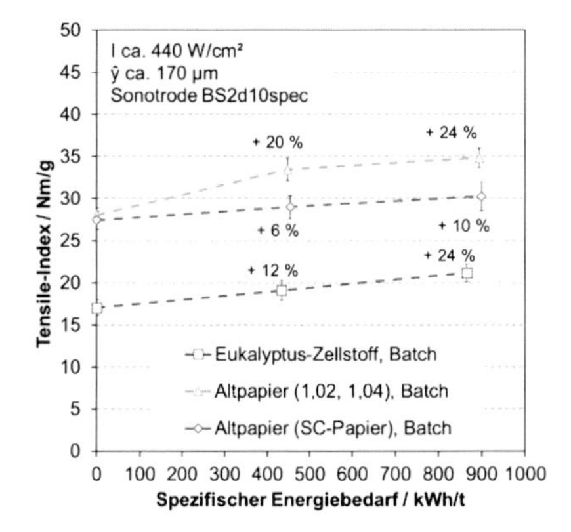

Abb. 49: Tensile-Index von Laborblättern als Funktion des SEC bei Ultraschallbehandlung der Faserstoffsuspension

Sonotrode BS2d10spec
I ca. 440 W/cm²
$\hat{y}$ ca. 170 µm

Abb. 50: Erosion an der Sonotrodenstirnfläche durch Ultraschallbehandlung von Faserstoffsuspension

Die Arbeiten entstanden im Rahmen von (137).

4.1.7 Statischer Druck

Die Ultraschallbehandlung mit Variation des statischen Druckes auf den Stufen p = 0 bar und p = 2,5 bar im kontinuierlichen Beschallungsreaktor erfolgte mit einer Faserstoffsuspension des rezyklierten Faserstoffes „SC-Papier" und der Sonotrode BS2d22. Neben dem statischen Druck wurde die Schwingweite auf zwei Stufen und der spezifische Energiebedarf auf drei Stufen (75, 200, 300 kWh/t) variiert. Zur Erzielung des vorgesehenen spezifischen Energieeintrages – bei einer Stoffdichte der Faserstoffsuspension von 2 % – wurde die Beschallungsdauer im Bereich zwischen 103 und 2190 s variiert. Der Entwässerungswiderstand der Faserstoffsuspension wird durch die Ultraschallbehandlung mit steigendem spezifischen Energiebedarf erhöht (Abb. 51). Ein Einfluss des statischen Druckes ist dabei nicht erkennbar.

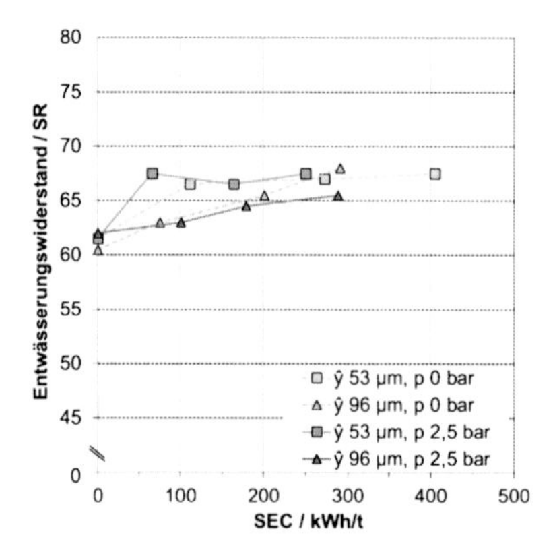

Abb. 51: Entwicklung des Entwässerungswiderstandes bei der Ultraschallbehandlung von Faserstoffsuspension (SC-Papier) als Funktion des SEC

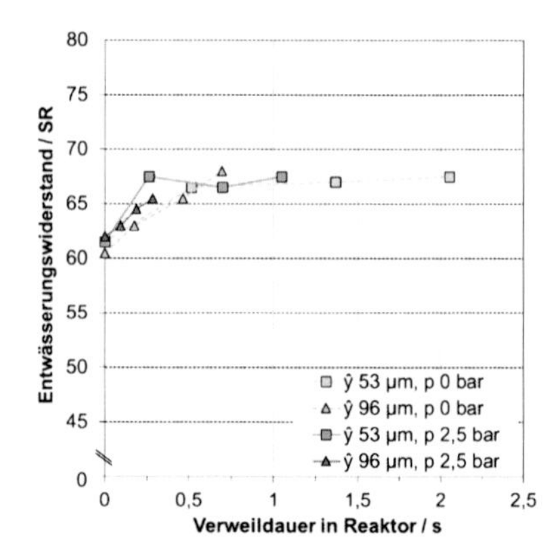

Abb. 52: Entwicklung des Entwässerungswiderstandes bei der Ultraschallbehandlung von Faserstoffsuspension (SC-Papier) als Funktion der Beschallungsdauer

Als Vergleich wurde die Entwicklung des Entwässerungswiderstandes über der Beschallungsdauer aufgetragen. Nach einer Verweildauer der Suspension im Reaktor von maximal 0,5 Sekunden ist der Entwässerungswiderstand auf über 65 Schopper-Riegler gestiegen – unabhängig von der Schwingweite und dem statischen Druck (Abb. 52). Die Verweildauer wurde auf das Volumen unterhalb der Sonotrodenstirnfläche bezogen, was in guter Näherung dem sich unterhalb der Sonotrode ausbildenden Kavitationsfeld und somit der Verweildauer der Faserstoffsuspension im Kavitationsfeld entspricht. Die Beschallungsdauer eines Suspensionsvolumens hat demnach einen sehr viel größeren Einfluss auf die Eigenschaftsentwicklung des Faserstoffes als der spezifische Energiebedarf (SEC).

Da aus einer geringeren Schwingweite ein geringerer Leistungsbedarf des Ultraschallsystems resultiert, erscheint es somit möglich, angestrebte Eigenschaftswerte bei der Wahl der geeigneten Beschallungsdauer mit relativ geringem spezifischen Energiebedarf realisieren zu können. Im Versuch konnte gezeigt werden, dass mit einer geringeren Schwingweite von 53 µm ein geringerer spezifischer Energiebedarf notwendig ist gegenüber der Ultraschallbehandlung mit einer höheren Schwingweite von 96 µm, um das gleiche Niveau des Entwässerungswiderstandes zur erzielen.

Auf die Entwicklung des Festigkeitspotenzials hat der statische Druck keinen Einfluss. Eine Erhöhung des Druckes von 0 bar auf 2,5 bar resultierte weder in einer Erhöhung des Tensile-Index (Abb. 53) noch des Durchreißwiderstandes nach Elmendorf, angegeben als Durchreiß-Index (Abb. 54). Auch die Änderung der Schwingweite von 53 µm auf 96 µm bewirkt keine Änderung des Festigkeitspotenzials.

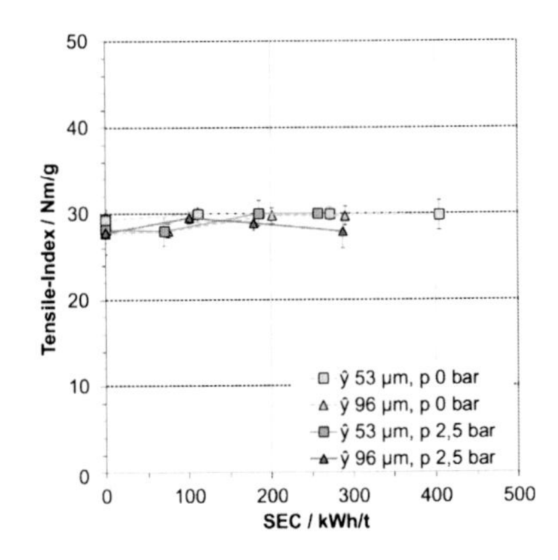

Abb. 53: Entwicklung des Tensile-Index von Laborpapieren bei der Ultraschallbehandlung der Faserstoffsuspension (SC-Papier)

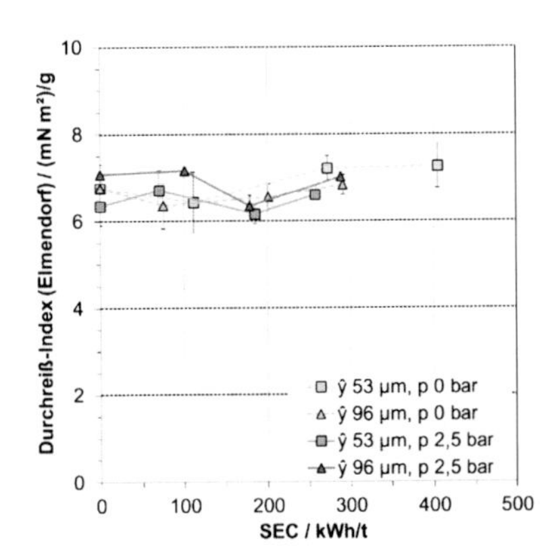

Abb. 54: Entwicklung des Durchreiß-Index von Laborpapieren bei der Ultraschallbehandlung der Faserstoffsuspension (SC-Papier)

Die Ergebnisse entstanden im Rahmen der Arbeiten von (150).

4.1.8 Fließgeschwindigkeit

4.1.8.1 Einfluss der Fließgeschwindigkeit auf das Kavitationsfeld

Die Bewertung des Einflusses der Fließgeschwindigkeit des Fluids auf das Kavitationsfeld erfolgte mit dem Messaufbau in Abb. 25 (Kapitel 3.3.1.8).

Das Kavitationsfeld ist nur in axialer Verlängerung der Sonotrode unterhalb der Sonotrodenstirnfläche ausgebildet und reicht bis zum Boden des Strömungskanals (Abstand Stirnfläche – Boden: 50 mm). Eine Erhöhung der Fließgeschwindigkeit $\bar{v}$ führt zu einer Auslenkung des Kavitationsfeldes in Richtung der Fließrichtung. Im betrachteten Bereich der Fließgeschwindigkeit (0 - 4,9 m/min), hat die Fließgeschwindigkeit nur einen untergeordneten Einfluss auf das Kavitationsfeld und es kommt zu keinem „Abriss" des Kavitationsfeldes (Abb. 55).

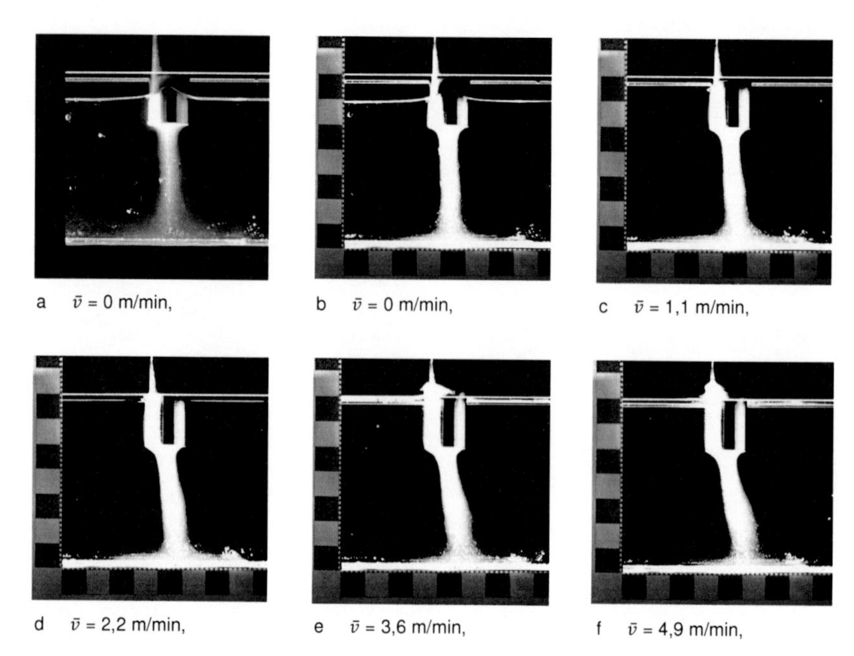

a $\bar{v}$ = 0 m/min, b $\bar{v}$ = 0 m/min, c $\bar{v}$ = 1,1 m/min,

d $\bar{v}$ = 2,2 m/min, e $\bar{v}$ = 3,6 m/min, f $\bar{v}$ = 4,9 m/min,

Abb. 55: Aufnahmen des Kavitationsfeldes unterhalb einer Sonotrode im Strömungskanal, Variation der Fließgeschwindigkeit, Fließrichtung von links nach rechts, Bild a 1 Aufnahme, Bild b - f Mittelwert aus 10 Aufnahmen

4.1.8.2 Ultraschallbehandlung von Faserstoff in Abhängigkeit der Fließgeschwindigkeit

Der Zusammenhang der Fließgeschwindigkeit der Suspension auf die Eigenschaftsentwicklung der Faserstoffsuspension wurde im kontinuierlichen Versuchsstand zur Ultraschallbehandlung (Kontizelle) anhand einer Suspension aus Eukalyptus-Sulfatzellstoff und einer Suspension aus rezykliertem Faserstoff (AP 1.02 1.04) bewertet.

Trotz des hohen spezifischen Energieeintrages (500 kWh/t) bei der Behandlung der Zellstoffsuspension bei gleichzeitig hoher Schwingweite respektive hoher Schallintensität ist keine Änderung des Entwässerungswiderstandes (Abb. 56) und nur eine geringe Änderung des WRV (Abb. 57) ab einer Fließgeschwindigkeit > 2 m/min zu beobachten.

Auch die Ultraschallbehandlung der Suspension mit rezykliertem Faserstoff zeigt nur einen geringen Zusammenhang zwischen der Fließgeschwindigkeit und der Entwicklung der Faserstoffparameter (Entwässerungswiderstand, WRV).

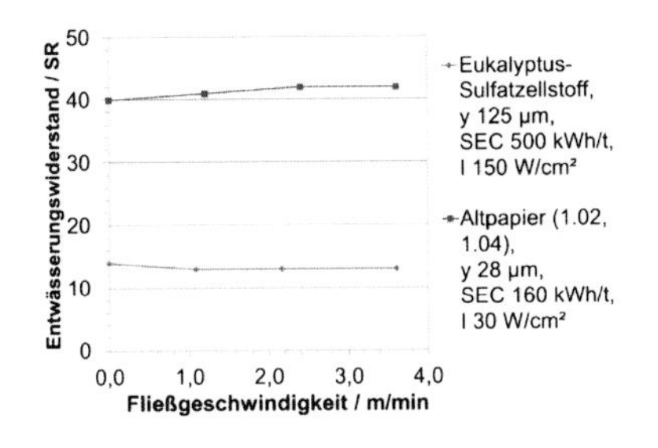

Abb. 56: Entwicklung des Entwässerungswiderstandes in Abhängigkeit von der Fließgeschwindigkeit der Faserstoffsuspension, Kontinuierlicher Versuchsstand, Feststoffgehalt der Suspensionen: 20 g/l

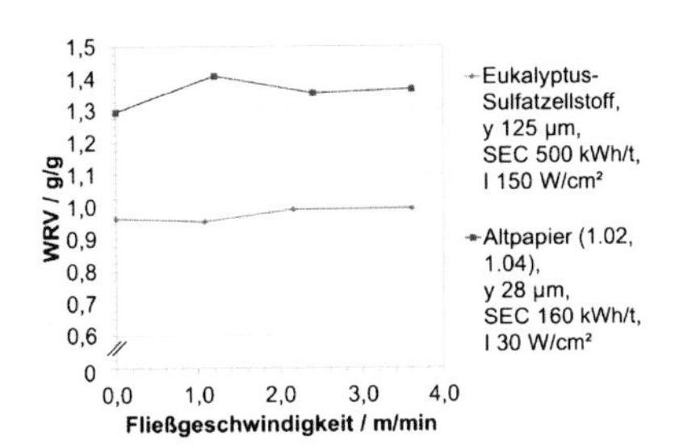

Abb. 57: Entwicklung des Wasserrückhaltevermögens (WRV) in Abhängigkeit von der Fließgeschwindigkeit der Faserstoffsuspension, Kontinuierlicher Versuchsstand, Feststoffgehalt der Suspensionen: 20 g/l

4.1.9 Reaktor-Geometrie

4.1.9.1 Optische Bewertung des Kavitationsfeldes

Die optische Bewertung des Kavitationsfeldes erfolgte mit der im Kapitel 3.4.4.1 aufgeführten Versuchsanordnung. Die Belichtungsdauer eines Einzelbildes beträgt $4 \cdot 10^{-3}$ Sekunden. Dadurch sind charakteristische Muster des Kavitationsfeldes sichtbar, die sich stetig ändern. Das Leuchten des Kavitationsfeldes ist auf die Belichtung des Kavitationsfeldes mit einer Lichtquelle zurückzuführen (Streulicht).

Wie aus den fotografischen Aufnahmen in Abb. 58, aus Veröffentlichungen von experimentellen Beobachtungen (57), (151) und auch aus numerischen Simulationen (152), (153) hervorgeht, ist bei einer Schallfrequenz von 20 kHz bei einer zylindrischen Ultraschallsonotrode eine intensive Kavitation direkt unterhalb der Sonotrodenstirnfläche vorhanden.

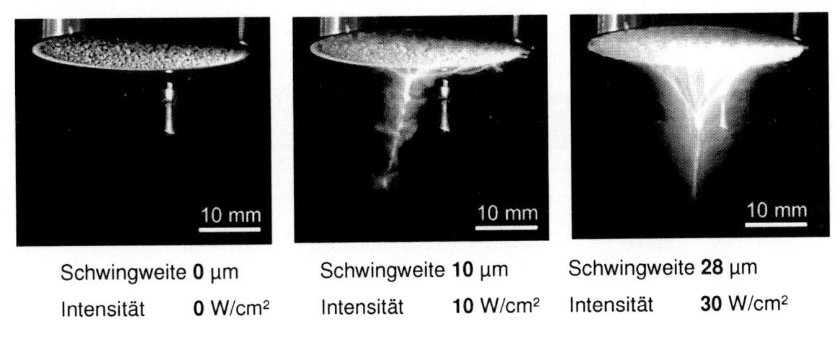

Schwingweite **0** µm	Schwingweite **10** µm	Schwingweite **28** µm
Intensität **0** W/cm²	Intensität **10** W/cm²	Intensität **30** W/cm²

Abb. 58: Aufnahme des Kavitationsfeldes unterhalb einer Ultraschallsonotrode, Streulicht

4.1.9.2 Ultraschallbehandlung von Faserstoff in Abhängigkeit der Reaktor-Geometrie

Um zu sehen, ob eine gezielte Durchströmung der Faserstoffsuspension durch den Bereich direkt unterhalb der Sonotrode zu einer besseren Eigenschaftsentwicklung führt gegenüber der Behandlung in einem größerem Kavitationsfeld, wurden für die Untersuchungen die unter Kapitel 3.3.1.4 beschriebenen Beschallungsreaktoren eingesetzt. Die gezielte Durchströmung der Zone unterhalb der Sonotrode erfolgte im Beschallungsreaktor „FC Gap 5 mm"; der Vergleichsreaktor war der „FC Insert 34". Der Volumenstrom bei beiden Versuchsvarianten war konstant bei 1,5 l/min. Für die Strömung unterhalb der Sonotrode lässt sich eine mittlere Geschwindigkeit von 4,0 m/min für den Beschallungsreaktor „FC Gap 5 mm" und 1,1 m/min für den Beschallungsreaktor „FC Insert 34" abschätzen (vgl. Tab. 5). Wie in Kapitel 4.1.8.1 – „Einfluss der Fließgeschwindigkeit auf das Kavitationsfeld" gezeigt werden konnte, ist bei einer Fließgeschwindigkeit von < 5 m/min kein „Ausspülen" des Kavitationsfeldes aus der Zone unterhalb der Sonotrode zu erwarten.

Der Versuchsplan bestand – neben dem Referenzversuch ohne Ultraschallbehandlung – aus zwei Versuchspunkten, wobei bei dem ersten eine geringe Schallintensität (17 W/cm²) bei gleichzeitig geringem spezifischen Energieeintrag (ca. 170 kWh/t) und bei dem zweiten Versuchspunkt eine hohe Schallintensität (ca. 70 W/cm²) bei gleichzeitig hohem spezifischen Energieeintrag (ca. 750 kWh/t) gewählt worden sind. Die Faserstoffsuspension hatte eine Stoffdichte von 1 % (Anhang-Tabelle 7). Die Faserstoffeigenschaften Entwässerungswiderstand und mittlerer Faserlänge ändern sich durch die Ultraschallbehandlung nicht maßgeblich (Anhang-Tabelle 7). Der Anteil an Feinstoff als auch das Wasserrückhaltevermögen werden hingegen gesteigert, wobei daraus nur bei Versuchspunkt 2 eine Steigerung der Zugfestigkeit resultiert (Abb. 59, Abb. 60). Die Entwicklung der Zugfestigkeit bei der Behandlung im Reaktor „FC Insert 34" ist dabei stärker (+ 24 % bei SEC 750 kWh/t) als beim Reaktor „FC Gap 5 mm" (+ 15 % bei SEC 750 kWh/t).

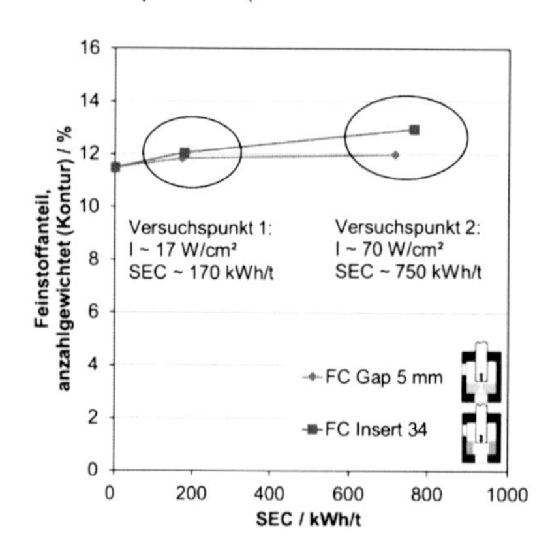

Abb. 59: Entwicklung des Feinstoffanteils in Abhängigkeit vom SEC bei Ultraschallbehandlung von EuSa in verschiedenen Ultraschallreaktoren

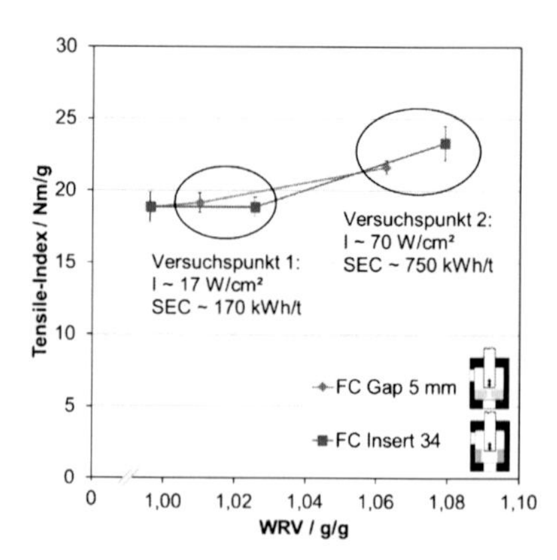

Abb. 60: Entwicklung des Tensile-Index in Abhängigkeit vom WRV bei Ultraschallbehandlung von EuSa in verschiedenen Ultraschallreaktoren

Da bei dem Reaktor „FC Gap 5 mm" die Faserstoffsuspension durch ein kleineres Kavitationsfeld geflossen ist, ist die Beschallungsdauer geringer gegenüber dem Reaktor „FC Insert 34". Der Volumenstrom bei beiden Reaktorformen wurde für beide Reaktorformen gleich gewählt, um eine Vergleichbarkeit der Versuchsergebnisse hinsichtlich des spezifischen Energiebedarfs zu gewährleisten. Eine etwaige verbesserte Eigenschaftsentwicklung durch das Durchströmen des starken Kavitationsfeldes bei „FC Gap 5 mm" wird durch die geringere Beschallungsdauer bei diesem Reaktor kompensiert, so dass aus einer Zwangsführung des Faserstoffes durch den Bereich unterhalb der Sonotrode kein Vorteil abgeleitet werden kann.

Die Untersuchungen in diesem Kapitel wurden im Rahmen der Arbeit (137) durchgeführt.

4.1.10 Gasgehalt

Neben dem weiter oben aufgeführten Feststoffgehalt der Faserstoffsuspension sind der Gasgehalt, die Oberflächenspannung und die Viskosität weitere Eigenschaften der Faserstoffsuspension, die die Kavitation und damit die Ultraschall-Mahlung beeinflussen (vergleiche Abb. 17), so dass auf diese Eigenschaften nachfolgend eingegangen werden soll.

Der Anteil an Gasen in der Faserstoffsuspension teilt sich in die Anteile an gelösten und ungelösten Gasen auf. Sowohl die Blasendynamik der Kavitation im Falle der Blasenoszillation als auch der Kollaps der Blase wird beeinflusst durch die Diffusion des in der Flüssigkeit gelösten Gases in die Blase. Bei einem hohen Gasgehalt befindet sich auch viel Gas in der Kavitationsblase und deren Kollaps erfolgt gedämpft.

Bei einem geringen Gehalt an Gasblasen stehen wenige Keime für die Kavitation zur Verfügung, so dass eine Zugspannung in der Flüssigkeit vorhanden ist, welche die Kavitation unterdrückt. In praktischen Untersuchungen mit akustischer Kavitation an Kupfer-Prüfkörpern (Ultraschall-Stabschwingersystem, Frequenz 20 kHz) wurde gefunden, dass die Erosion der Prüfkörper – gemessen als „Mean depth of penetretation" (MDP) – bei einem mittleren Sättigungsgrad maximal ist. (59)

Der Gasanteil in einer Flüssigkeit, die an eine Gasphase grenzt, ergibt sich aus den Partialdrücken der Gase innerhalb der Gasphase. Für Luft sind die Gase Stickstoff und Sauerstoff mengenmäßig relevant, so dass aus einer Messung des Sauerstoffgehaltes in der Flüssigkeit auf den Gesamtgasgehalt geschlossen werden kann. Der Partialdruck der einzelnen Gase wird im starken Maße sowohl vom statischen Druck im System (Flüssigkeit und Gasphase), als auch von der Temperatur der Flüssigkeit beeinflusst. Darüber hinaus vermindert die mit Wasserdampf gesättigte Luft durch den auftretenden Wasserdampfdruck den Sauerstoffpartialdruck. Die mit einer Temperaturerhöhung verbundene Volumenänderung einer Flüssigkeit ist im Falle Wasser gering.

In Untersuchungen mit Wasser und einer 1 %-igen Faserstoffsuspension (EuSa) wurde die Entwicklung des Sauerstoffgehaltes in Abhängigkeit von der Temperatur bei Atmosphärendruck (p = 0 bar) und bei einem statischen Druck (p = 5 bar) bewertet. Sowohl das Wasser als auch die Faserstoffsuspension standen vor Versuchsbeginn für 24 Stunden in offenem Austausch mit der Gasphase über dem Fluid, um einen Ausgleich der Partialdrücke zu gewährleisten. Die Messwerte in Abb. 61 wurden durch Erwärmung des Wassers auf einer Heizplatte (ohne Ultraschallbehandlung) und bei der Ultraschallbehandlung in der Batchzelle ermittelt, wobei alle Messreihen bei einer Temperatur von 20 °C gestartet wurden. Im Experiment erfolgte die Erhöhung der Temperatur mit fortschreitender Versuchsdauer, wobei die Temperatursteigerung pro Zeiteinheit für die Erwärmung durch Heizplatte und die Erwärmung durch Ultraschall unterschiedlich waren (Vergleiche Δ Temperatur in Abb. 61). Als Vergleich ist der Gleichgewichtsgasgehalt von Wasser in Abhängigkeit der Temperatur für p = 0 bar und p = 1 bar im Diagramm aus Angaben in der Literatur dargestellt.

Die Entwicklung des Sauerstoffgehaltes bei Atmosphärendruck ist für Wasser und die Faserstoffsuspension ähnlich und an das Temperaturniveau gekoppelt. Bei einem statischen Überdruck von 5 bar erfolgt die Entwicklung des Gasgehaltes der beschallten Probe für Wasser und Faserstoffsuspension ebenfalls ähnlich. Infolge des erhöhten Leistungsbedarfs des Ultraschallsystems bei erhöhtem statischem Druck ist die Temperatursteigerung bei p = 5 bar mit 24 - 27 K/min deutlich größer gegenüber 5 K/min bei p = 0 bar.

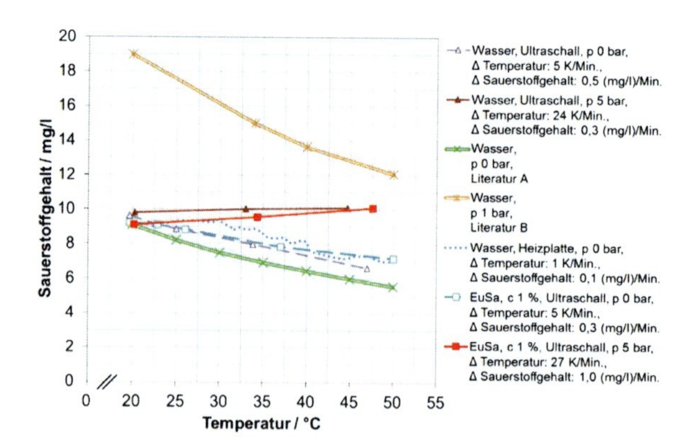

Abb. 61: Entwicklung des Sauerstoffgehaltes in Wasser und in der Faserstoffsuspension (EuSa) in Abhängigkeit von der Temperatur der Flüssigkeit mit und ohne Ultraschallbehandlung (Batchzelle), Literatur A: (154), Literatur B: (155)

Die Bewertung des Zusammenhanges zwischen Gasgehalt und Kavitation erfolgte in orientierenden Versuchen durch Messung des Kavitationsindex K_A mit metallischen Prüfkörpern (Aluminiumfolie). Die Beschallung erfolgte in der Batchzelle (Sonotrode BS2d40) mit Wasser und Faserstoffsuspension. Beide Proben standen vor dem Experiment 24 Stunden in offenem Austausch mit der Gasphase über dem Fluid und wurden anschließend geteilt. Jeweils eine Hälfte einer Probe wurde über die Dauer von 30 Minuten bei einem Unterdruck von - 0,8 bar (bezogen auf Atmosphärendruck) unter Rühren im Falle von Wasser und Schütteln im Falle der Faserstoffsuspension entgast.

Tab. 16: Kavitationsindex (metallische Prüfkörper) nach Ultraschallbehandlung entgaster und nicht entgaster Fluide, Batchzelle

Dauer Entga-sung	Medium	Ultraschall						Kavitati-onsindex K_A
		Druck	Schwing-weite	Intensität	Dauer	ϑ_{Start}	ϑ_{Ende}	
min	-	bar	µm (pkpk)	W/cm²	s	°C	°C	-
0	Wasser	2,5	36	45	30	20	24	0,57
30	Wasser	2,5	36	45	30	23	28	0,68
0	EuSa, c = 4%	5	30	66	60	20	22	0,67
30	EuSa, c = 4%	5	30	63	60	22	34	0,71

Der Einfluss der Temperatur, der Stoffdichte und der Faserstoffart auf die Entwicklung des Sauerstoffgehaltes über der Zeit nach plötzlicher Änderung des Druckes von 0 bar auf - 0,8 bar sind in Anhang-Abbildung 11 aufgeführt. Aus Anhang-Abbildung 11 geht hervor, dass durch die Entgasung über einer Dauer von 30 Minuten der Sauerstoffgehalt unter 5 mg/l sinkt. Die Ultraschallbehandlung sowohl des entgasten Wassers als auch der entgasten Faserstoffsuspension bewirkt einen größeren Kavitationsindex gegenüber der Ultraschallbehandlung der nicht entgasten Proben (Tab. 16). Der Kavitationsindex bei der Ultraschallbehandlung der entgasten Faserstoffsuspension (EuSa, Stoffdichte 4 %) ist gegenüber der nicht entgasten Faserstoffsuspension nur geringfügig erhöht.

4.1.11 Oberflächenspannung

Wie aus Kapitel 2.3.3 hervorgeht, hat die Oberflächenspannung an der Grenzfläche einer Kavitationsblase einen Einfluss auf die Dynamik der Kavitationsblase. Für eine Temperatur von 25 °C kann die Oberflächenspannung des reinen Wassers mit 72 mN/m abgeschätzt werden. Durch die Zugabe von oberflächenaktiven Substanzen wie Tensiden wird die Oberflächenspannung herabgesetzt. Die nach INGEDE-Methode 11p:2009 aufbereiteten Faserstoffsuspensionen (LWC-Papier, SC-Papier, WFC-Papier) haben daher eine geringere Oberflächenspannung. Zu vermuten ist, dass bei der Gewinnung des Filtrates eine große Menge der oberflächenaktiven Substanzen vom Faserkuchen zurück gehalten wird, so dass in der Suspension dieser Faserstoffe eine noch geringere Oberflächenspannung vorherrschen könnte als die am Filtrat gemessene Oberflächenspannung. Für die Oberflächenspannung der in dieser Arbeit untersuchten Faserstoffsuspensionen kann zusammenfassend gesagt werden, dass diese die gleiche Größenordnung aufweisen, wie die von Wasser (Tab. 17). In den nachfolgenden Betrachtungen wird daher nicht vertieft auf die Oberflächenspannung eingegangen.

Tab. 17: Oberflächenspannung der Faserstoffsuspension (Filtrat)

Faserstoff	**Oberflächenspannung, (ϑ = 25 °C) in mN/m**
LWC-Papier	68,0
SC- Papier	67,2
WFC- Papier	68,2
Altpapier 1.02 + 1.04	69,5
Fichten-Sulfatzellstoff	70,9
Kiefern-Sulfatzellstoff	70,2
Eukalyptus-Sulfatzellstoff	69,8

4.1.12 Viskosität

Für die Kavitation ist die Viskosität des Lösungsmittels maßgeblich, in dem die Kavitationsereignisse auftreten. In Faserstoffsuspensionen ist daher die Viskosität des Wassers bestimmend. Die dynamische Viskosität von Wasser bei einer Temperatur von 0 °C beträgt 1,79 mPa·s und sinkt mit steigender Temperatur bis auf 0,28 mPa·s bei 100 °C ab (156). Dabei muss beachtet werden, dass auch bei einer sehr geringen Stoffdichte von 1 % davon auszugehen ist, dass die Feststoff-Partikel der Faserstoffsuspension (Fasern, Feinstoff, nicht-faserbasierte Partikel) die Rheologie auf der Mikrometer-Skala, in der die Kavitationsblasen expandieren und kollabieren, beeinflussen. Auf der Nanometer-Skala in der Nähe von hydrophilen Oberflächen tritt in einem Bereich von 10 nm eine Clusterbildung von Wasser auf, woraus eine Viskosität dieses Wassers von 2 - 3 mPa·s resultiert (157).

Die Messung der Viskosität eines Fluids als Funktion der Schubspannung und der Scherrate erfordert eine Messgeometrie, die eine laminare Strömung des Fluids zwischen einer starren und einer bewegten Oberfläche erlaubt. Bei Faserstoffsuspensionen wird die Messung der Viskosität dadurch erschwert, dass Fasern und auch Flocken vergleichsweise groß sind für konventionelle Messgeometrien von Rheometern. Außerdem sind die Faserorientierung und die Fasermigration von festen Oberflächen weg gerichtet. Für die Messung von Faserstoffsuspensionen sind daher nur Rheometer mit genügend großer Messgeometrie anwendbar oder die Nutzung von Flügelrotoren. (158)

Für eine Charakterisierung der in dieser Arbeit eingesetzten Faserstoffsuspensionen hinsichtlich ihrer Rheologie erfolgte die Messung der scheinbaren Viskosität an je einem Langfaser-, Kurzfaser- und einem rezyklierten Faserstoff mit dem Messrührersystem MR-A 0.5 (Anhang-Abbildung 12). Die höchste Viskosität weist der Nadelholzzellstoff wegen seiner großen Faserlänge auf. Der rezyklierte Faserstoff hat die geringste Viskosität, bedingt durch seinen Anteil an Füllstoffen und Strichpigmenten. Füllstoffe und Strichpigmente führen in Suspension – bei gleichem Massenanteil – zu einer geringeren Viskosität als Fasern.

4.1.13 Frequenz des Ultraschalls

Der Einfluss der Frequenz des Ultraschalls bei der Beschallung von Faserstoffsuspension auf die Eigenschaftsänderung des Faserstoffs wurde im Rahmen dieser Untersuchungen nicht betrachtet. Siehe dazu auch die Ausführungen in Kapitel 3.3.1.1 – „Ultraschallsystem".

4.2 Primärfaserstoffe

Die Bewertung der Änderungen an Primärfaserstoffen infolge der akustischen Kavitation erfolgte an einem Nadelholzfaserstoff und einem Laubholzfaserstoff, die in einer Suspension einer Ultraschallbehandlung ausgesetzt wurden. Die Ergebnisse wurden in der Arbeit (137) ermittelt.

4.2.1 Nadelholzfaserstoff

Voruntersuchungen mit Primärfaserstoffen hatten gezeigt, dass eine Ultraschallbehandlung mit einem Energieeintrag deutlich kleiner als 500 kWh/t nur zu einer begrenzten Eigenschaftsentwicklung dieser Faserstoffe führt. Die nachfolgende Versuchsreihe mit einem Langfaserzellstoff (FiSa) wurde daher in einem Bereich des spezifischen Energiebedarfs von 0 bis 1000 kWh/t durchgeführt – bei einem Feststoffgehalt der Suspension von 10 g/l (weitere Daten siehe Anhang-Tabelle 8).

Der Entwässerungswiderstand wurde durch die Ultraschallbehandlung nur unwesentlich verändert (Abb. 62). Die hydrodynamisch wirksame Oberfläche des Faserstoffes, die stark mit dem Entwässerungswiderstand verknüpft ist (159), wird somit auch kaum verändert. Die Erhöhung des statischen Festigkeitspotenzials des Faserstoffes (Tensile-Index) ist gering. Das dynamische Festigkeitspotenzials wird hingegen tendenziell gesteigert, da nur eine sehr geringe Faserkürzung durch die Ultraschallbehandlung erfolgt (Anhang-Tabelle 8), aber gleichzeitig eine Erhöhung des Quellvermögens die Bindungsfähigkeit des Faserstoffes erhöht (Abb. 63).

Zur visuellen Bewertung der Morphologieänderungen an den Fasern erfolgten rasterelektronenmikroskopische Aufnahmen an Rapid-Köthen Papieren, die aus dem Faserstoff gebildet wurden.

Im Vergleich der nicht mit Ultraschall behandelten Probe (Abb. 64) mit der ultraschallbehandelten Probe (Abb. 65) sind nur geringe Veränderungen am Faserstoff infolge der Ultraschallbehandlung zu beobachten. Insbesondere ist keine starke externe Fibrillierung zu erkennen, wie dies typisch für die Mahlbehandlung in Refinern ist. Die Tüpfel der Faser, deren Innendurchmesser für diesen Fichtenzellstoff mit 3 bis 5 µm angenommen werden kann, werden durch die Ultraschallbehandlung nicht beeinflusst. Die Tüpfel weisen die Größenordnung eines Porenkeimes auf, lösen aber nicht den oben beschriebenen Blasenkollaps mit Flüssigkeitsstrahl in Richtung Feststoffoberfläche mit einhergehender Oberflächenveränderung aus (vergleiche Kapitel 2.4.1).

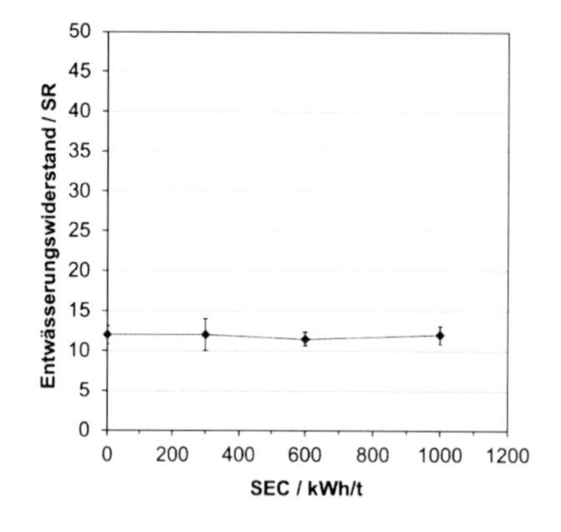

Abb. 62: Entwicklung des Entwässerungswiderstandes des Faserstoffes in Abhängigkeit vom SEC bei Ultraschallbehandlung von FiSa

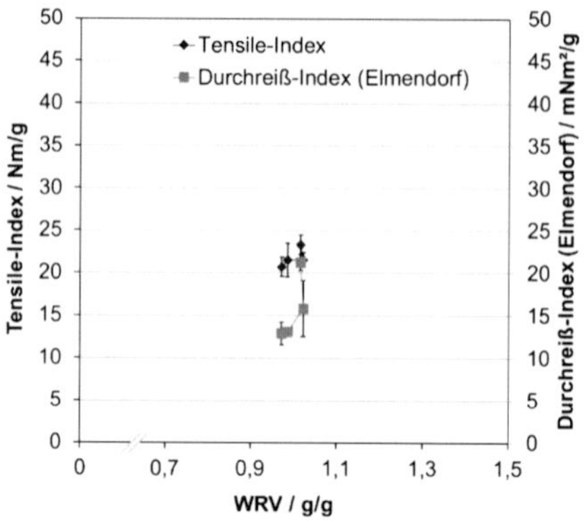

Abb. 63: Entwicklung des Tensile-Index und des Durchreiß-Index von Laborblättern in Abhängigkeit vom WRV des Faserstoffes bei Ultraschallbehandlung von FiSa

Abb. 64: Rasterelektronenmikroskopie FiSa, Rapid-Köthen Blatt, ohne Ultraschallbehandlung

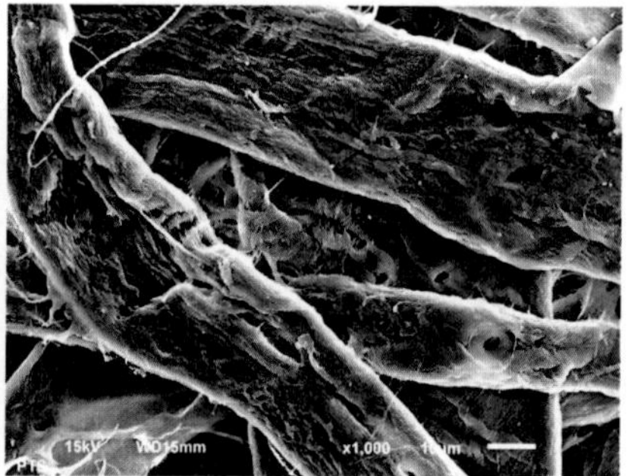

Abb. 65: Rasterelektronenmikroskopie FiSa nach Beschallung (Ultraschallbehandlung mit SEC 1000 kWh/t) in Suspension, Rapid-Köthen Blatt

Die vergrößerte Aufnahme der Faserwand zeigt aber Unterschiede zwischen der unbeschallten und der beschallten Faser hinsichtlich einer Erhöhung der Rauheit der Faserwand nach der Ultraschallbehandlung (Abb. 66, Abb. 67). Nach der Ultraschallbehandlung sind Bruchstücke quer zur Faserlängsachse herausgelöst, so dass hier eine Kürzung der Celluloseketten stattgefunden haben muss (Abb. 67). Dies spiegelt sich auch in einer tendenziellen Verringerung des Polymerisationsgrades – gemessen als Grenzviskositätszahl (GVZ) – wider,

der von 660 ml/g bei der unbehandelten Probe auf weniger als 650 ml/g bei der beschallten Probe sinkt (Anhang-Tabelle 8).

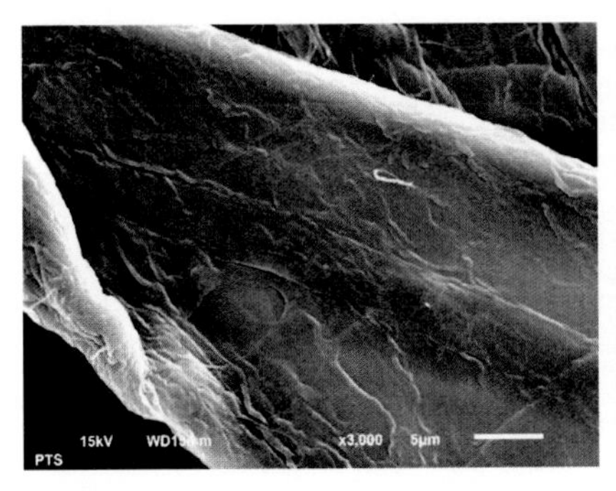

Abb. 66: Rasterelektronenmikroskopie FiSa, Rapid-Köthen Blatt, ohne Ultraschallbehandlung

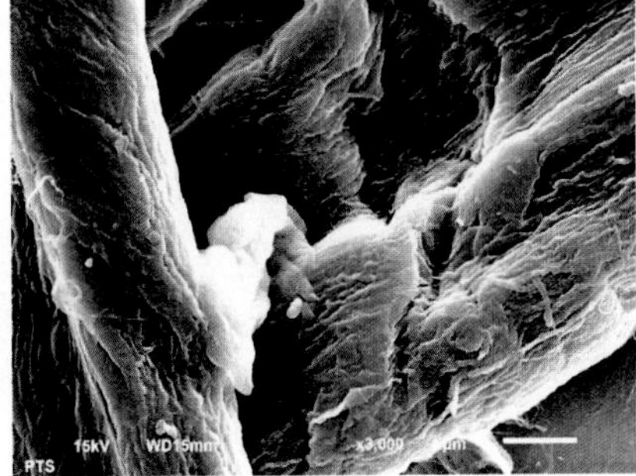

Abb. 67: Rasterelektronenmikroskopie FiSa nach Beschallung (Ultraschallbehandlung mit SEC 1000 kWh/t) in Suspension, Rapid-Köthen Blatt

Die zweiminütige Beschallung einer einzelnen Faser (FiSa) mit dem in Kapitel 3.3.1.9 aufgeführten Versuchsaufbau (Fixierung einer einzelnen Faser auf einem REM-Probenträger) zeigt keine Schädigung der Faser infolge der Kavitation (Abb. 69). Dies widerspricht der Erwartungshaltung, da sich der Probenträger, auf dem die Faser fixiert war, in einem Abstand von 10 mm unterhalb der Sonotrodenstirnfläche und somit in einer Zone mit ausgeprägter Kavitation befand. Die Unversehrtheit der Faser kann bedeuten, dass die heterogene Keimbildung durch Poren in der Faseroberfläche bei der Beschallung von Faserstoffsuspension eine untergeordnete Rolle spielt. Die bei diesen Untersuchungen eingesetzten Primärfasern haben demnach keine für die Kavitation relevanten Unebenheiten in der Faseroberfläche, die als Porenkeime dienen könnten bzw. sind aufgrund der Hydratschicht auf der Faseroberfläche keine Gaseinschlüsse auf der Faseroberfläche vorhanden. Weiterhin könnte dies ein Hinweis darauf sein, dass die Faser für ein Kavitationsereignis als ein weiches Material angesehen werden muss, bei dem eine an der Faserwand kollabierende Kavitationsblase einen von der Oberfläche abgewandten Flüssigkeitsstrahl bewirkt und damit keine Veränderung an der Faseroberfläche hervorruft (82), (85). Die bei der Ultraschallbehandlung von Faserstoffsuspensionen beobachteten Morphologieänderungen an der Faser könnten daher vorwiegend auf die an Blasenkeimen in der flüssigen Phase auftretenden Kavitationsereignisse zurückzuführen sein.

Die weitgehend unbeschädigte Oberfläche des kupfernen Probenträgers nach zwei Minuten Beschallung entspricht der Erwartungshaltung, da eine sichtbare Schädigung von massiven, harten Metallkörpern infolge Kavitation erst nach mehreren Minuten beziehungsweise Stunden eintritt (59) und in der sogenannten Inkubationsphase bei einsetzender Kavitation lediglich eine Lockerung des Gefüges unterhalb der Oberfläche erfolgt (80).

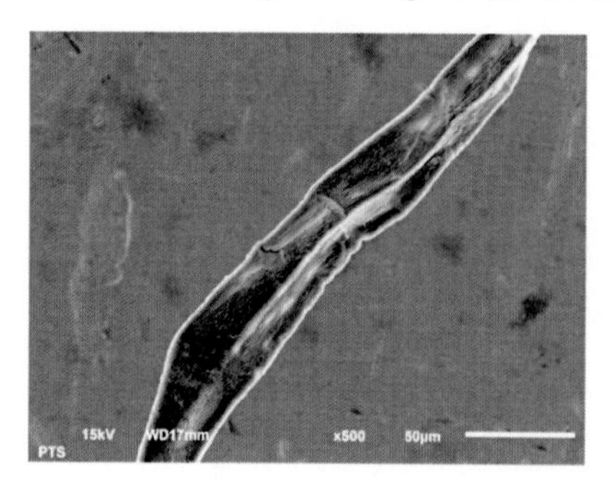

Abb. 68: Rasterelektronenmikroskopie FiSa einer Einzelfaser, ohne Ultraschallbehandlung

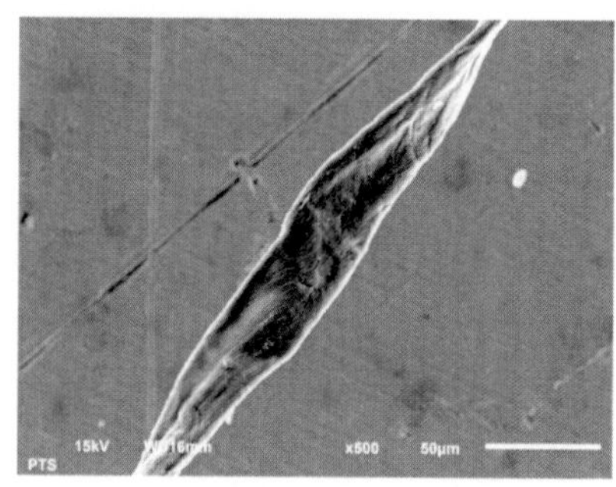

Abb. 69: Rasterelektronenmikroskopie FiSa nach zweiminütiger Ultraschallbehandlung einer Einzelfaser in Wasser

4.2.2 Laubholzfaserstoff

Die Ultraschallbehandlung des Laubholzfaserstoffes erfolgte in einem größeren Bereich des spezifischen Energiebedarfs (maximal 4300 kWh/t), um das theoretische Potenzial einer Ultraschallbehandlung hinsichtlich einer Eigenschaftsänderung am Faserstoff zu bestimmen. Die gewählten Versuchsbedingungen sind in Anhang-Tabelle 9 aufgeführt.

Wie auch schon bei der Ultraschallbehandlung des Nadelholzfaserstoffes ist auch beim Laubholzfaserstoff keine Erhöhung des Entwässerungswiderstandes zu beobachten (Abb. 70). Die mit der Ultraschallbehandlung verbundene Erhöhung der statischen Festigkeit des Papiers (Zugfestigkeit) ist daher vorwiegend eine Folge der Erhöhung des Quellvermögens sowie des Feinstoffanteils des Faserstoffes (Abb. 71) und korreliert auch mit einer leichten Erniedrigung des Curl von ca. 17 % auf ca. 15 % (Anhang-Tabelle 9). Bei einem spezifischen Energiebedarf von 500 kWh/t ist eine Erhöhung des Festigkeitspotenzials des Faserstoffes von 19,9 Nm/g auf 28,1 Nm/g zu beobachten, was einer Steigerung um 41 % entspricht.

Über die Bestimmung der Porengrößenverteilung mit der DSC-Methode kann gezeigt werden, dass durch die Ultraschallbehandlung tendenziell eine Erhöhung des Anteils an Poren in der Faserwand erfolgt – wie dies auch die Erhöhung des WRV verdeutlicht (Abb. 72). Aus den Ergebnissen der DSC-Messung kann zusätzlich zum WRV abgelesen werden, dass die Erhöhung der Porenanzahl über das gesamte Porenspektrum stattfindet. Die Erhöhung der Behandlungsdauer respektive des spezifischen Energiebedarfs resultiert in einer Erhöhung des Porenvolumens.

Durch die mit der Kavitation hervorgerufenen physikalischen und chemischen Effekte sind die Spaltung von chemischen Bindungen und somit auch die Kürzung von Polymeren möglich, wie dies bei der Ultraschallbehandlung in wässriger Umgebung von Zuckern, Proteinen, Stärke oder Cellulose nachgewiesen wurde (55), (109), (112). Die Bewertung der Kettenkürzung der Cellulosemoleküle erfolgte analog zu Kapitel 4.2.1 durch die Bestimmung des Polymerisationsgrades, der aus der Grenzviskosität des Faserstoffes abgeleitet werden kann. Die Ultraschallbehandlung der Faserstoffsuspension führt nur zu einer tendenziellen Erniedrigung der Grenzviskosität, so dass offenbar nur eine geringe Kürzung der Glucanketten stattfindet (Abb. 73). Gleiches gilt auch für die Ultraschallbehandlung von Nadelholzfaserstoffen, was die Ergebnisse von (126) bestätigt (Anhang-Tabelle 8). Der Einfluss der Ultraschallbehandlung auf die intramolekularen Bindungen innerhalb der Glucanketten der Cellulose kann daher als gering angesehen werden.

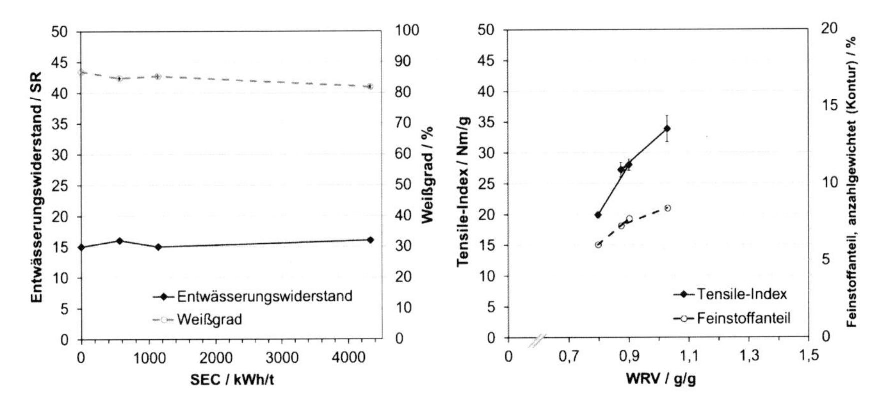

Abb. 70: Entwicklung des Entwässerungswiderstandes des Faserstoffes und des Weißgrades von Laborblättern in Abhängigkeit vom SEC bei Ultraschallbehandlung von EuSa

Abb. 71: Entwicklung des Tensile-Index von Laborblättern und des Feinstoffanteils des Faserstoffes in Abhängigkeit vom WRV des Faserstoffes bei Ultraschallbehandlung von EuSa

Eine Ultraschallbehandlung des Faserstoffes führt bei einem spezifischen Energiebedarf bis 1000 kWh/t nur zu einem geringen Abfall des Weißgrades während bei einem Energiebedarf von ca. 4000 kWh/t ein Abfall des Weißgrades zu beobachten ist (Abb. 70). Visuell kann dieser Weißgradabfall als eine Vergrauung des Faserstoffes wahrgenommen werden. Eventuell führt die Ultraschallbehandlung zu einer Freilegung von Lignin in der (beschädigten) Faserwand, die dann in einer Vergilbung resultieren kann. Eine Vergrauung infolge der Temperaturerhöhung des Faserstoffes um 20 K bei der Behandlung und der Eintrag von erodierten Titan-Partikeln von der Sonotrode in den Faserstoff (siehe Kapitel 4.4.1) können vernachlässigt werden. Auch beim Laubholzzellstoff ist eine Erhöhung der Rauheit der Faseroberfläche infolge eines partiellen Abscherens des Faserwandbereiches durch die Ultraschallbehandlung zu beobachten (vergleiche REM-Aufnahmen der Rapid-Köthen-Blätter vor und nach Ultraschallbehandlung der Faserstoffsuspension: Abb. 74, Abb. 75).

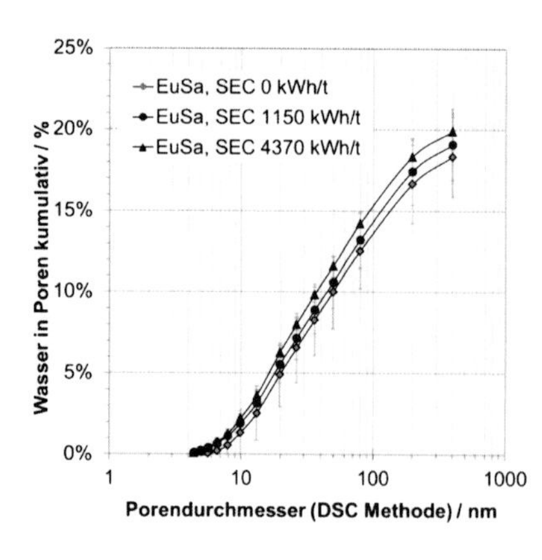

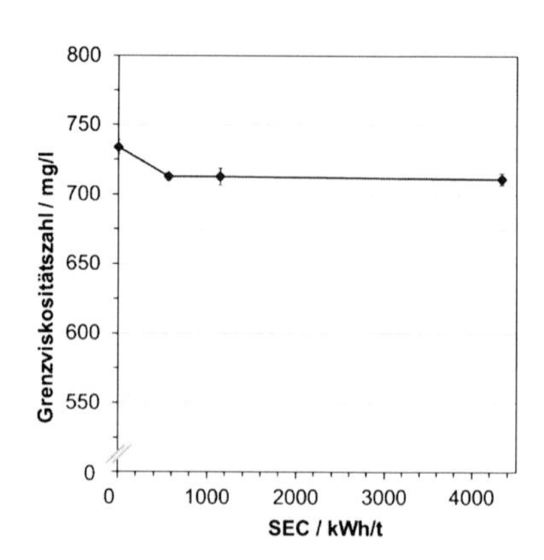

Abb. 72: Entwicklung der Porendurchmesser-Verteilung des Faserstoffes (EuSa) in Abhängigkeit vom spezifischen Energiebedarf der Ultraschallbehandlung, DSC-Methode

Abb. 73: Entwicklung der Grenzviskositätszahl des Faserstoffes (EuSa) in Abhängigkeit vom spezifischen Energiebedarf der Ultraschallbehandlung

Durch die Ultraschallbehandlung erfolgt die teilweise Entfernung der Primärlamelle, so dass die Sekundärwand der Faser freigelegt wird. Eine externe Fibrillierung in Form von Abscheren von einzelnen Fibrillen der Sekundärwand durch die Ultraschallbehandlung ist weder auf den REM-Aufnahmen (vergleiche Abb. 74, Abb. 75) noch auf den lichtmikroskopischen Aufnahmen des Faserstoffes zu erkennen (vergleiche Anhang-Abbildung 13, Anhang-Abbildung 14). Das in der Literatur beschriebene Zerplatzen der Faser vom Lumen heraus und die daraus resultierende kugelförmige Quellung in einzelnen Abschnitten der Faser (44), (49) konnte an den im Rahmen dieser Arbeit beschallten Faserstoffen nicht beobachtet werden. Ein Aufreißen der Faser durch eine kavitationsinduzierte schlagartige Expansion des Faserlumens beziehungsweise von Poren in der Faserwand ist somit nicht festgestellt worden.

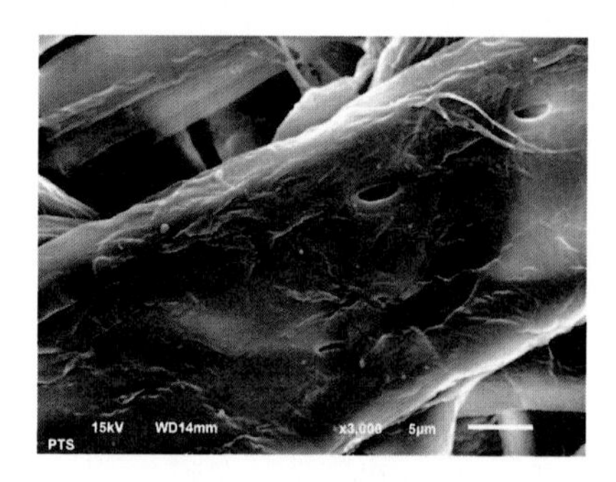

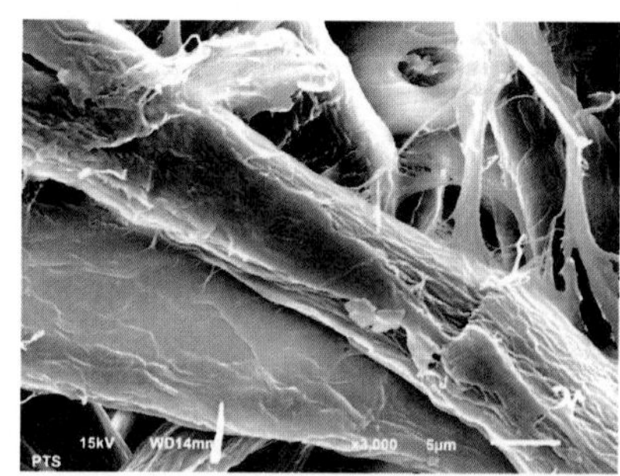

Abb. 74: Rasterelektronenmikroskopie EuSa, Rapid-Köthen Blatt, ohne Ultraschallbehandlung

Abb. 75: Rasterelektronenmikroskopie EuSa nach Beschallung (Ultraschallbehandlung mit SEC 4000 kWh/t) in Suspension, Rapid-Köthen Blatt

4.2.3 Ultraschallbehandlung von mechanisch vorbehandelten Faserstoffen

In verschiedenen Arbeiten wurde gezeigt, dass eine Vorschädigung von Zellstofffasern durch eine Vorbehandlung des Faserstoffes mit einer „klassischen" Mahlung die Eigenschaftsentwicklung des Faserstoffes, die durch eine Ultraschallbehandlung verursacht wird, tendenziell größer ist (44), (48), (49). Anzumerken ist dabei, dass für die in der Literatur beschriebenen Untersuchungen entweder – aufgrund der langen Beschallungsdauer von mehreren Minuten – ein sehr hoher spezifischer Energieeinsatz der Ultraschallbehandlung gegeben war (44), (48) oder aber nur eine geringe Steigerung des Festigkeitspotenzials beobachtet wurde (49). Für die Bewertung dieser Erkenntnis erfolgten in dieser Arbeit Untersuchungen unter Kombination einer (Vor-) Mahlung und Ultraschallbehandlung, wobei verschiedene Faserstoffe (Kiefern-Sulfatzellstoff, Eucalyptus-Sulfatzellstoff, Fichten-Sulfitzellstoff) sowie verschiedene Mahlaggregate (Jokro-Mühle, Laborrefiner, Pilotrefiner, industrielle Mahlrefiner) für die mechanische Vorbehandlung eingesetzt wurden.

Exemplarisch sind nachfolgend die Ergebnisse von Versuchen mit einer Vormahlung des Kiefern-Sulfatzellstoffes in einem Laborrefiner und anschließender Ultraschallbehandlung sowie die einer Vormahlung in einer industriellen Mahlanlage zur Herstellung von Spezialpapier und anschließender Ultraschallbehandlung gegenüber gestellt. Diese Untersuchungen erfolgten im Rahmen der Arbeiten (160) und (161).

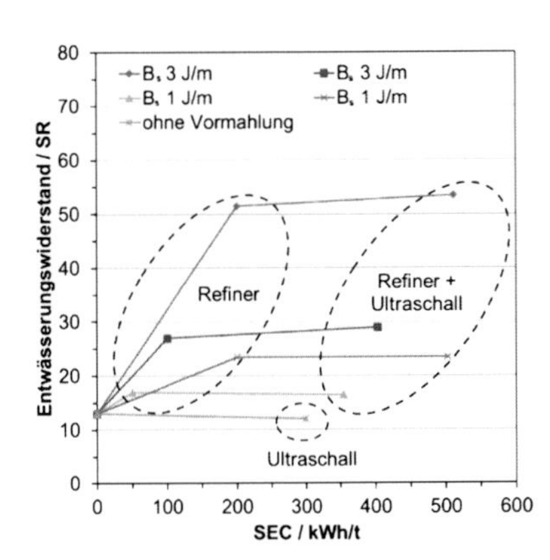

Abb. 76: Entwicklung des Entwässerungswiderstandes des Faserstoffes in Abhängigkeit vom SEC bei Refinermahlung, Ultraschallbehandlung und Kombination von Refinermahlung und Ultraschallbehandlung von KiSa

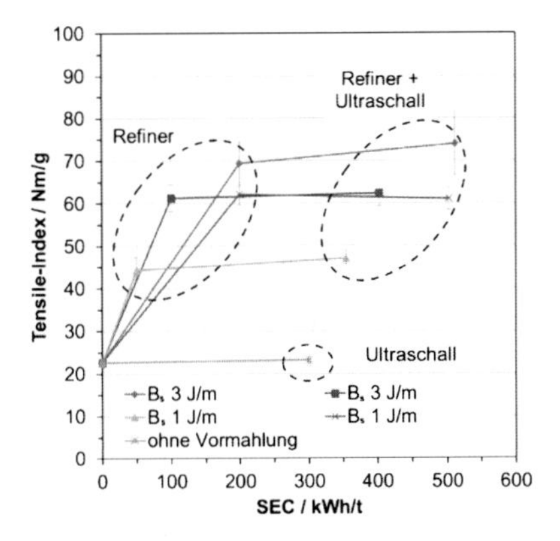

Abb. 77: Entwicklung des Tensile-Index von Laborblättern in Abhängigkeit vom SEC bei Refinermahlung, Ultraschallbehandlung und Kombination von Refinermahlung und Ultraschallbehandlung von KiSa

Die Mahlbehandlung des Faserstoffes (KiSa) erfolgte im Laborrefiner (Laboratoriums-Raffinator, siehe Kapitel 3.3.2.2). Der Grad der Vorschädigung der Fasern durch die Mahlbehandlung wurde durch die Variation der spezifischen Kantenbelastung (1, 3 J/m) und den spezifischen Energiebedarf (50, 100, 200 kWh/t) verändert. Die Ultraschallbehandlung erfolgte gemäß den Parametern in Anhang-Tabelle 10, wobei für alle Ultraschallbehandlungen ein spezifischer Energiebedarf von 300 kWh/t angestrebt wurde.

Durch die Variation der Mahlbedingungen wurde der Entwässerungswiderstand des Faserstoffes auf verschiedene Niveaus (Bereich 18 bis 52 Schopper-Riegler) gemahlen (Abb. 76). Die mit einer spezifischen Kantenbelastung von 3 J/m vorgemahlenen Faserstoffe (SEC 100, 200 kWh/t) werden durch die Ultraschallbehandlung im Entwässerungswiderstand um 2 Schopper Riegler erhöht. Der Entwässerungswiderstand der mit einer spezifischen Kantenbelastung von 1 J/m vorgemahlenen Faserstoffe (SEC 50, 100 kWh/t) und der des ungemahlenen Faserstoffes konnten durch die Ultraschallbehandlung hingegen nicht gesteigert werden.

Das Festigkeitspotenzial des Faserstoffes – gemessen als Tensile-Index der daraus gebildeten Laborblätter – wird durch die Mahlung im Laborrefiner deutlich gesteigert. Eine Erhöhung des spezifischen Energiebedarfs und eine Erhöhung der spezifischen Kantenbelastung bei der Mahlung bewirken eine Erhöhung des Tensile-Index (Abb. 77) und führen zu einer größeren Schädigung der Faser in Form einer Kürzung quer zur Längsachse beziehungsweise einer externen Fibrillierung – wie die lichtmikroskopischen Aufnahmen zeigen (vergleiche Abb. 78, Abb. 79, Abb. 81).

Eine anschließende Ultraschallbehandlung und die Ultraschallbehandlung des ungemahlenen Faserstoffes erzielen keine Erhöhung des Tensile-Index (Abb. 77) und führen auch zu keiner weiteren Schädigung oder externen Fibrillierung der Faser (vergleiche Abb. 79 / Abb. 80 und Abb. 81 / Abb. 82).

Die hier abgebildeten Ergebnisse der Ultraschallbehandlung des vorgemahlenen Faserstoffes erfolgten bei einem hydrostatischen Druck von 1 bar über Atmosphärendruck. Die Ultraschallbehandlung des vorgemahlenen Faserstoffes bei einem hydrostatischen Druck von 5 bar über Atmosphärendruck führte zu einer ähnlichen Entwicklung der Eigenschaftskennwerte (Anhang-Tabelle 10).

Die Ergebnisse der Untersuchungen mit der Jokro-Mühle, einem Pilotrefiner und industriellen Mahlrefinern als Aggregate zur Vormahlung und der anschließenden Ultraschallbehandlung der Faserstoffe (KiSa , EuSa) ergaben qualitativ ähnliche Eigenschaftsentwicklungen beim Faserstoff wie die Untersuchungen mit dem Laborrefiner als Aggregat zur Vormahlung und KiSa als Faserstoff (160), (161).

Zusammenfassend kann festgehalten werden, dass die Eigenschaftsentwicklung eines Faserstoffes durch Ultraschallbehandlung nach einer mechanischen Vormahlung des Faserstoffes in einem Refiner – wie in der Literatur (44), (48), (49) beschrieben – nicht bestätigt werden kann.

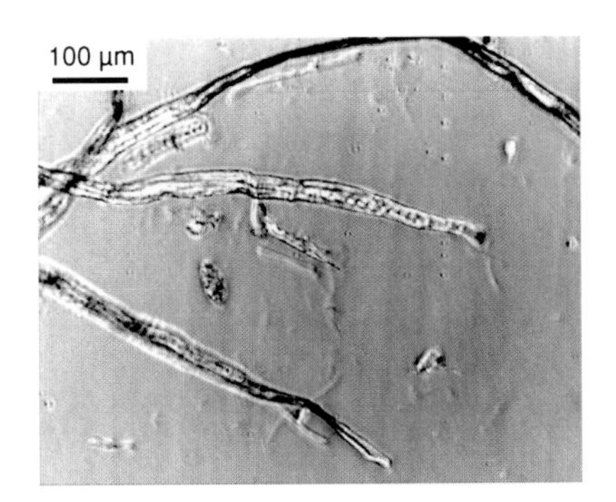

Abb. 78: Lichtmikroskopische Aufnahme von ungemahlenem KiSa

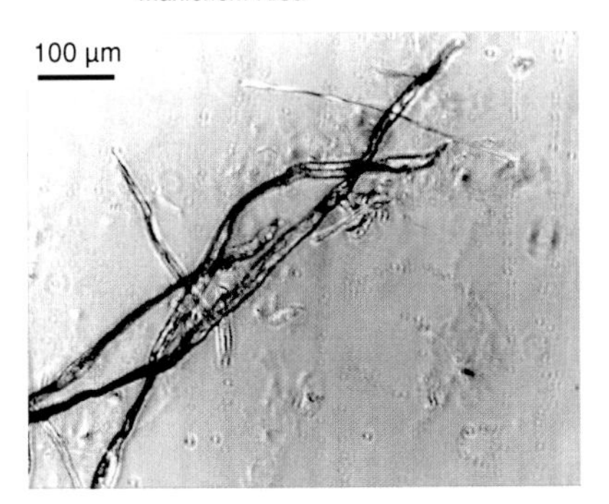

Abb. 79: Lichtmikroskopische Aufnahme von gemahlenem (SEC = 50 kWh/t, B_S = 1 J/m) KiSa, ohne Ultraschallbehandlung

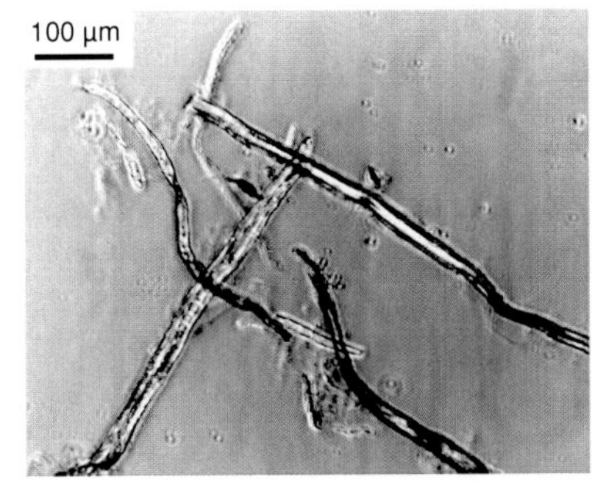

Abb. 80: Lichtmikroskopische Aufnahme von gemahlenem (SEC = 50 kWh/t, B_S = 1 J/m) und ultraschallbehandeltem KiSa

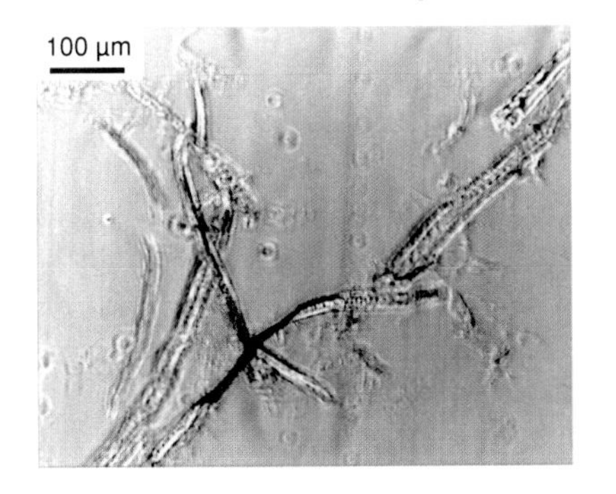

Abb. 81: Lichtmikroskopische Aufnahme von gemahlenem (SEC = 200 kWh/t, B_S = 3 J/m) KiSa, ohne Ultraschallbehandlung

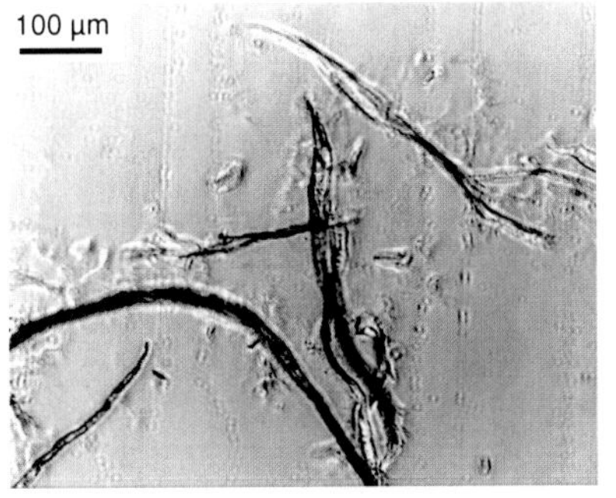

Abb. 82: Lichtmikroskopische Aufnahme von gemahlenem (SEC = 200 kWh/t, B_S = 3 J/m) und ultraschallbehandeltem KiSa

4.2.4 Einfluss von mineralischen Mahlhilfsmitteln

Die Nutzung von mineralischen Partikeln als Mahlhilfsmittel wurde für die Refinermahlung mit Füllstoffen (162) und für die Behandlung des Faserstoffes mit Sand durch Kneten (163) in der Literatur beschrieben. Bei den Knetversuchen an Sulfitzellstoff mit Sand konnte bei vergleichbarer Steigerung des Entwässerungswiderstandes eine bessere Entwicklung der statischen Festigkeitseigenschaften mit geringerem Energiebedarf gegenüber der konventionellen Refinermahlung (ohne Sand) nachgewiesen werden, was als noch nicht genutztes Verbesserungspotenzial für die Gestaltung von Mahlwerkzeugen interpretiert wurde (163). Wie von (56) gezeigt wurde, werden kleine Partikel in einem Fluid durch die Kavitation sehr stark beschleunigt und verfügen dadurch über so viel Energie, dass metallische Partikel (Durchmesser 3 µm) bei Kollision verschmelzen können. Basierend auf dieser Erkenntnis sollte geklärt werden, inwieweit die Anwesenheit von insbesondere mineralischen Partikeln, wie sie in rezyklierten Faserstoffen vorkommen, die Ultraschall-Mahlung unterstützen und als Mahlhilfsmittel dienen, indem sie mit hoher Geschwindigkeit auf den Faserstoff treffen und dessen Morphologie ändern.

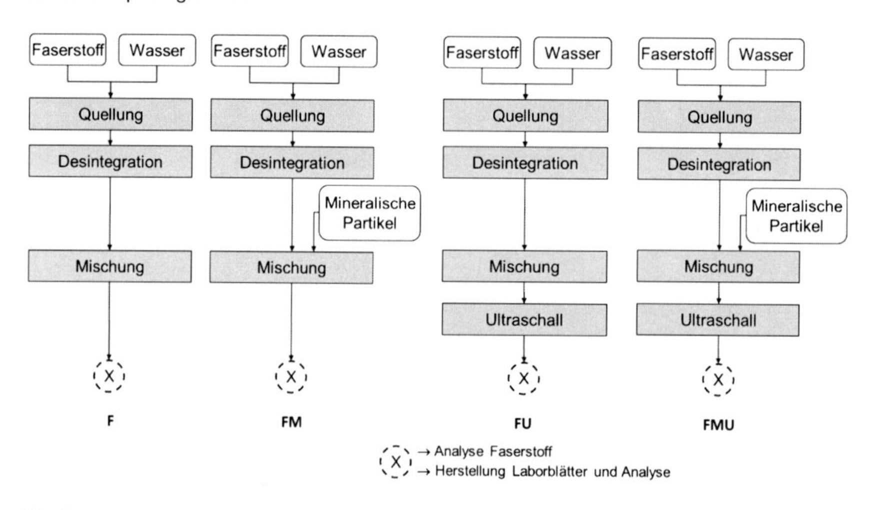

Abb. 83: Versuchsablauf – Einfluss von mineralischen Mahlhilfsmitteln

In den Untersuchungen wurde eine unbehandelte (F), eine mit Mineralien versetzte (FM), eine mit Ultraschall behandelte (FU) und eine mit Mineralien versetzte, ultraschallbehandelte Faserstoffsuspension (FMU) untersucht (Abb. 83). Als Faserstoff wurde ungemahlener Kiefern-Sulfatzellstoff (KiSa) eingesetzt. Als mineralische Partikel (Füllstoffe) wurde Calciumcarbonat (Pulver, 50 % Partikeldurchmesser < 2 µm) in einer Slurry mit 60 % Feststoffgehalt der Faserstoffsuspension zugeführt. Der massenspezifische Füllstoffanteil am Gesamtfeststoff betrug bei den Versuchen 10 % bzw. 33 %. Die faserstoffbezogene Stoffdichte betrug 0,5 %

– Füllstoffe sind rheologisch weniger aktiv gegenüber Faserstoff. Die Ultraschallbehandlung erfolgte im diskontinuierlichen Versuchsstand (Batchzelle) mit der Sonotrode BS2d22 bei einer Schwingweite von 68 µm (pkpk). Die Ultraschallbehandlung wurde mit zwei unterschiedlich hohen Energieeinträgen durchgeführt und dabei die Beschallungsdauer und der statische Überdruck variiert. Bei geringem Energieeintrag (U(MIN)) erfolgte die Beschallung mit einer Schallintensität von ca. 30 W/cm² und einem spezifischen Energieeintrag von ca. 300 kWh/t und bei hohem Energieeintrag (U(MAX)) mit einer Schallintensität von ca. 130 W/cm² und einem spezifischen Energieeintrag von ca. 2700 kWh/t.

Die Herstellung der Laborblätter geht mit einer Entfernung der Mineralien einher (keine Verwendung eines Retentionsmittels), so dass bei allen Versuchspunkten der Glührückstand der Laborblätter kleiner 1 % ist (Anhang-Tabelle 11). Dies erlaubt einen direkten Vergleich der Festigkeitskennwerte der Laborblätter aller Versuchspunkte.

Die Ultraschallbehandlung bei niedrigem Energieeintrag führte – auch bei Zugabe von Füllstoffen – zu keiner Erhöhung der Zugfestigkeit (Abb. 84, Abb. 85), während der höhere Energieeintrag zu einer Steigerung der Zugfestigkeit um ca. 9 Nm/g führte. Auch im letzteren Fall (hoher Energieeintrag) konnte die Füllstoffzugabe die Festigkeit nicht weiter steigern. Unter den gewählten Versuchsbedingungen konnte für keinen der beiden untersuchten Füllstoffanteile an der Gesamtfeststoffmasse eine Wirkung des Füllstoffs als Mahlhilfsmittel festgestellt werden. Die Hypothese, dass Füllstoffe bei der Ultraschall-Mahlung als Mahlhilfsmittel den Mahlprozess unterstützen, indem sie eine erhöhte Änderung der Fasermorphologie gegenüber der Behandlung ohne Zugabe von Füllstoffen bewirken, kann daher nicht bestätigt werden.

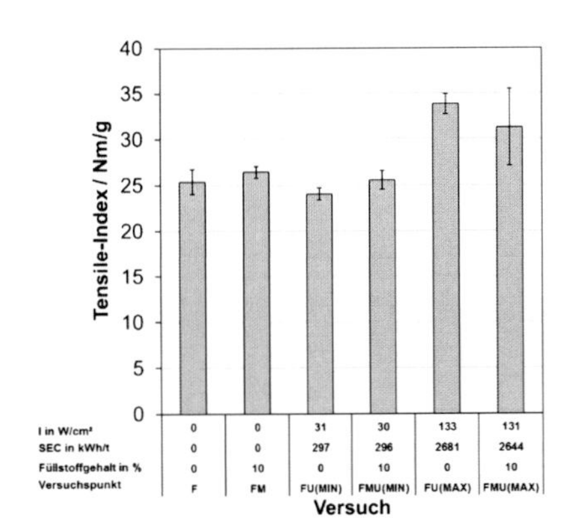

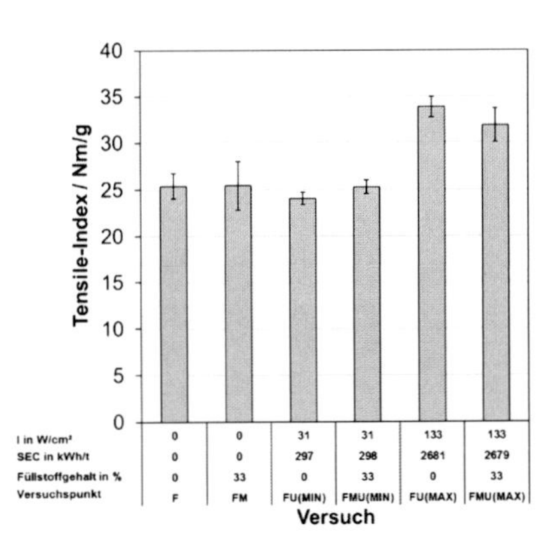

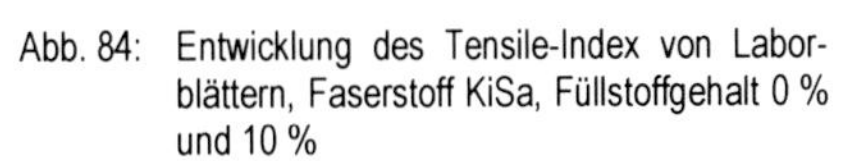

Abb. 84: Entwicklung des Tensile-Index von Laborblättern, Faserstoff KiSa, Füllstoffgehalt 0 % und 10 %

Abb. 85: Entwicklung des Tensile-Index von Laborblättern, Faserstoff KiSa, Füllstoffgehalt 0 % und 33 %

Die Suspensionseigenschaften wurden an den Faserstoffen ohne zusätzliche Wäsche zur Füllstoffentfernung bestimmt und sind daher in ihrer Ausprägung stark durch den unterschiedlich hohen Füllstoffgehalt geprägt.

Der Masseanteil mineralischer Partikel liegt bei rezyklierten Faserstoffen meist deutlich über 10 %. Eine stärkere Änderung der Fasermorphologie bei der Ultraschallbehandlung von rezyklierten Faserstoffsuspensionen im Vergleich zur Behandlung von – füllstofffreien – Primärfaserstoffsuspensionen ist gemäß den Ergebnissen in Abb. 84 und Abb. 85 nicht zu erwarten.

Die in diesem Kapitel wiedergegebenen Ergebnisse entstanden im Rahmen der Arbeiten (160) und (161).

4.3 Rezyklierte Faserstoffe

Rezyklierte Faserstoffe beinhalten neben Fasern noch weitere Bestandteile, die bei der Produktion des Papiers und dessen Gebrauch eingetragen werden:

- Organische Feststoffe (Langfaserfraktion, Kurzfaserfraktion inklusive Feinstoff)
- Anorganische Feststoffe (Füllstoff, Strichpigmente, Verunreinigungen)
- Gelöste Stoffe
    - Störstoffe (Salze auf Basis Chlor und Sulfat)
    - Additive (organische und synthetische Polymere)

Die verschiedenen Inhaltsstoffe werden bei der Beschallung mit Ultraschall in einer Suspension unterschiedlich beeinflusst. Die Unterscheidung der organischen Feststoffe des Faserstoffes erfolgt typischerweise in Langfaserfraktion, Kurzfaserfraktion und Feinstoff.

Die bei der Ultraschallbehandlung von Suspensionen von Primärfaserstoffen beobachtete Änderung der Fasermorphologie sollte ebenfalls bei rezyklierten Faserstoffen zu beobachten sein. Primärfaserstoffe werden initial feucht oder nach nur einem Trocknungsschritt zu Papier verarbeitet. Rezyklierte Faserstoffe hingegen haben mindestens einen, meist aber mehrere Befeuchtungs- und Trocknungszyklen bei der Papierproduktion durchlaufen. Daraus resultiert insbesondere eine Verhornung der Faser, die eine Verringerung des Festigkeitspotenzials des Faserstoffes verursacht (164), (165). Nach dem Modell von Jayme und Hunger (166) können sich bei der Trocknung der Fasern die Mikrofibrillen weit annähern, so dass sie sich über ihre Hydroxylgruppen untereinander verbinden können. Diese Bereiche sind bei einer Wiederbefeuchtung für Wasser nicht mehr zugänglich. Die in Literatur veröffentlichten Arbeiten zur Reversierung der Verhornung an rezyklierten Faserstoffen durch Ultraschallbehandlung der Faserstoffsuspension (47), konnten in eigenen Arbeiten bestätigt werden (137), (167), was nachfolgend ausgeführt werden soll.

Sowohl die Fasern als auch der Feinstoff tragen zur Festigkeit des Papieres bei. Für Massenpapiere wie Wellpappenrohpapier oder Zeitungsdruckpapier ist dabei die Festigkeit der Einzelfaser größer als die Festigkeit zwischen den einzelnen Fasern des Fasernetzwerkes. Bindungsaktiver Feinstoff („Schleimstoff") wirkt als eine Kitsubstanz und erhöht die Zwischenfaserbindung.

Die in rezyklierten Faserstoffen enthaltenen Mineraltypen (anorganischer Feststoff) sind in Europa zu über 80 % Calciumcarbonat und Kaolin (168). Diese Mineralien werden üblicherweise mit einer Korngröße im Bereich von 0,1 bis 5 µm bei der Papierproduktion eingesetzt. Die Wirkung von mineralischen Bestandteilen als Mahlhilfsmittel bei der Ultraschallbehandlung von Faserstoffsuspensionen wurde bereits für Primärfaserstoffe in Kapitel 4.2.4 beschrieben. Eine Verbesserung des Festigkeitspotenzials durch die Anwesenheit derartiger Partikel während der Ultraschallbehandlung konnte nicht nachgewiesen werden, so dass darauf nicht weiter eingegangen werden soll.

Die in rezyklierten Faserstoffen vorhandenen Salze können in einer hohen Konzentration vorliegen und bewirken eine hohe Leitfähigkeit von mehreren tausend µS/cm. Ein Zusammenhang zwischen der Salzkonzentration in einem Bereich der Leitfähigkeit bis 7000 µS/cm und dem Festigkeitspotenzial des Faserstoffes besteht jedoch nicht (169) und soll daher nicht weiter betrachtet werden.

Die Ultraschallbehandlung einer wässrigen Lösung mit Polymeren führt zu einer Veränderung der Polymere insbesondere durch Depolymerisation (112). Das in rezyklierten Faserstoffen am häufigsten vorkommende Polymer, neben den Polymeren des Faserstoffes, ist Stärke. Die Depolymerisation von Stärke durch Ultraschall wurde in der Literatur beschrieben (170). Die Ultraschallbehandlung einer wässrigen Lösung mit nativer, verkleisterter Stärke kann deren Festigkeitspotenzial bei einem Oberflächenauftrag auf das Papier verbessern (171). Daher wurde der Einfluss der Ultraschallbehandlung auf die im rezyklierten Faserstoff vorhandene Stärke bewertet (Kapitel 4.3.6).

Eingehend sollen Untersuchungen an einem rezyklierten Faserstoff für die Produktion von grafischen Papieren dargestellt werden. Diese Versuchsserie erlaubt auch die Bewertung, der Vergleichbarkeit der Ergebnisse für die diskontinuierliche Ultraschallbehandlung (Batchzelle) und die kontinuierliche Ultraschallbehandlung (Kontizelle).

4.3.1 Rezyklierter Faserstoff für die Produktion grafischer Papiere

Für die Bewertung des Einflusses einer Ultraschallbehandlung von Suspensionen aus rezykliertem Faserstoff erfolgte ein Vergleich der beiden Behandlungsmethoden (Versuchsständen) – diskontinuierlich (Batchzelle) und kontinuierlich (Kontizelle) gemäß der Versuchsdurchführung in Anhang-Abbildung 15 und Anhang-Tabelle 12. Die Bewertung ausgewählter

Parameter des Faserstoffs erfolgte sowohl am Ganzstoff als auch am fraktionierten Faserstoff nach Hyperwäsche (in Anlehnung an INGEDE Methode 5:2003). Als Faserstoff wurde ein Druckmuster auf Basis eines WFC-Papiers eingesetzt. Da dieser rezyklierte Faserstoff überwiegend für die Produktion von grafischen Papieren genutzt wird, erfolgte die Aufbereitung nach INGEDE Methode 11p:2009 (Beimischung von Deinking-Chemikalien) gemäß Kapitel 3.5.3. Bei diesen Arbeiten wurde die Reproduzierbarkeit (Durchführung als Versuch „1“ und Versuch „2“) und auch die Vergleichbarkeit der beiden Ultraschall-Behandlungsmethoden (Versuchsstand Batchzelle, Versuchsstand Kontizelle) untersucht. Die Bewertung der Ultraschallbehandlung erfolgte anhand der in Anhang-Tabelle 12 aufgeführten Paramater für einen spezifischen Energieeintrag von ca. 525 kWh/t.

Zu beachten ist bei diesem Vergleich, dass im diskontinuierlichem Behandlungssystem (Batch) die Leistungsaufnahme des Ultraschallsystems wegen der geringeren Eintauchtiefe der Sonotrode (nur ca. 10 mm) geringer ist als im kontinuierlichen System (Konti), bei dem die Sonotrode bis zur Länge $L/2$ eingetaucht ist. Dementsprechend ist beim kontinuierlichen System, bei ansonsten identischen Parametern, ein höherer Leistungsbedarf des Ultraschallsystems erforderlich. Dieser ergibt sich durch die zusätzliche Abgabe von Energie über die Mantelfläche der Sonotrode bei größerer Eintauchtiefe in das Medium. Prinzipiell kann eine unterschiedliche Leistungsaufnahme bei unterschiedlichen Eintauchtiefen als eine Veränderung der Leerlaufleistung mit Fluid betrachtet werden. Dieser Umstand ist bei Versuch „K_US_5“ beachtet worden (SEC 633 kWh/t), wobei sich allerdings keine Unterschiede in der Eigenschaftsentwicklung des Faserstoffes im Vergleich zu den Versuchen mit SEC 525 kWh/t ergaben (Anhang-Tabelle 12).

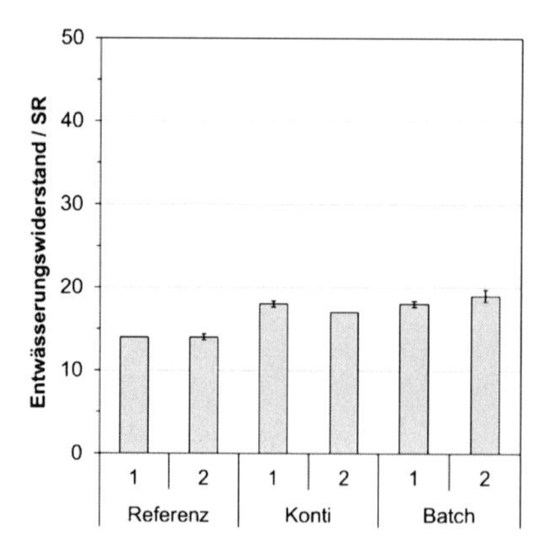

Abb. 86: Entwicklung des Entwässerungswiderstandes des Faserstoffes, WFC-Druckmuster

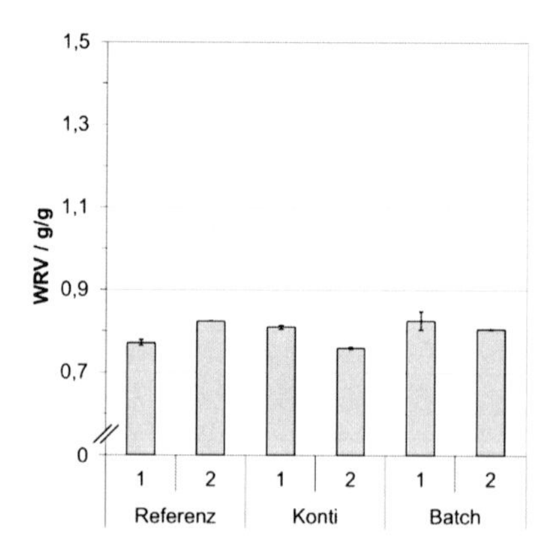

Abb. 87: Entwicklung des WRV des Faserstoffes, WFC-Druckmuster

Das Quellungsvermögen dieser Faserstoffe wird durch die Ultraschallbehandlung nicht beeinflusst und liegt in der Streubreite der unbehandelten Versuchspunkte (Referenz), (Abb. 87). Bei der Charakterisierung des Faserstoffes hinsichtlich seines Quellvermögens durch die Bestimmung des Wasserrückhaltevermögens ist zu beachten, dass diese Messmethode für reine Zellstoffproben entwickelt wurde. Die in rezyklierten Faserstoffen enthaltenen mineralischen Partikel – vorwiegend Füllstoffe und Strichpigmente – verfügen über kein Quellvermögen, nehmen aber Feuchtigkeit adsorptiv an der Oberfläche auf. Ein Einfluss des Anteils anorganischer Bestandteile (Glührückstand bei 525 °C) auf die WRV-Messung kann bei dieser Versuchsserie trotzdem als gering eingeschätzt werden, da der Glührückstand (525 °C) sowohl bei den unbehandelten als auch bei den mit Ultraschall behandelten Faserstoffen 45 % bis 47 % beträgt und sich somit nur gering unterscheidet. Die Ultraschallbehandlung der Faserstoffsuspension resultiert in einer leichten Erhöhung des Entwässerungswiderstandes (Abb. 86). Da, wie in Abb. 87 gezeigt, keine Erhöhung des Quellungsvermögens aus der Ultraschallbehandlung resultiert, deutet die Erhöhung des Entwässerungswiderstandes auf eine Erhöhung der externen Fibrillierung des Faserstoffes hin.

Änderungen an der Fasermorphologie durch eine Ultraschallbehandlung sind mit einer Messung mittels automatischer optischer Analyse (FiberLab) bei diesem Faserstoff aufgrund des hohen Anteils an insbesondere anorganischem Feinstoff schwer feststellbar. Daher wurde der Feinstoff vor der Messung im FiberLab durch Hyperwäsche entfernt (vergleiche Kapitel 3.4.1.5). Die Faserwandstärke wird durch die Ultraschallbehandlung tendenziell verringert, was mit dem Aufstellen beziehungsweise Abscheren von Fibrillen auf der Faseroberfläche begründet werden kann. Diese externe Fibrillierung ist auch auf den lichtmikroskopischen Aufnahmen der Faserstoffe sichtbar, die, für eine bessere Bewertung der Änderungen an den Fasern, am hypergewaschenen Stoff erfolgten (vergleiche Abb. 92, Abb. 93). Die geringe externe Fibrillierung beim nicht mit Ultraschall behandelten Faserstoff (Abb. 92) und das geringe Niveau des Entwässerungswiderstandes deuten darauf hin, dass – wie bei diesen Papierprodukten üblich – nur eine geringe Mahlung des Faserstoffes bei der Papierherstellung erfolgte.

Die Faserlänge wird durch die Ultraschallbehandlung nicht beeinflusst (Anhang-Tabelle 12). Die Wandstärke wird durch die Ultraschallbehandlung vermindert, was auf ein Abscheren von Fibrillen hindeutet (Abb. 88). Zu beachten ist, dass bei dem verwendeten Messgerät die Querschnittsflächenmessung für die Bestimmung der Wandstärke eine Auflösung von 1,5 µm hat. Aufgrund der hohen Anzahl an gemessenen Partikeln beziehungsweise Fasern (mehrere tausend je Messung) kann der im Diagramm dargestellte Trend als statistisch sicher betrachtet werden. Der Curl wird durch die Ultraschallbehandlung verringert, was im Allgemeinen zu einer Erhöhung der dynamischen Festigkeit bei gleichzeitiger Reduktion der statischen Festigkeit führt (Abb. 89).

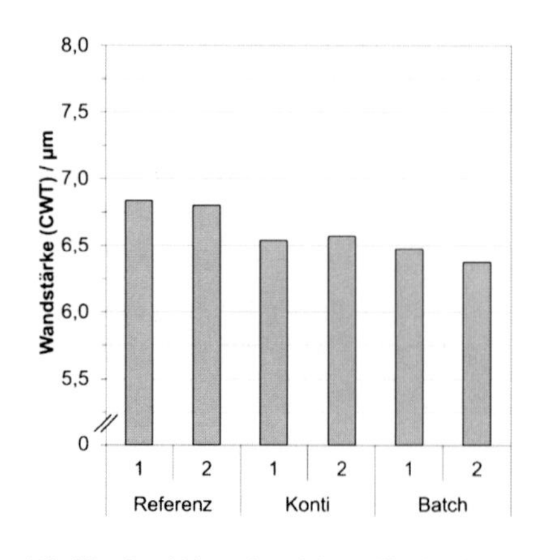

Abb. 88: Entwicklung der mittleren Wandstärke des Faserstoffes nach Hyperwäsche, WFC-Druckmuster

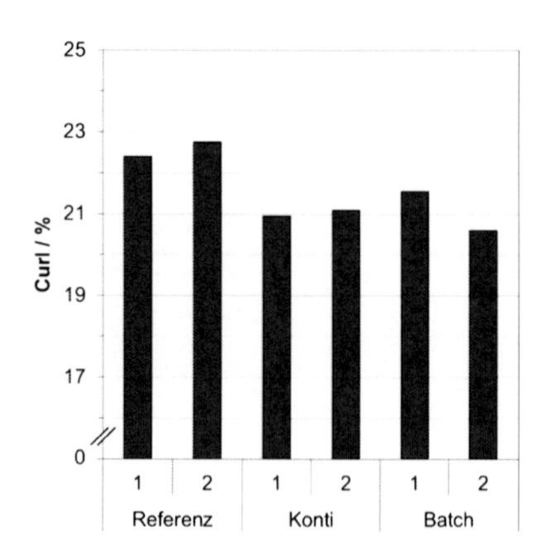

Abb. 89: Entwicklung des Curl des Faserstoffes nach Hyperwäsche, WFC-Druckmuster

Die Steigerung der Zugfestigkeit durch die Ultraschallbehandlung des Faserstoffes beträgt durchschnittlich 14 %, wobei die diskontinuierliche Behandlung (Batchzelle) einen leichten Vorteil gegenüber der Behandlung in der Strömungszelle erkennen lässt (Abb. 90). Die Reproduzierbarkeit der Ergebnisse für die Durchreißfestigkeit ist gering (Abb. 91).

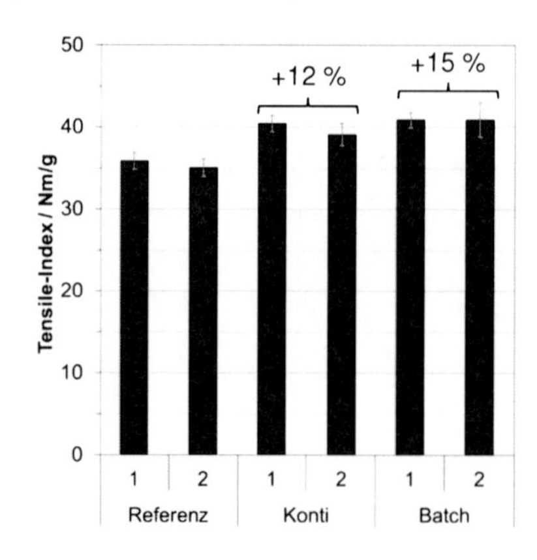

Abb. 90: Entwicklung des Tensile-Index von Laborblättern, Faserstoff aus WFC-Druckmustern

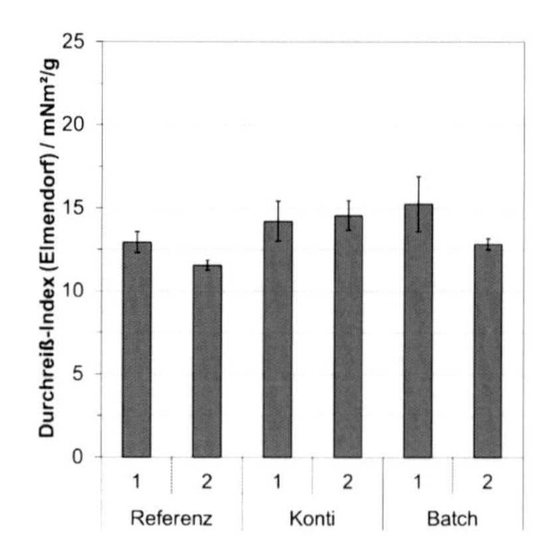

Abb. 91: Entwicklung des Durchreiß-Index von Laborblättern, Faserstoff aus WFC-Druckmustern

Die lichtmikroskopischen Aufnahmen des Faserstoffes erfolgten nach einer Hyperwäsche des Faserstoffes. Ziel der Hyperwäsche ist die Entfernung von Feinstoff, da dieser eine visuelle Bewertung der Änderungen an der Fasermorphologie erschwert. Die lichtmikroskopischen Aufnahmen vor und nach der Ultraschallbehandlung zeigen, dass diese eine externe Fibrillierung an den Fasern hervorruft (Abb. 92, Abb. 93).

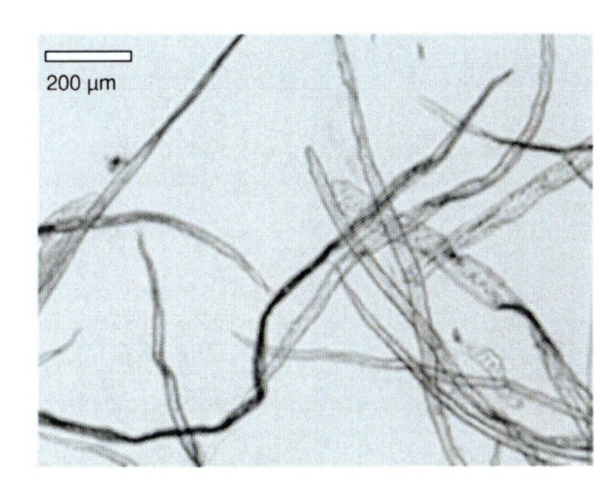

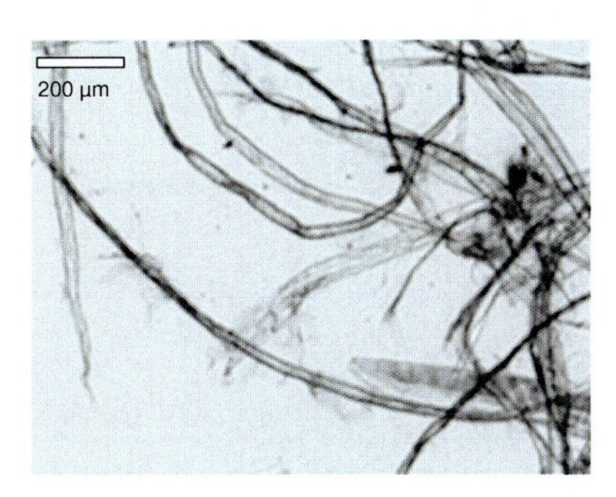

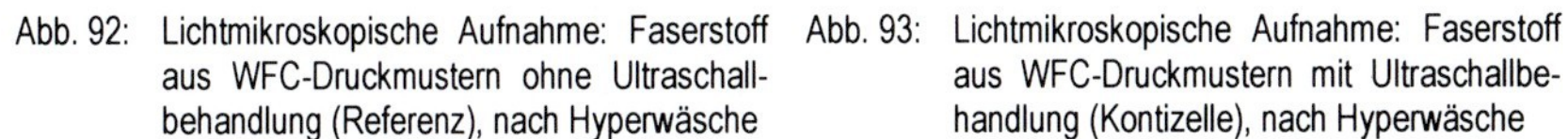

Abb. 92: Lichtmikroskopische Aufnahme: Faserstoff aus WFC-Druckmustern ohne Ultraschallbehandlung (Referenz), nach Hyperwäsche

Abb. 93: Lichtmikroskopische Aufnahme: Faserstoff aus WFC-Druckmustern mit Ultraschallbehandlung (Kontizelle), nach Hyperwäsche

Die abgescherten Fibrillen können zum einen durch die Ultraschallbehandlung aus dem nativen Verbund der Faserwand gelöst worden sein. Auch möglich wäre, dass die bei der industriellen Mahlung des Faserstoffes in Refinern abgescherten Fibrillen bei der Papierherstellung im Bereich der Trockenpartie durch Verhornungseffekte an die Faserwand angelagert wurden und durch die Ultraschallbehandlung wieder gelöst werden konnten. Für diese zweite These spricht, dass eine externe Fibrillierung bei Primärfaserstoffen nicht beobachtet werden konnte (vergleiche Kapitel 4.2.2, Anhang-Abbildung 13 und Anhang-Abbildung 14).

Die Untersuchungen in diesem Kapitel erfolgten in den Arbeiten von (137) und (172).

4.3.2 Vergleich verschiedener rezyklierter Faserstoffe

Im Folgenden wurden verschiedene rezyklierte Faserstoffe hinsichtlich ihres Potenzials zur Festigkeitssteigerung durch eine Ultraschallbehandlung der Faserstoffsuspension im Vollstrom (ohne Fraktionierung) untersucht. Dabei wurden der Sonotrodendurchmesser (22 mm / 34 mm / 40 mm), die Schwingweite der Sonotrode (21 bis 96 µm) sowie die Prozessparameter statischer Druck (0 bis 5 bar) und spezifischer Energiebedarf im Bereich von 10 kWh/t bis mehrere tausend kWh/t variiert. Die Abb. 94 zeigt für verschiedene Eigenschaften des Faserstoffes und der daraus gebildeten Laborblätter eine Auswahl der Untersuchungen an verschiedenen rezyklierten Faserstoffen. Die Ergebnisse zeigen, dass die Steigerung des Festigkeitspotenzials (Tensile-Index) für diese rezyklierten Faserstoffe durch eine Ultraschallbehandlung der Faserstoffsuspension limitiert ist und beispielsweise im Falle des Rohstoffs Altpapier für Verpackungspapier (AP 1.02 1.04) ca. 15 % beträgt. Die hier nicht wiedergegebenen Ergebnisse orientierender Untersuchungen an rezykliertem Faserstoff „AP 1.02 1.04" mit einem spezifischen Energiebedarf im Bereich von 1.000 bis 8.000 kWh/t ergaben keine weitere Steigerung des Festigkeitspotenzial gegenüber den in Abb. 94 dargestellten Steigerungen. Bei diesen Versuchen mit einem SEC > 1.000 kWh/t wurde die Schwingweite im Bereich von 28 - 55 µm sowie der statische Druck im System im Bereich von 0 bis 5 bar variiert.

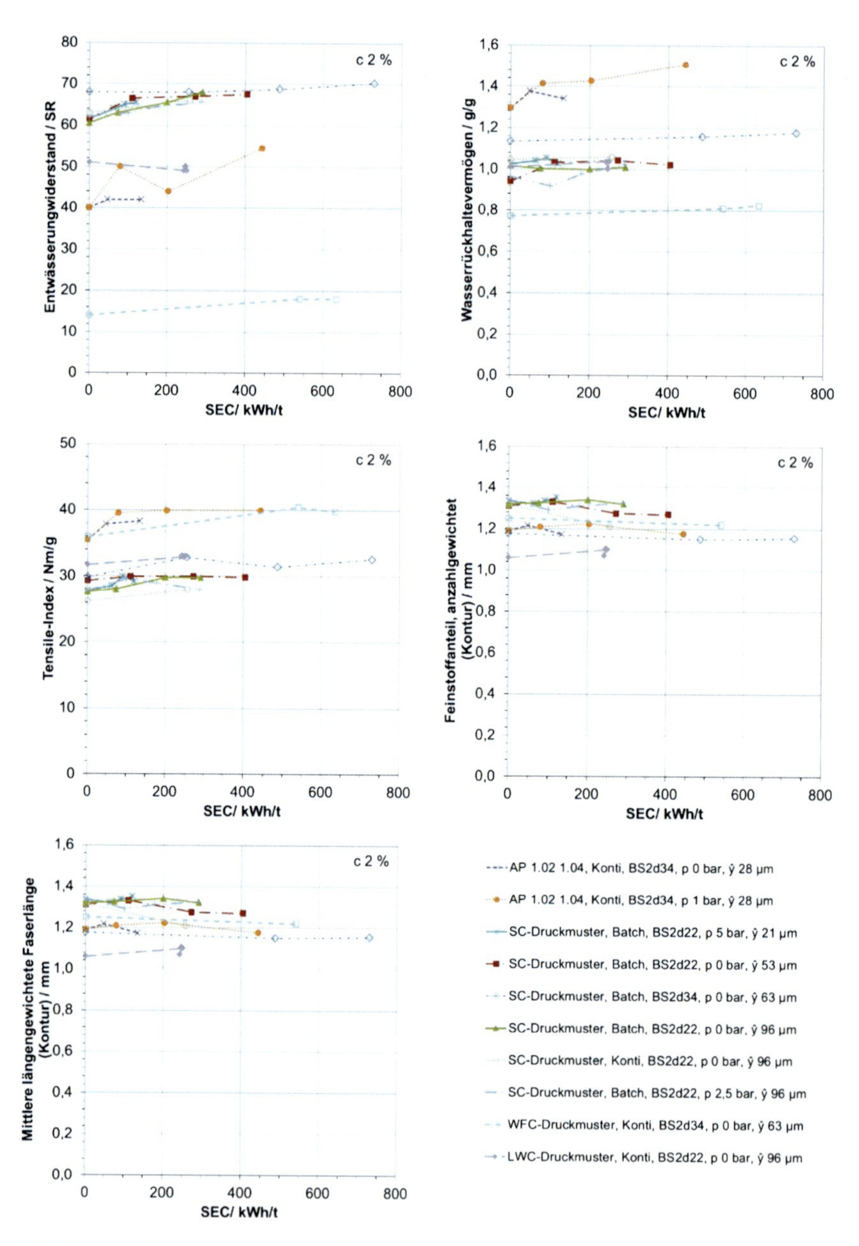

Abb. 94: Ausgewählte Eigenschaften des Faserstoffes und von Laborblättern verschiedener Sekundärfaserstoffe vor und nach Ultraschallbehandlung der Faserstoffsuspension

Für die Rohstoffe, die auf grafischen Papieren basieren (SC-, LWC-, WFC-Druckmuster), ist tendenziell eine geringe Änderung des Wasserrückhaltevermögens zu beobachten, (Abb.

94). Beim Faserstoff „AP 1.02 1.04" erfolgt hingegen eine Erhöhung des Quellvermögens (WRV), (Abb. 94). Die Fasern grafischer Altpapiere haben im Vergleich zu denen von Verpackungspapieren tendenziell eine geringere Anzahl an Rezyklierzyklen durchlaufen und sind dementsprechend weniger verhornt. Beim Faserstoff „AP 1.02 1.04" kann hingegen von einer höheren Verhornung ausgegangen werden, so dass zu vermuten ist, dass durch die Ultraschallbehandlung der Faserstoffsuspension die Verhornung teilweise reversiert wird.

Die Untersuchungen erfolgten in den Arbeiten (137), (150), (172).

4.3.3 Rezyklierte Faserstoffe für die Produktion von Verpackungspapieren

Für die Produktion von Verpackungspapieren wie Wellpappenrohpapier werden zu einem überwiegenden Anteil Altpapiere der unteren Sortengruppen 1.02 und 1.04 gemäß EN 643:2001 eingesetzt. Aus Voruntersuchungen mit diesen Faserstoffen konnte abgeleitet werden, dass die Ultraschallbehandlung deren Festigkeitspotenzial um deutlich mehr als 10 % steigert. Als Optimierungsaufgabe sollte daher eine Erhöhung des Festigkeitspotenzials des Faserstoffes durch Ultraschallbehandlung der Faserstoffsuspension bei minimalem spezifischem Energiebedarf erzielt werden. Wie in Kapitel 4.1.3 gezeigt wurde, ist eine Erhöhung des Feststoffgehaltes der Faserstoffsuspension dazu nur bedingt geeignet, da dies eine Erhöhung des statischen Druckes im System erfordert, der eine starke Erhöhung des Leistungsbedarfs des Ultraschallsystems und damit einhergehend eine starke Erhöhung des spezifischen Energiebedarfs bedingt.

In dieser Versuchsserie erfolgte eine Minimierung der Beschallungsdauer bei geringer Schwingweite der Sonotrode. Der statische Druck wurde auf zwei Niveaus (0 bar, 1 bar) und die Schwingweite ebenfalls auf zwei Niveaus (10 µm, 28 µm) eingestellt. Bei dem gewählten Volumenstrom von 3 l/min, respektive einer Fließgeschwindigkeit unterhalb der Sonotrode von 2,2 m/min erfolgte die Variation der Anzahl der Durchgänge der Faserstoffsuspension durch den Beschallungsreaktor und damit eine Variation der Beschallungsdauer der Faserstoffsuspension beziehungsweise des spezifischen Energiebedarfs (Abb. 95, links, oben). Sowohl der Entwässerungswiderstand als auch das Wasserrückhaltevermögen werden durch die Ultraschallbehandlung gesteigert. Eine geringfügige Zunahme der Faserlänge mit zunehmender Ultraschallbehandlung kann durch die Verringerung des Feinstoffanteils erklärt werden. Letztere deutet darauf hin, dass Feinstoffagglomerate derart zerkleinert werden, dass sie von dem verwendeten Messgerät (FiberLab) nicht mehr erfasst werden können.

Das Festigkeitspotenzial (Tensile-Index von Laborblättern) wird durch die Ultraschallbehandlung gesteigert. Der Korrelationskoeffizient r zwischen dem Wasserrückhaltevermögen des Faserstoffes und dem Tensile-Index der Laborblätter liegt für alle vier Versuchsserien bei 87 %, so dass ein signifikanter Zusammenhang zwischen beiden Kenngrößen vermutet werden kann.

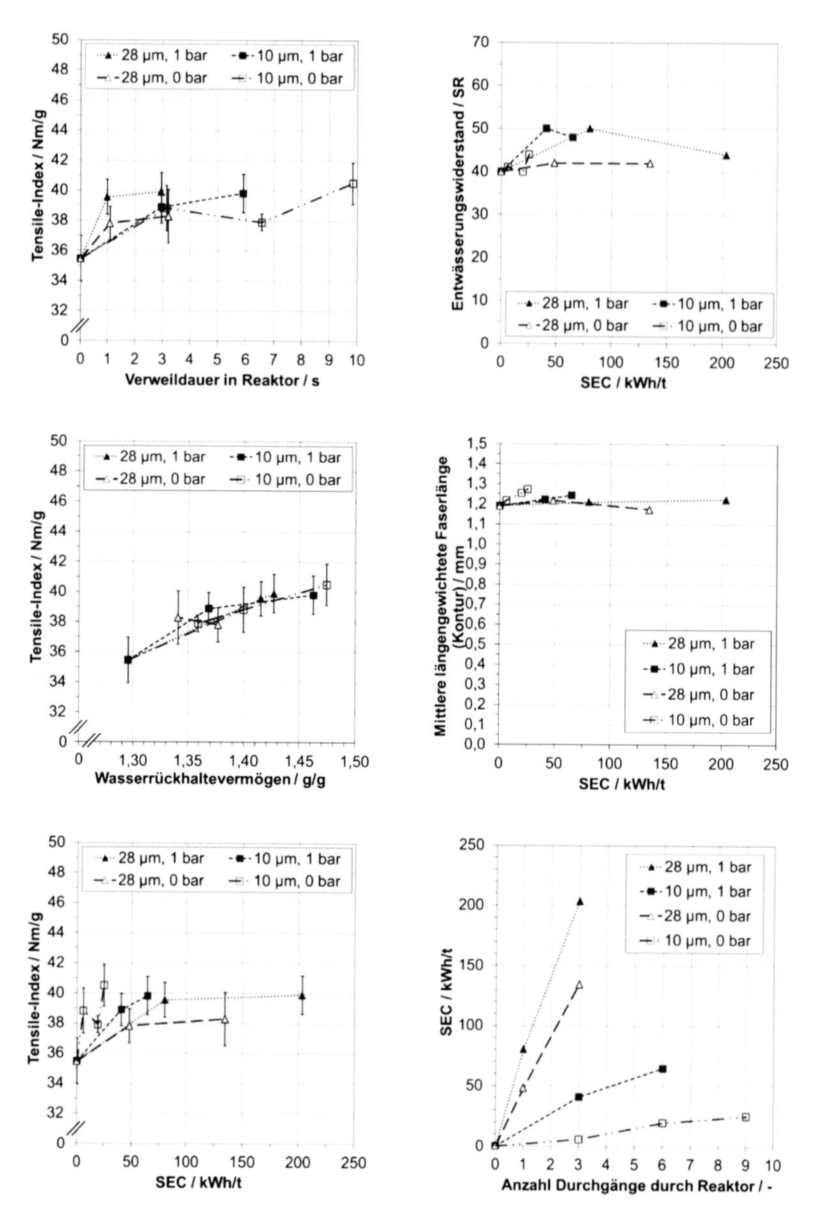

Abb. 95: Ausgewählte Eigenschaften des Faserstoffes und daraus gebildeter Laborblätter (AP 1.02 1.04) vor und nach Ultraschallbehandlung der Faserstoffsuspension, Feststoffgehalt 2 %

Neben dem spezifischen Energiebedarf haben auch die Häufigkeit der Beschallung respektive die Beschallungsdauer (Verweildauer im Reaktor) einen Einfluss auf die Entwicklung des

Festigkeitspotenzials. Da auch schon mit sehr geringen Schwingweiten von 10 µm eine Änderung der Fasermorphologie möglich ist, wurde auch die Auswirkung einer Behandlung von Faserstoffsuspension mit Flächenschwingern bewertet. Bei diesen sind die Elemente zur Erzeugung des piezoelektrischen Effektes an Metallplatten fixiert – meist ohne mechanische Elemente (Stufenhorn) zur Erhöhung der Schwingweite. Flächenschwinger werden oft in Ultraschallreinigungsbädern verbaut, so dass Ultraschallreinigungsbäder gewöhnlich Schwingweiten bis 5 µm erzeugen können.

Aus der Beschallung von 3 Litern Faserstoffsuspension (AP 1.02 1.04) bei 20 °C und 60 °C über einen Zeitraum von 45 Minuten mit Flächenschwingern (Ultraschallreinigungsbäder) resultiert eine geringfügige Erhöhung des Wasserrückhaltevermögens des Faserstoffes – ohne den Entwässerungswiderstand, die mittlerer Faserlänge oder das Festigkeitspotenzial (Zugfestigkeit) des Faserstoffes zu ändern (Anhang-Abbildung 16).

4.3.4 Faserstofffraktionen

Die Bewertung der Wirkung der Ultraschallbehandlung auf die Fraktionen der Faserstoffsuspension (Langfaser, Kurzfaser inklusive Feinstoff) bei rezykliertem Faserstoff erfolgte durch Fraktionierung des Faserstoffes und anschließender separater Ultraschallbehandlung der Fraktionen. Die Fraktionierung des Faserstoffes erfolgte mit dem McNett-Fraktioniergerät in Anlehnung an INGEDE Methode 5:2003, wobei der Rückstand des Siebes Nr. 30 (lichte Maschenweit 595 µm) als Langfaserfraktion und der Durchlauf durch Sieb Nr. 30 als Kurzfaserfraktion inklusive Feinstoff (Kurzfaserfraktion) separat aufgefangen wurden. Neben der Abweichung des eingesetzten Siebes (Nutzung des Siebes Nr. 30) wurde auch bezüglich der Waschdauer von den Vorgaben der INGEDE Methode 5:2003 abgewichen und eine Waschdauer von 10 Minuten gewählt. Für die Kurzfaserfraktion erfolgte eine Eindickung durch Sedimentation des Durchlaufs für 24 Stunden und nach anschließendem Abzug des Klarwassers wurde der Rückstand aufgefangen. Bei den Untersuchungen wurden die drei Optionen – Beschallung Langfaserfraktion und Mischung mit unbehandelter Kurzfaserfraktion, Beschallung Kurzfaserfraktion und Mischung mit unbehandelter Langfaserfraktion, Mischung unbehandelter Lang- und Kurzfaserfraktion – untersucht (Abb. 96). Die Versuchsbedingungen sind in Anhang-Tabelle 13 aufgeführt.

Als Faserstoff wurden bei diesen Untersuchungen Altpapiere verwendet, die üblicherweise für die Herstellung von Verpackungspapieren (AP 1.02 1.04) eingesetzt werden. Der Glührückstand bei 525 °C betrug im Gesamtfaserstoff nach der Fraktionierung ca. 10 %. Zu beachten ist, dass die Fraktionierung eines Faserstoffes nur zu einer Häufigkeitsverteilung der Partikelgröße beziehungsweise Faserlänge in den einzelnen Fraktionen führt (173), so dass sich beispielweise auch Kurzfasern in der Langfaserfraktion wiederfinden.

Der spezifische Energiebedarf bei der Ultraschallbehandlung der Kurzfaserfraktion (Feststoffgehalt 1 %) betrug 1.350 kWh/t bezogen auf die Feststoffmasse der Kurzfaserfraktion. Nach Rückvermischung der ultraschallbehandelten Kurzfaserfraktion mit der unbehandelten Langfaserfraktion entsprechend den Anteilen der Fraktionierung (Anteil Kurzfaserfraktion 13 % und Langfaserfraktion 87 % jeweils bezogen auf die ofentrockene Feststoffmasse) ergibt sich ein spezifischer Energiebedarf bezogen auf die gesamte Feststoffmasse (Langfaser und Kurzfaser) von 175 kWh/t. Für die separate Behandlung der Langfaserfraktion mit Ultraschall (Feststoffgehalt 3 %) wurde ein spezifischer Energiebedarf von 460 kWh/t bezogen auf die Feststoffmasse der Langfaserfraktion benötigt, woraus ein spezifischer Energiebedarf von 400 kWh/t bezogen auf die gesamte, mit der Kurzfaserfraktion vermischte Feststoffmasse resultiert. Zu beachten ist dabei, dass der Wert des spezifischen Energiebedarfs sich auf die Ultraschallbehandlung bezieht und nicht den Energiebedarf für eine Fraktionierung (Betrieb von Rotor eines Drucksortierers und Pumpen) enthält.

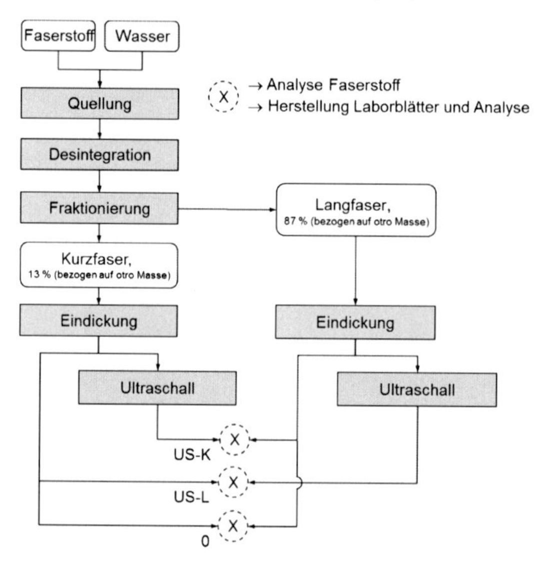

Abb. 96: Versuchsablauf – Faserstofffraktionen

In Abb. 97 sind Eigenschaften der Faserstoffsuspension und der daraus gebildeten Laborblätter der drei betrachteten Versuchspunkte aufgeführt. Der Entwässerungswiderstand der Faserstoffsuspension wird bei den Versuchspunkten mit Ultraschallbehandlung (US-K, US-L) deutlich gesteigert, ohne dass dabei das Quellvermögen des Faserstoffes (WRV) oder der Feinstoffanteil gesteigert werden. Dies deutet auf eine starke Erhöhung der externen Fibrillierung hin. Die mittlere Faserlänge wird durch die Ultraschallbehandlung nicht beeinflusst.

Durch die Ultraschallbehandlung kann sowohl für die ultraschallbehandelten Langfaserfraktion als auch für die ultraschallbehandelte Kurzfaserfraktion der Tensile-Index in vergleichbarem Umfang gesteigert werden (13 % beziehungsweise 11 %). Dass beim Versuchspunkt mit der Ultraschallbehandlung der Kurzfaserfraktion auf den Gesamtfeststoff bezogen deutlich weniger Energie aufgewendet werden musste, deutet auf eine starke Änderung des Bindungspotenzials der Kurzfaserfraktion und des Feinstoffes infolge der Ultraschallbehandlung hin.

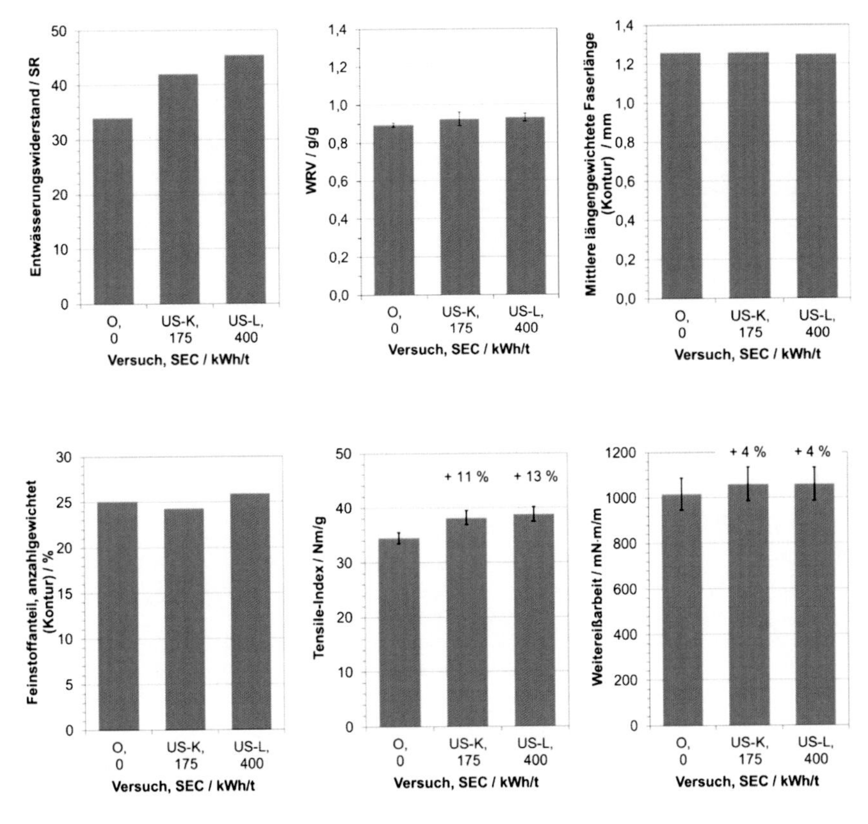

Abb. 97: Entwicklung ausgewählter Eigenschaften des Faserstoffes und von Laborblättern (AP 1.02 1.04) vor und nach Ultraschallbehandlung der Faserstoffsuspension (Faserstofffraktionen)

In (174) wird berichtet, dass Feinstoff in Altpapieren meist als Agglomerat aus Faserfeinstoff und Mineralien vorliegt. Die Anlagerung der Mineralien am Faserfeinstoff vermindert dabei dessen Bindungspotenzial. Eine Zerschlagung dieser Agglomerate und Freilegung der Oberfläche des Faserfeinstoffes soll dabei durch eine intensive Scherbeanspruchung möglich sein. Die bei der ultraschallinduzierten Kavitation auftretenden Mikrojets und Schockwellen können in der Suspension hohe Scherkräfte hervorrufen, so dass eine Aktivierung des Bindungspotenzials des Faserfeinstoffes durch Zerschlagung von Agglomeraten aus Faserfeinstoff und anorganischen Partikeln durch den Ultraschall als mögliche Ursache angesehen werden kann. Im Gegensatz zur Prozessführung bei der Refinermahlung, bei der oft ausschließlich die Langfaserfraktion einer Mahlbehandlung zugeführt wird, könnte somit bei der Ultraschall-Mahlung die Behandlung der Kurzfaser- und Feinstofffraktion gegenüber einer Vollstrombehandlung vorteilhaft sein. Zu beachten ist, dass die Bestimmung des WRV bei diesen Versuchspunkten nach der PPT-Methode erfolgte; beim gleichen Faserstoff bei Versuchen in Kapitel 4.3.2 nach der Zellcheming Methode (ZM IV/33/57).

Die dynamische Festigkeit aus der Blattebene heraus (Brecht-Imset-Verfahren) kann durch die Ultraschallbehandlung nicht gesteigert werden. Dies wiederspricht der Erwartung, da die für die Weiterreißbeanspruchung wichtige Kenngröße Faserlänge bei allen drei Versuchspunkten konstant ist und bei den ultraschallbehandelten Versuchspunkten eine Erhöhung der statischen Festigkeit und damit des Bindungspotenzials zwischen den Fasern nachgewiesen werden kann.

Die Untersuchungen erfolgten in den Arbeiten (145) und (167).

4.3.5 Verhornung

Die Verhornung von Faserstoff wird unter anderem thermisch induzierten Trocknungsprozessen bei der Papierproduktion zugeschrieben. Dabei wird in der Literatur von einer intermolekularen Aggregation von benachbarten Glucanketten über Hydroxylgruppen ausgegangen (25), so dass diese Bereiche nicht mehr für Zwischenfaserbindungen zur Verfügung stehen. Mit fortschreitenden Rezyklierzyklen eines Faserstoffes kumuliert dieser Effekt und beeinflusst das Quellvermögen und damit das Festigkeitspotenzial des Faserstoffes negativ. Zu prüfen gilt die von (47) beschriebene Wirkung der Ultraschallbehandlung von Faserstoff, die Verhornung zu reversieren, so dass mit fortschreitender Zyklenzahl das Festigkeitspotenzial weniger stark vermindert wird.

Faserstoffe mit geringem Anteil an amorphen Substanzen (beispielsweise Lignin, Hemicellulosen) neigen am stärksten zur Verhornung (25). Für die Bewertung des Einflusses der Ultraschallbehandlung auf die Verhornung wurde ein Eukalyptus Faserstoff (gebleichter Sulfatzellstoff, EuSa) eingesetzt. Der Faserstoff wurde in Wasser für 24 Stunden gequollen und anschließend desintegriert, optional einer Mahlbehandlung und / oder einer Ultraschallbehandlung zugeführt. Aus den so aufbereiteten Faserstoffen wurden Papiere gebildet – inklusive thermischer Trocknung – die nach Prüfung ihres Quellvermögen (WRV) dem gleichen Prozess noch jeweils zweimal unterworfen wurden.

Die Mahlung erfolgte in einer Jokro-Mühle mit einer Mahldauer von 30 Minuten. Die Ultraschallbehandlung wurde in der Kontizelle mit der Sonotrode BS2d34, einem Volumenstrom von 3 l/min, dem Beschallungsreaktor „FC Insert 34“, einer Schwingweite von 32 µm, einer Temperatur von 35 °C, einer Faserstoffdichte von 1 % und einem statischen Druck von 1 bar durchgeführt.

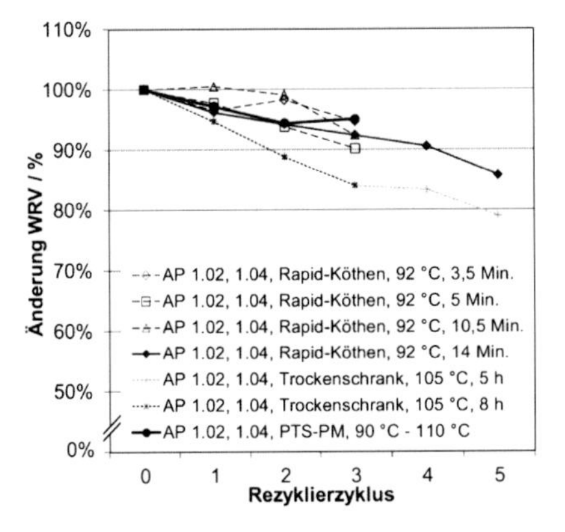

Abb. 98: Entwicklung des Wasserrückhaltevermögens durch mehrfache Rezyklierzyklen, Variation Trocknungsbedingungen

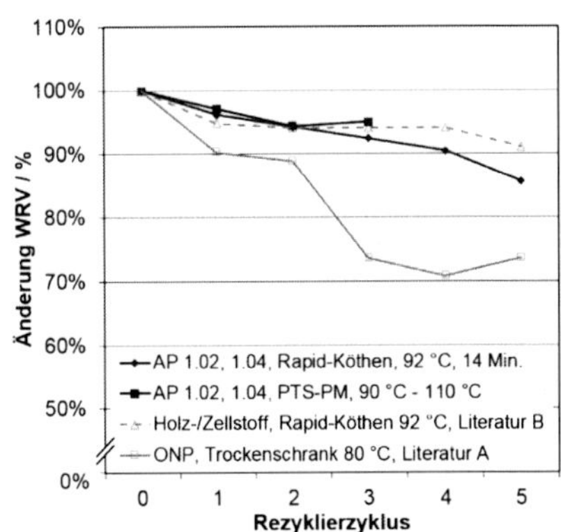

Abb. 99: Entwicklung des Wasserrückhaltevermögens durch mehrfache Rezyklierzyklen, Literatur A: (47), Literatur B: (164)

Die Festlegung der Trocknungsbedingungen während der Rezyklierversuche zur Bewertung der Verhornung des Faserstoffes erfolgte im Vergleich zu den Arbeiten von (47) und (164) sowie zu einer Versuchsserie auf der Pilot-Papiermaschine der PTS Heidenau (PTS-PM). Innerhalb der Trockengruppe der Pilot-Papiermaschine wurde von Trockenzylinder eins bis sieben folgendes Temperaturprofil (ϑ) eingestellt: 90 °C, 100 °C, 110 °C, 110 °C, 110 °C, 105 °C, 90 °C. Für die Rezyklierversuche wurde eineBlattbildung mit einem Rapid-Köthen Blattbildungsgerät gewählt und zwei Trocknungsverfahren – Trocknung im Rapid-Köthen Trockner (ϑ = 92 °C) und Trocknung des initial feuchten Papierblattes im Trockenschrank (ϑ = 105 °C) – für verschiedene Trocknungsdauern verglichen (Abb. 98).

Der Verlauf des WRV von rezykliertem Faserstoff über drei Rezyklierzyklen in einem Rapid-Köthen Blattbildner mit 14 Minuten Trocknungsdauer bei einer Trocknungstemperatur von 92 °C verhält sich ähnlich wie die Verläufe des WRV, wie sie in den Untersuchungen an Primärfaserstoff von Hunold (164) sowie in Untersuchungen an rezykliertem Faserstoff mit der Pilot-Papiermaschine der PTS Heidenau gefunden wurden (Abb. 99).

Der zeitliche Verlauf der Temperatur im Papierblatt bei der Trocknung in einem Rapid-Köthen Trockner wurde von (175) mit einem elektronischen Mikro-Temperaturmessfühler (Material Nickel-Chrom) beobachtet. Bei einer Temperatur im Thermostat von 92 °C – dies entspricht der Temperatur bei der Trocknung nach ISO 5269-2:2004 – wird im Papierblatt nach drei Minuten eine Temperatur von 55 °C / 58 °C(Blattrand / Blattmitte), nach fünf Minuten eine Temperatur von 83 °C / 85 °C (Blattrand /Blattmitte) und ab zehn Minuten eine Temperatur von 89 °C (Blattrand und Blattmitte) erzielt. Für die Untersuchungen zur Verhornung von Faserstoff wurde sowohl für die Blattbildung als auch für die Trocknung das Rapid-Köthen Blattbildungsgerät verwendet, wobei eine Trocknungsdauer von 14 Minuten und eine Temperatur im Trockner (Thermostat) von 92 °C gewählt wurden.

Das Wasserrückhaltevermögen eines ungemahlenen Faserstoffes erfährt über mehrere Rezyklierzyklen (Trocknungs-Befeuchtungszyklen) eine leichte Verringerung. Eine Ultraschallbehandlung des Faserstoffes während der drei Rezyklierzyklen erhöht das Wasserrückhaltevermögen nur tendenziell – die ermittelten Werte liegen noch innerhalb der Streuung dieses Messverfahrens (Abb. 100).

Die Erhöhung des Quellvermögens, die aus der Mahlbehandlung resultiert, ist sehr viel größer gegenüber der Ultraschallbehandlung (Abb. 100, Abb. 101). Diese starke Erhöhung wird insbesondere durch die intensive Änderung der Fasermorphologie hervorgerufen, so dass die Beeinflussung der Verhornung hier nicht erkennbar ist. Eine zusätzliche Ultraschallbehandlung bei Faserstoffen, bei denen eine Mahlbehandlung durchgeführt wird, bringt keine eindeutige Erhöhung des Quellvermögens (Abb. 101). Die Wirkungsweise der Ultraschallbehandlung als Verfahren zur Verringerung der Verhornung wie sie von (47) beschrieben wird, können aus den Ergebnissen in Abb. 100 und Abb. 101 nicht in gleichem Maße nachvollzogen werden.

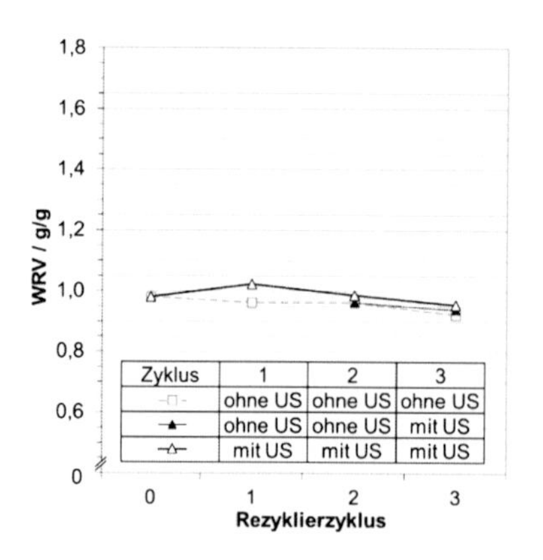

Abb. 100: Entwicklung des Wasserrückhaltevermögens durch mehrfache Rezyklierzyklen von Eukalyptus Faserstoff, Ultraschall

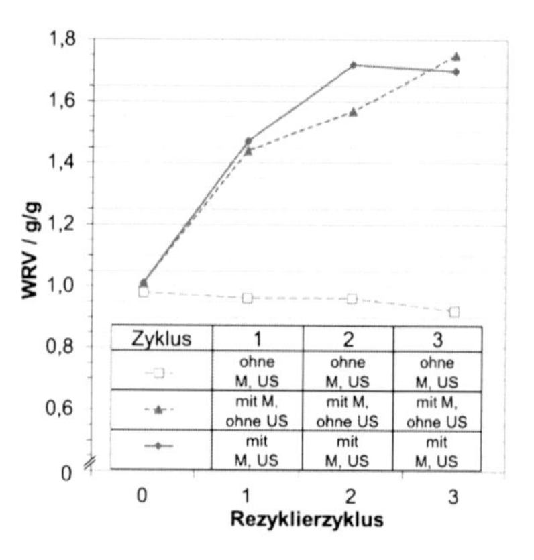

Abb. 101: Entwicklung des Wasserrückhaltevermögens durch mehrfache Rezyklierzyklen von Eukalyptus Faserstoff, Mahlung und Ultraschall

Der Verhornungseffekt an dem untersuchten Primärfaserstoff über mehrere Rezyklierzyklen hinweg ist ähnlich den Ergebnissen von Hunold (164) und somit erwartungsgemäß gering. Aus den Ergebnissen ist daher lediglich eine Tendenz zum Reversieren der Verhornung durch die Ultraschallbehandlung des Faserstoffes erkennbar.
Die Untersuchungen erfolgten in den Arbeiten (137) und (167).

4.3.6 Einfluss der Ultraschallbehandlung auf die Stärke im rezyklierten Faserstoff

Die Bewertung des Einflusses der Ultraschallbehandlung auf die Stärke im rezyklierten Faserstoff erfolgte mit dem Altpapier 1.02 + 1.04 (entsprechend der AP-Sortenliste) und einer kationischen Kartoffelstärke (Derivatisierungsgrad 0,035 - 0,038). Für die Untersuchungen wurden drei Versuchspunkte bewertet, wobei die Blattbildung jeweils mit Faserstoff erfolgte, dem

- keine Massenstärke (Referenz, R),
- Massenstärke ohne Ultraschallbehandlung (OM) und
- mit Ultraschall behandelte Massenstärke (UM)

zugesetzt wurden.
Die Stärke wurde im Labormaßstab mit einem Mikrowellengerät (TOP-Line HF 76240, Fa. Siemens, Deutschland) bei einem Feststoffgehalt von 2 % und einer Leistung von 800 W bis zum Siedepunkt erhitzt und bei einer Leistung von 180 W für fünf Minuten verkleistert. Anschließend wurde die Stärkelösung mit einem Desintegrator (Ultra-TURRAX, Fa. IKA, Deutschland) mit einer Drehzahl von 10.000 1/min für drei Minuten behandelt. Die Ultraschallbehandlung der Stärkelösung (Versuchspunkt UM) erfolgte mit der kontinuierlichen Versuchsanlage gemäß Anhang-Tabelle 14. Anschließend wurde in Anlehnung an EN ISO 5263:1997 die Stärkelösung mit dem Faserstoff bei einer Faserstoffdichte von 1,5 % für fünf Minuten desintegriert. Bei den Versuchspunkten OM und UM wurde bei der Blattbildung ein Retentionsmittel (Polymerlösungen auf Basis von Polyethylenimin) mit einem Anteil von 0,1 % bezogen auf ofentrockene Faserstoffmasse zugegeben.

Aus den Ergebnissen der physikalischen Blattprüfung (Tab. 18) kann abgeleitet werden, dass die Zugabe der Massenstärke zum Faserstoff eine Erhöhung der statischen Festigkeit (Tensile-Index) aber keine Veränderung bei der dynamischen Festigkeit (Durchreißwiderstand) bewirkt. Die Ultraschallbehandlung der Stärke vor der Zugabe zum Faserstoff (UM) führt zu keiner signifikanten Erhöhung der Papierfestigkeit gegenüber dem Versuchspunkt, bei dem keine Ultraschallbehandlung der Stärke erfolgte (OM). Bei Versuchspunkt UM wurde allerdings ein geringfügig höherer Stärkegehalt im Papier bestimmt gegenüber dem

Versuchspunkt OM, was auf eine verbesserte Retention der ultraschallbehandelten Stärke hinweist.

Tab. 18: Einfluss der Ultraschallbehandlung auf die Stärke im rezyklierten Faserstoff

Versuch	Tensile-Index in Nm/g		Durchreiß-Index in mNm²/g		Stärkegehalt im Papier in mg/g otro
	MW	Stabw	MW	Stabw	
R	35,4	1,5	14,6	1,9	9,73
OM	42,9	1,3	14,1	0,8	10,6
UM	43,8	2,8	13,6	1,3	12,1

Neben der Fragestellung, inwieweit die Ultraschallbehandlung der Stärkelösung vor der Zugabe zum Faserstoff die Retention der Stärke bei der Blattbildung beeinflusst, wurde auch bewertet, ob durch die Ultraschallbehandlung der Faserstoffsuspension mit Stärkelösung eine verbesserte Retention der Massenstärke bei der Blattbildung erfolgt. Bei diesen Untersuchungen wurde der Anteil an Massenstärke im Bereich von 0,5 % bis 3,0 % bezogen auf die trockene Faserstoffmasse variiert. Die Behandlung der Faserstoffsuspension mit Ultraschall erfolgte nach Dosierung und Desintegration der Massenstärke. Eine Verbesserung der Stärkeretention bei der Blattbildung durch die Ultraschallbehandlung konnte bei diesen Untersuchungen nicht beobachtet werden. (167)

4.3.7 Vergleich Ultraschall- und Refinermahlung

Bei der Papierproduktion auf Basis von Primärfaserstoffen ist die Mahlung des Faserstoffes in Refinern das etablierte Verfahren zur Änderung der Fasermorphologie. Die damit verbundenen Eigenschaftsveränderungen des Faserstoffes werden insbesondere zur Erhöhung der Papierfestigkeit oder zur Änderung des Papiervolumens genutzt.

Die Ultraschallbehandlung von Primärfaserstoffen in einer wässrigen Suspension kann das Festigkeitspotenzial dieser Faserstoffe weit weniger stark steigern als dies mit der Mahlbehandlung in einem Refiner möglich ist – bei vergleichbarem spezifischen Energiebedarf (Kapitel 4.2.3).

Bei rezyklierten Faserstoffen, die für die Produktion von Verpackungspapieren eingesetzt werden – überwiegend die Altpapiersorten 1.02 und 1.04 – ist durch mehrfache Rezyklierung des Fasermaterials die Mahlresistenz deutlich herabgesetzt. Die Mahlbehandlung in Refinern resultiert bei diesen Faserstoffen lediglich in einer moderaten Erhöhung des Festigkeitspotenzials. Gleichzeitig führt die Refinermahlung bei diesen Faserstoffen zu einer erheblichen Erhöhung des Entwässerungswiderstandes.

Der Vergleich der Behandlung des Faserstoffes AP 1.02 1.04 in einer wässrigen Suspension ergab, dass nach der Ultraschallbehandlung bei einem spezifischen Energieeintrag von ca. 30 kWh/t das Festigkeitspotenzial (Zugfestigkeit) um ca. 14 % anstieg während die Behandlung in einem konventionellen Mahlrefiner (Pilotrefiner) bei einem dreimal höheren Energieeintrag lediglich zu einem Anstieg um 8 % führte (Abb. 102).

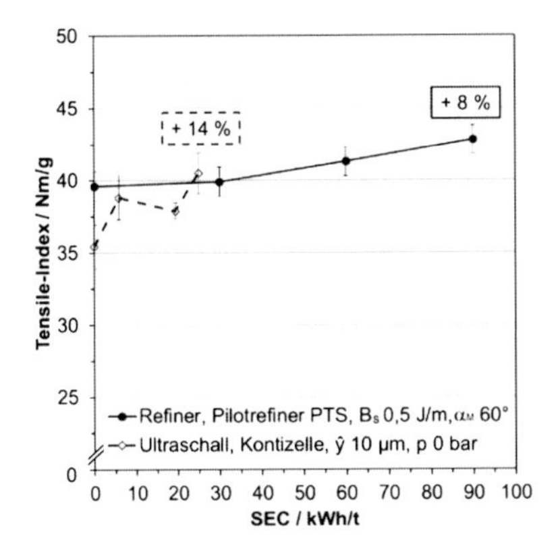

Abb. 102: Entwicklung des Tensile-Index von Laborblättern als Funktion des spezifischen Energiebedarfs bei Behandlung von rezykliertem Faserstoff (AP 1.02 1.04)

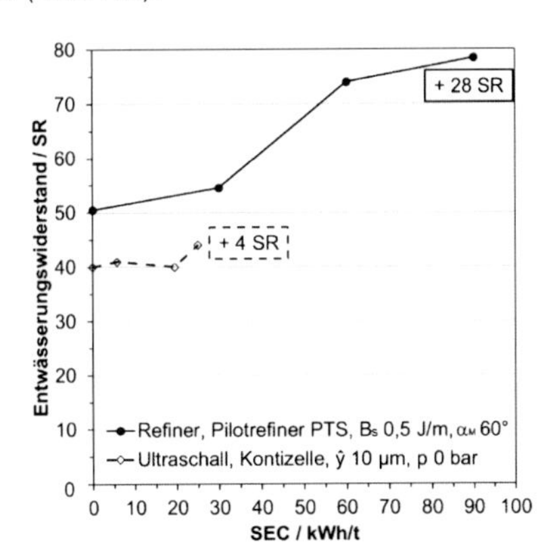

Abb. 103: Entwicklung des Entwässerungswiderstandes als Funktion des spezifischen Energiebedarfs bei Behandlung von rezykliertem Faserstoff (AP 1.02 1.04)

Gleichzeitig wird der Entwässerungswiderstand des Faserstoffes durch die Ultraschallbehandlung deutlich weniger stark gesteigert als durch die Mahlbehandlung (Abb. 103). Für derartige Faserstoffe weist die Ultraschallbehandlung somit ein Potenzial zur Steigerung des Festigkeitspotenzials auf. Aus diesen Untersuchungen kann abgeleitet werden, dass die Ultraschall-Mahlung ein alternatives und energetisch günstigeres Verfahren zur Steigerung des Festigkeitspotenzials rezyklierter Faserstoffe darstellt.

Die unterschiedlichen Werte der Referenzpunkte (ohne Ultraschallbehandlung) für identische Rohstoffe werden durch systematische Fehler und durch unterschiedliche Aufbereitungsbedingungen im Labormaßstab (Ultraschall) und Technikumsmaßstab (Refiner) verursacht. Die Änderungen innerhalb einer Versuchsserie lassen die beschriebenen Rückschlüsse zu.

4.4 Weitere Aspekte der Ultraschall-Mahlung

4.4.1 Verschleiß des Sonotrodenmaterials

Die Kavitation erzeugt über einen Betriebszeitraum von wenigen Stunden bis mehreren Wochen – abhängig von der eingesetzten Schwingweite – scharfkantige und verzweigte Hohlräume in der Sonotrodenstirnfläche. Zur Bestimmung der Größe der Partikel, die bei der Kavitation von der Sonotrode abgetragen werden, erfolgte eine Untersuchung mit der an der PTS entwickelten Methode zur Bestimmung von „Mikro"-Schmutzpunkten (< 50 µm).

Nach der Beschallung von 400 ml Frischwasser mit der Ultraschallsonotrode BS2d22 über eine Dauer von fünf Minuten in einem Kunststoffbecher (gemäß Kapitel 3.3.1.3) wurden die von der Sonotrodenstirnfläche abgetragenen Partikel mit einem Cellulose-Nitrat-Filter (Fa. Sartorius, Deutschland, Porengröße 0,45 µm, Durchmesser 50 mm) gemäß INGEDE Methode 3:1999 aufgefangen. An dem Cellulose-Nitrat Filter wurden mit einem Lichtmikroskop 256 Aufnahmen jeweils mit einem Ausschnitt von 0,289 mm² und einer Auflösung von 31200 dpi erstellt – PTS-Methode zur mikroskopischen Schmutzpunktanalyse (Bildanalyse – DOMAS 2.81). Die Ergebnisse können Tab. 19 entnommen werden. Die von der Sonotrode abgelösten Partikel sind kleiner als 30 µm und somit vom menschlichen Auge nicht erkennbar. In lichtmikroskopischen Aufnahmen konnte beobachtet werden, dass die Partikel nach dem Absetzen in dem beschallten Wasser Agglomerate bilden, die für das menschliche Auge sichtbar werden.

Tab. 19: Partikelgrößenverteilung von erodiertem Sonotrodenmaterial

Intervall in µm	**3 - 5**	**5 - 10**	**10 - 20**	**20 - 30**	**30 - 40**	**40 - 50**
Anteil in %	82,0	14,0	3,7	0,3	0,0	0,0

Die Standzeit von Ultraschallsonotroden im Bereich der Abwasseraufbereitung liegt im Bereich von einigen Monaten bis hin zu über einem Jahr. Die Standzeit von Ultraschallsonotroden bei der Ultraschallbehandlung von flüssigen Medien hängt stark von der Schwingweite während des Betriebs ab. Wie die Ergebnisse zur Beschallung von rezyklierten Faserstoffen in Kapitel 4.3 zeigen, ist auch mit geringen Schwingweiten < 30 µm eine Wirkung auf die Faserstoffe erzielbar. Für den Betrieb von Ultraschallanlagen innerhalb der Stoffaufbereitung von Papierfabriken mit Schwingweiten < 30 µm können ähnlich lange Standzeiten wie in Abwasseranlagen abgeschätzt werden. Die Standzeiten der Mahlgarnituren bei konventionellen Mahlrefinern haben eine ähnliche Dauer.

4.4.2 Verspinnungsneigung

Mit zunehmendem Verschleiß der Ultraschallsonotrode wird die Neigung zum Verspinnen von insbesondere Langfaserstoffen an der Sonotrodenstirnfläche begünstigt. Wie in Kapitel 4.4.1 aufgeführt schafft die Kavitation scharfkantige und verzweigte Hohlräume in der Sonotrodenstirnfläche. Bei der Beschallung von Faserstoffsuspension mit einer Faserstoffdichte von 10 g/l oder größer erfolgt innerhalb weniger Sekunden bis mehrerer Minuten ein Verfilzen der Fasern in diesen Hohlräumen, so dass die Fasern an der Sonotrode haften. Dies führt zu einer Verringerung der Ankopplung der Ultraschallsonotrode an die Faserstoffsuspension und einer verringerten Kavitation in der Faserstoffsuspension, was die Eigenschaftsentwicklung des Faserstoffes beeinträchtigt. Die Bildung einer Verspinnung (Abb. 104) an der Sonotrode und die daraus folgende Entkopplung führt zu einer Reduzierung des Leistungsbedarfs des Ultraschallgerätes. Eine Erhöhung des statischen Druckes im Ultraschallsystem im Bereich bis 5 bar verstärkt die Neigung zum Verspinnen. Bei der Beschallung von Langfaserstoff ist die Neigung zum Verspinnen höher als bei der Beschallung von Kurzfaserstoff. Der verspinnte Faserstoff kann durch den Betrieb der Ultraschallsonotrode in Wasser oder einer Faserstoffsuspension mit einem Feststoffgehalt deutlich kleiner 10 g/l wieder vollständig gelöst werden.

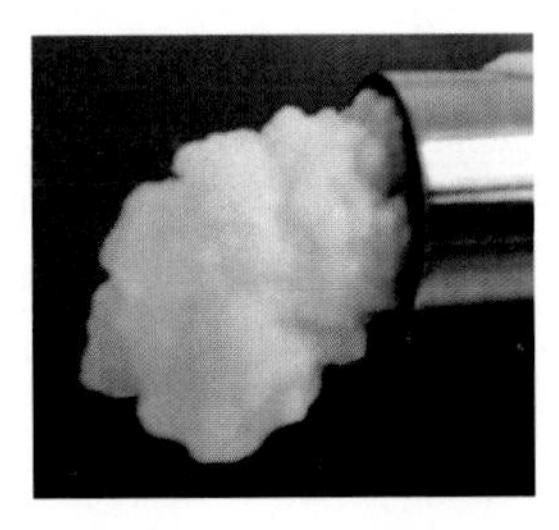

Abb. 104: Bildung von Verspinnungen an der Sonotrode (Durchmesser 22 mm) bei Beschallung einer wässrigen Suspension aus Langfaserzellstoff (KiSa), (130)

4.4.3 Stehende Welle

Tritt in einem Schwingsystem Resonanz auf, so spricht man von einer stehenden Welle. In Ultraschallstabschwingern beispielsweise beträgt der Abstand zwischen der Piezokeramik und der Sonotrodenspitze ein Vielfaches der Wellenlänge, so dass sich auch hier eine stehende Welle ausbildet.

Im Resonanzfall treten hohe Schwingungsamplituden auf, die einen hohen Schallwechseldruck bewirken (176). Schwingsysteme, die keine stehende Welle ausbilden, benötigen mehr Energie zur Ausbildung einer bestimmten Schwingungsamplitude respektive Schwingweite gegenüber Schwingsystemen, die in Resonanz schwingen.

Auch in einem flüssigen Medium kann sich eine stehende Welle ausbilden. Der Abstand L zwischen dem Schallgeber und der gegenüberliegenden Phasengrenze (Behälterboden) kann nach Gleichung (17) berechnet werden, wobei j eine ganze Zahl, c_{Fl} die Schallgeschwindigkeit im Medium und f die Frequenz ist (41). Die mechanische Impedanz der Sonotrodenoberfläche wird vernachlässigt.

$$\boldsymbol{L = j \cdot \frac{c_{Fl}}{2 \cdot f}} \tag{17}$$

Ziel dieser Untersuchungen war es festzustellen, ob die Erzeugung einer stehenden Welle in der Flüssigkeit zu einem verminderten Leistungsbedarf des Ultraschallsystems führt, so dass eine Verringerung des spezifischen Energiebedarfs der Ultraschall-Mahlung abgeleitet werden kann.

Für Untersuchungen zur stehenden Welle in einer Suspension wurde der Versuchsaufbau nach Abb. 24 eingesetzt. Die Sontrodenstirnfläche war parallel zu einer am Boden des Behälters angebrachten Metallplatte (Aluminium, Dicke 10 mm) angeordnet. Das Volumen der Flüssigkeit betrug 950 ml, die Temperatur zu Beginn der Messung lag im Bereich von 24 - 27 °C, am Ende der Messung im Bereich von 27 -31 °C.

Die Schallgeschwindigkeit c_{Fl} in einer Flüssigkeit (Longitudinalwellen) ergibt sich nach Gleichung (2) und kann für Wasser mit einer Temperatur von 25 °C mit 1.496 m/s angenommen werden (60), (86). Die Schallgeschwindigkeit einer Suspension ist zusätzlich von der Feststoffkonzentration und der Partikelgröße abhängig. Für Feststoffkonzentrationen deutlich kleiner 5 % kann der Einfluss auf die Schallgeschwindigkeit jedoch vernachlässigt werden. (177), (178) Einen deutlichen Einfluss auf die Schallgeschwindigkeit hat hingegen der Anteil an Blasen in einer Flüssigkeit (179), der jedoch bei Auftreten von Kavitation schwer abgeschätzt werden kann. Die Frequenz wird durch das Ultraschallsystem vorgegeben (f = 20 kHz ± 1 kHz). Für die Ausbildung einer stehenden Welle in Wasser (ϑ = 25 °C) kann der Abstand zwischen dem Schallgeber und dem Behälterboden nach Gleichung (17) für j = 4 und f = 20 kHz mit L = 150 mm berechnet werden.

Für die Untersuchungen wurde in einem ersten Schritt Wasser (ϑ = 25 °C) bei verschiedenen Schwingweiten beschallt und dabei der Abstand zwischen der Sonotrode und dem Behälterboden variiert (Abb. 105). Dieser Abstand wurde für 20 Sekunden konstant gehalten und anschließend innerhalb von 10 Sekunden auf einen neuen Wert reguliert. Bei einer Schwingweite von 20 µm und einem Abstand von L = 120 mm ist eine durchschnittliche elektrische Leistung von 93 W vom Ultraschallsystem aufgenommen wurden. Bei einem Abstand von 135 mm verringert sich die aufgenommene Leistung auf durchschnittlich 54 W, was mit der Verringerung der eingetauchten Mantelfläche der Sonotrode erklärt werden kann. Bei einem Abstand von 150 mm erfolgt ein Anstieg der Leistung auf 64 W, obwohl die eingetauchte Mantelfläche der Sonotrode gegenüber der eingetauchten Mantelfläche bei einem Abstand von L = 135 mm geringer ist. Für einen Abstand von L = 135 mm kann daher die Ausbildung einer stehenden Welle vermutet werden. Dies legen auch die visuell erkennbare Ansammlung von Blasen in den Schwingungsknoten sowie die Verringerung des Kavitationsgeräusches gegenüber dem bei anderen Abständen zwischen Sonotrode und Behälterboden nahe. Die Abweichung des empirisch ermittelten Abstandes von L = 135 mm gegenüber einem nach Gleichung (17) errechneten Abstandes von L = 150 mm (j = 4) für die Ausbildung einer stehenden Welle kann auf die mechanische Impedanz der Sonotrode zurückgeführt werden. Die gleiche Tendenz ist auch bei einer Schwingweite von 31 µm zu beobachten. Im Gegensatz dazu ist bei einer Schwingweite von 43 µm bei einem Abstand von L = 135 mm eine höhere Leistung erforderlich als bei einem Abstand von L = 150 mm, so dass hier keine stehende Welle beobachtet werden kann. Ein Grund dafür kann sein, dass bei dieser Schwingweite eine ungenügende Ankopplung des Mediums an die Sonotrode gegeben ist – infolge einer zu hohen Auslenkungsgeschwindigkeit („Schallschnelle“) der Teilchen.

In einer weiteren Versuchsreihe wurde der Feststoffgehalt einer Zellstoffsuspension (EuSa) im Bereich von 0 bis 10 g/l variiert und die Leistung des Ultraschallsystems in Abhängigkeit vom Abstand zwischen Sonotrode und Behälterboden bestimmt. Als Schwingweite wurde 31 µm gewählt. Aus Abb. 106 ist ersichtlich, dass ab einem Feststoffgehalt der Suspension von 1 g/l die Leistung bei einem Abstand von L = 135 mm größer ist als bei einem Abstand von L = 150 mm. Diese Differenz nimmt mit steigendem Feststoffgehalt zu, so dass der Effekt der stehenden Welle mit zunehmenden Feststoffgehalt abnimmt. Die Ursache für die Verringerung des Effektes der stehenden Welle kann insbesondere auf die Erhöhung der Dämpfung des Schalls mit zunehmenden Feststoffgehalt der Faserstoffsuspension zurückgeführt werden. Die Änderung der Schallgeschwindigkeit in der Faserstoffsuspension ist bei einem Feststoffgehalt < 50 g/l unwesentlich (177), (178). Der Abstand zwischen Sonotrode und Behälterboden zur Ausbildung der stehenden Welle verändert sich mit der Erhöhung des Feststoffgehaltes im Bereich bis 10 g/l somit nicht wesentlich.

Die Untersuchungen zeigen, dass das Phänomen der stehenden Welle und die damit einhergehende Reduzierung des Energiebedarfes bei der Ultraschallbehandlung von Faserstoffsuspensionen beobachtet werden kann. Offen bleibt, ob die bei der stehenden Welle auftretende Kavitation in gleichem Maße zur Eigenschaftsänderung am Faserstoff beiträgt wie dies bei der Kavitation der Fall ist, die nicht bei einer stehenden Welle erzeugt wird.

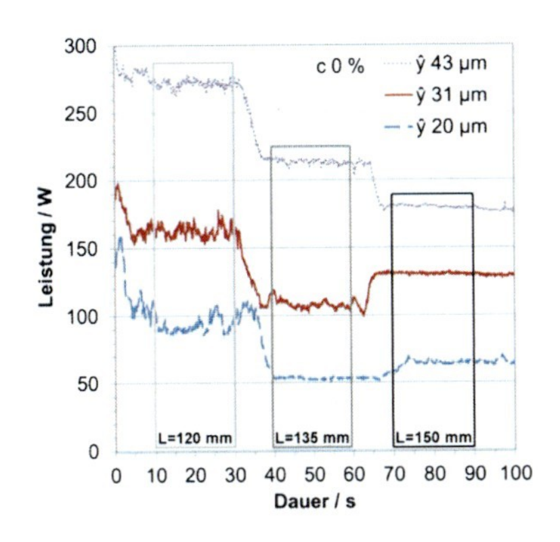

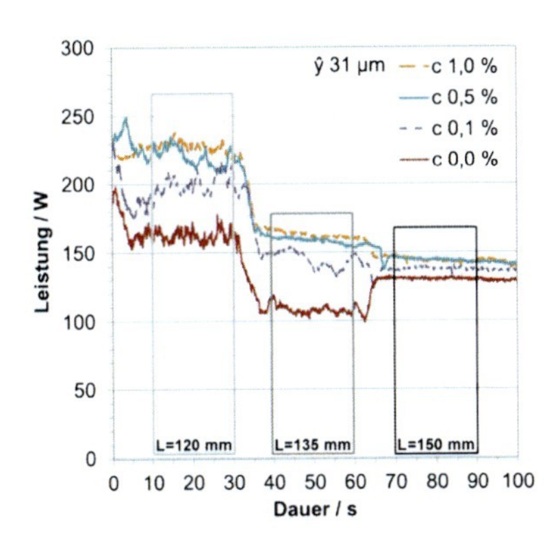

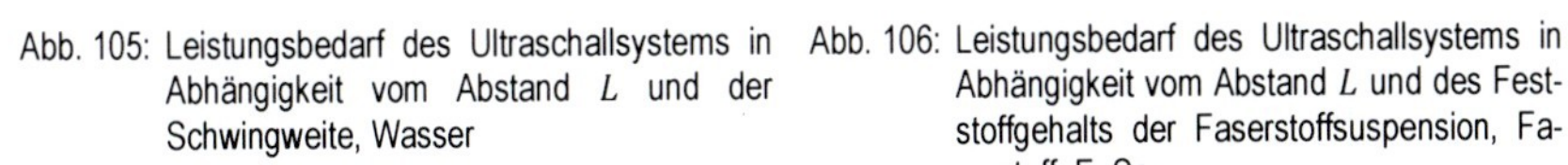
Abb. 105: Leistungsbedarf des Ultraschallsystems in Abhängigkeit vom Abstand L und der Schwingweite, Wasser

Abb. 106: Leistungsbedarf des Ultraschallsystems in Abhängigkeit vom Abstand L und des Feststoffgehalts der Faserstoffsuspension, Faserstoff: EuSa

5 Zusammenfassung

In dieser Arbeit wurde der Einfluss einer Ultraschallbehandlung auf die Fasermorphologie und das Festigkeitspotenzial von Faserstoffen bewertet. Dabei wurde der Ultraschall in die Faserstoffsuspension eingeleitet und überwiegend Hochleistungs-Ultraschall mit Hilfe von Stabschwingern mit einer Frequenz von 20 kHz eingesetzt.

Bei der Einleitung von Ultraschall in Fluide werden Wechseldrücke im Fluid induziert, die zur Bildung und zum Zerfall von Hohlräumen in Form von kleinen Blasen führen und unter dem Begriff Kavitation zusammengefasst werden. Auch bei der Einleitung von Ultraschall in wässrige Faserstoffsuspensionen, die zur Produktion von Papier erforderlich sind, kann Kavitation erzeugt werden. Der Zerfall der Kavitationsblasen ist mit physikalischen Effekten verbunden, die lokal eine hohe Energie im Fluid freisetzen. Für eine Änderung der Morphologie von Fasern werden insbesondere die mechanischen Effekte der Kavitation als maßgebend angesehen, die zur Aufhebung von Bindungen innerhalb einer Faser führen können. Für eine Erhöhung des Festigkeitspotenzials ist dabei ein Abscheren von Celluloseaggregaten (externe Fibrillierung) und eine Auflockerung des Gefüges innerhalb der Faserwand (Delaminierung, Flexibilisierung) zielführend.

Für die Messung der Kavitation wurden zwei Methoden entwickelt, die einerseits auf der Bildung von Radikalen und zum anderen auf der Erosion von Feststoffen basieren. Eine Erhöhung der Intensität des Ultraschalls, ausgedrückt als der elektrische Leistungsbedarf des Ultraschallsystems bezogen auf die Stirnfläche der Ultraschallsonotrode, ergibt eine Erhöhung der Messwerte der Messmethoden und damit der Kavitationswirkung. Bei der Beschallung einer Faserstoffsuspension führt eine Erhöhung der Intensität nicht zu einer Erhöhung des Festigkeitspotenzials. Bezüglich der Intensität der Ultraschallbehandlung ist in einem Bereich bis 440 W/cm² keine Schwelle vorhanden, oberhalb der eine sprunghafte Erhöhung der Änderung der Faserstoffeigenschaften zu beobachten ist. Daraus kann abgeleitet werden, dass auch schon mit geringer Intensität das volle Potenzial der Ultraschallbehandlung ausgeschöpft werden kann. Vielmehr scheint die Größe des Kavitationsfeldes respektive die Dauer, die die Faserstoffsuspension im Kavitationsfeld verweilt, einen großen Einfluss zu haben, wie nachfolgend ausgeführt werden soll.

Der spezifische Energiebedarf des Ultraschallverfahrens steht in direktem Zusammenhang mit der Beschallungsdauer. Die Messmethode zur Bestimmung der Kavitation nach Weissler-Reaktion erlaubt die Bewertung des Zusammenhanges zwischen Beschallungsdauer und Kavitation. Dabei ist ein linearer Zusammenhang zwischen der Beschallungsdauer und der quantitativen Umsetzung des Kaliumiodids als Folge der durch die Kavitation initiierten Reaktion zu erkennen (Kapitel 4.1.1). Für die Beschallung einer wässrigen Suspension mit Faserstoff ist ein Zusammenhang zwischen der Beschallungsdauer und der Änderung der Eigenschaften des Faserstoffes ebenfalls zu beobachten. Die Entwicklung des Festigkeitspotenzials der rezyklierten Faserstoffe ist jedoch begrenzt. Zu Beginn der Ultraschallbehandlung der Faserstoffsuspension respektive bei der Beschallung mit einem geringen spezifischen Energieeintrag entwickeln sich ausgewählte Eigenschaften der Faserstoffsuspension sehr rasch, nach einer längeren Beschallungsdauer respektive bei einem höheren spezifischen Energieeintrag jedoch nur noch sehr begrenzt. Das Festigkeitspotenzial von rezyklierten Faserstoffen wird bei der Ultraschallbehandlung oberhalb eines spezifischen Energieeintrages von wenigen hundert kWh/t nicht oder nur sehr geringfügig gesteigert. (Kapitel 4.1.7, 4.3.2 und 4.3.3)

Die Ultraschallbehandlung einer wässrigen Suspension aus stark rezykliertem Faserstoff (Altpapiersorten 1.02 und 1.04), der gewöhnlich bei der Produktion von Verpackungspapieren eingesetzt wird, zeigt eine Steigerung des Festigkeitspotenzials (Zugfestigkeit) um 14 %. Die Ultraschallbehandlung erfolgt mit einer Schwingweite von 10 µm und einem statischen Druck von näherungsweise 0 bar (Atmosphärendruck) und einem spezifischen Energiebedarf von ca. 30 kWh/t. Ein Vergleich zeigt, dass mit der mechanischen Mahlung des gleichen Faserstoffes in einem Refiner ein dreimal höherer spezifischer Energiebedarf erforderlich ist, um eine Steigerung des Festigkeitspotenzials (Zugfestigkeit) um 8 % zu realisieren. Der Entwässerungswiderstand wird bei der Refinermahlung stärker gesteigert als durch die Ultraschall-Mahlung, was einen weiteren Vorteil der Ultraschall-Mahlung darstellt. Daraus kann abgeleitet werden, dass für die Entwicklung des Festigkeitspotenzials stark rezyklierter Faserstoffe die Ultraschall-Mahlung ein alternatives Verfahren zur mechanischen Refinermahlung darstellt.

Der Einfluss der Ultraschallbehandlung auf nicht-faserige Komponenten rezyklierter Faserstoffe (z. B. mineralische Partikel, siehe Kapitel 4.2.4) oder Stärke (Kapitel 4.3.6), ist nicht beobachtbar beziehungsweise sehr gering. Die Änderungen des Festigkeitspotenzials bei rezyklierten Faserstoffen kann daher auf die Änderung der Fasermorphologie zurückgeführt werden. Im Unterschied zu Primärfaserstoffen wird insbesondere bei stark rezyklierten Faserstoffen wie den Altpapiersorten 1.02 und 1.04 sowohl das Quellvermögen (Wasserrückhaltevermögen) als auch der Entwässerungswiderstand durch eine Ultraschallbehandlung erhöht.

Bei Primärfaserstoffen wird hingegen der Entwässerungswiderstand durch die Ultraschallbehandlung kaum verändert (Kapitel 4.2.1 und 4.2.2). Eine mechanische Vormahlung des Primärfaserstoffes in Refinern bewirkt bei einer anschließenden Ultraschallbehandlung eine sehr geringe Erhöhung des Entwässerungswiderstandes (Kapitel 4.2.3). Die Eigenschaftsentwicklung von Primärfaserstoffen durch eine Ultraschallbehandlung ist ebenfalls eine Funktion der Zeit respektive des spezifischen Energiebedarfs. Der Betrag der Änderung des Festigkeitspotenzials bei der Ultraschallbehandlung von Primärfaserstoffen ist jedoch deutlich geringer gegenüber der Änderung, die bei einer Behandlung dieser Faserstoffe in konventionellen Refinern erzielt werden kann – bei vergleichbarem spezifischen Energiebedarf.

Die unterschiedliche Wirkung des Ultraschalls auf Primärfaserstoffe und Sekundärfaserstoffe hinsichtlich ausgewählter Eigenschaften des Faserstoffes, wie beispielsweise des Entwässerungswiderstandes, kann mehrere Ursachen haben wie beispielsweise die unterschiedlich starke Verhornung der Faserstoffe, der Grad der Schädigung der Fasern oder der Anteil und die Bindungswirksamkeit des Feinstoffs.

Die Verhornung findet bei der Trocknung des Faserstoffes in der Trockenpartie der Papiermaschine statt und wird gemäß dem Stand des Wissens auf ein Aggregieren von Mikrofibrillen zurückzuführt. Die Ultraschallbehandlung kann tendenziell die Verhornung von Faserstoffen reversieren (Kapitel 4.3.5). Die Kurzfaser- und Feinstofffraktion von Sekundärfaserstoffen trägt durch die Behandlung mit Ultraschall in besonderem Maße zur Steigerung des Festigkeitspotenzials des Faserstoffes bei (Kapitel 4.3.4). Grund dafür kann die Zerschlagung von Agglomeraten aus bindungsaktivem organischen Feinstoff und mineralischen Partikeln, die über kein Bindungspotenzial verfügen, sein, so dass das Potenzial zur Festigkeitsausbildung des Feinstoffs nach der Ultraschallbehandlung genutzt werden kann.

Aus den Untersuchungen zur Charakterisierung der Kavitation mit Aluminiumfolie kann abgeleitet werden, dass Kavitation auch bei einem Feststoffgehalt > 30 g/l in der Faserstoffsuspension erzeugt werden kann, wenn der statische Druck im System über den atmosphärischen Druck erhöht wird. Offen ist, warum bei derartigen Betriebsbedingungen eine Änderung an der Fasermorphologie geringer ist als dies die Bewertung der Kavitation mit Aluminiumfolie vermuten lässt. Ein Grund könnte das unterschiedliche Verhalten der betrachteten Materialien – der harten Aluminiumfolie einerseits und der elastischen Fasern andererseits – beim Auftreten von Kavitation sein. Die Art des Materials beeinflusst die Hydrodynamik eines Kavitationsereignisses in der Nähe der Feststoffoberfläche und damit die Wirkung der Kavitation auf den Feststoff (Kapitel 2.4.1 und 4.2.1).

6 Ausblick

In den Untersuchungen im Rahmen dieser Arbeit sind verschiedene Aspekte der Ultraschall-Mahlung von Faserstoff betrachtet worden. Nachfolgend sollen diejenigen Aspekte aufgegriffen und erläutert werden, die sowohl eine Verbesserung dieses Verfahrens hinsichtlich einer Erhöhung des Festigkeitspotenzials von Faserstoffsuspensionen versprechen als auch den spezifischen Energiebedarf dieses Verfahrens verringern.

Die numerische Beschreibung der akustischen Kavitation ist derzeit Gegenstand mehrerer Arbeitsgruppen und wird durch numerische Berechnungen auf Basis der Helmholtz-Gleichung zur Beschreibung des Schallfeldes eines Ultraschallreaktors (152), (180) und auf Basis der Rayleigh-Plesset Gleichung zur Beschreibung von Kavitationsereignissen (74), (80) betrachtet. Eine Anwendung dieser Arbeiten ist für die Optimierung der Geometrie von Ultraschallreaktoren vorstellbar. Gleichzeitig ist denkbar, mit den numerischen Methoden die Bewertung von akustischen Kenngrößen wie der akustischen Schallintensität für eine Verringerung des spezifischen Energieeintrages bei der Ultraschallbehandlung von Faserstoffsuspensionen einzusetzen. Die mathematischen Grundlagen der numerischen Beschreibung der akustischen Kavitation in einer Faserstoffsuspension, also einem Drei-Phasen-Gemisch aus Gas, Flüssigkeit und Feststoff, sind aber zum jetzigen Zeitpunkt unvollständig. Grundsätzlich begünstigt eine hohe Verweilzeit der Faserstoffsuspension im Kavitationsfeld die Änderung der Fasermorphologie, so dass die Gestaltung eines Reaktors mit einem möglichst großen Kavitationsfeld sinnvoll erscheint.

Für die Optimierung des Beschallungsreaktors ist die Nutzung des Effektes der stehenden Welle im Medium denkbar (siehe Kapitel 4.4.3). Zu klären wäre bei der Ausbildung einer stehenden Welle, inwieweit die bei der Kavitation erwünschten physikochemischen Effekte beeinflusst werden und wie sich dies auf die Änderungen am Faserstoff auswirkt.

In den letzten Jahren wurden Arbeiten zur Ultraschallanwendung mit mehreren – meist zwei – Frequenzen veröffentlicht. Die Wirkung der Kavitation lässt sich dabei durch eine gleichzeitige Beschallung mit Ultraschall im unteren Kilo-Hz Bereich und im mittleren Kilo-Hz oder unterem Mega-Hz Bereich deutlich steigern (181), (182), (183).

Für den Abbau des Arzneimittels Carbamazepin in einer wässrigen Lösung konnte festgestellt werden, dass durch die Kombination aus akustisch und hydrodynamisch erzeugter Kavitation eine Synergie erzielt werden kann, die die Effekte des Abbaus mit den jeweils einzeln angewandten Erzeugungsmechanismen um ein Mehrfaches übersteigt (184). Für die Anwendung bei der Behandlung von Faserstoffsuspension könnte die Kombination aus hydrodynamischer Kavitation (185) und akustischer Kavitation (Ultraschall) ebenfalls Vorteile gegenüber den einzeln angewandten Kavitationsformen aufweisen.

Literaturverzeichnis

1 **Laine, J. E., MacLeod, J. M., Bolker, H. L., Goring, D. A. I.** Applications of ultrasound in pulp and paper technology. *Paperi ja Puu.* 1977, Bd. 4a, S. 235–247.

2 **Sun, R., Tomkinson, J.** Comparative study of lignins isolated by alkali and ultrasound-assisted alkali extractions from wheat straw. *Ultrasonics Sonochemistry.* 2002, 9, S. 85–93.

3 **Csoka, L., Lorincz, A., Winkler, A.** Sonochemical modified wheat straw for pulp and papermaking to increase its economical performance and reduce environmental issues. *BioResources.* 2008, Bd. 3, 1, S. 91–97.

4 **Kollmann, P.A., Allen, L.C.** The theory of the hydrogen bond. *Chemical Reviews.* 1972, Bd. 72, 3, S. 283–303.

5 **Steiner, T.** The Hydrogen Bond in the Solid State. *Angewandte Chemie International Edition.* 2002, Bd. 41, S. 48–76.

6 **Bernstein, J., Davis, R.E., Shimoni, L., Chang, N-L.** Patterns in Hydrogen Bonding: Functionality and Graph Set Analysis in Chrystals. *Angewandte Chemie International Edition.* 1995, Bd. 34, S. 1555–1573.

7 **Naujock, H.-J.** Neue Aspekte der Mahlungstheorie. *Wochenblatt für Papierfarbikation.* 2001, 8, S. 498–505.

8 **Erhard, K., Arndt, T., Miletzky, F.** Einsparung von Prozessenergie und Steuerung von Papiereigenschaften durch gezielte chemische Fasermodifizierung. *European Journal of Wood and Wood Products.* August 2010, Bd. 68, 3, S. 271–280.

9 **Linhart, F.** Überlegungen zum Wirkmechanismus der Papierverfestigung. *Wochenblatt für Papierfabrikation.* 2005, 11/12, S. 662–672.

10 **Lindström, T., Wågberg, L., Larrson, T.** *On the nature of joint strength, A review of dry and wet strength resins used in paper manufacturing, Report no: 32.* Stockholm : Innventia / STFI-Packforsk, 2005.

11 **Paavilainen, L.** Influence of fibre morphology and processing on the paper making potential of softwood sulphate pulp fibres. 6.-10. November 1994, S. 857–867.

12 **Page, D.H., Seth, S.** The elastic modulus of paper. *Tappi.* 1980, Bd. 63, 6, S. 113–116.

13 **Kärenlampi, P. P.** The effect of pulp fiber properties on the tearing work of paper. *Tappi Journal.* 1996, Bd. 79, 4, S. 211–216.

14 **Page, D.H.** A Theory of the Tensile Strength of Paper. *Tappi.* 1969, Bd. 52, 4, S. 674–681.

15 **Page, D.H., El-Hosseiny, F., Winkler, K., Lancaster, A.P.S.** Elastic modulus of single wodd pulp fibers. *Tappi.* 1977, Bd. 60, 4, S. 114–117.

16 **Pregetter, M., Stark, H.** Gedanken zur Verbesserung der Faserstoffmahlung. *Wochenblatt für Papierfabrikation.* 1999, 17, S. 1092–1099.

17 **Treiber, E.** *Die Chemie der Pflanzenzellwand.* Berlin, Göttingen, Heidelberg : Springer-Verlag, 1957.

18 **Nissan, A. H., Batten, G.** The link between the molecular and structural theories of paper elasticity. *Tappi Journal.* 1997, Bd. 80, 4, S. 153–158.

19 **Swodzinski, P. C., Doshi, M. R.** *Mathematical models of canadian standard freeness (CSF) and Schopper-Riegler freeness (SR).* Appleton, Wisconsin, USA : The Institute of Paper Chemistry, 1986. IPC Technical Paper Series, Number 172.

20 **Stumm, D. R. K.** *Untersuchungen zum chemischen Wasserrückhaltevermögen und zur Trocknungsfähigkeit von Papierstoffen unter besonderer Berücksichtigung der Rolle von chemischen Additiven, Dissertation.* Darmstadt : TU Darmstadt, Fachbereich Chemie, 2007.

21 **Großmann, H., Naujock, H. J., Bienert, C., Brenner, T., Handke, T.** *Energieoptimierung der Papierherstellung auf der Basis des physikalisch notwendigen Energiebedarfs ausgewählter Teilprozesse, INFOR-Projekt Nr. 141 R, Schlussbericht.* Bonn : Verband Deutscher Papierfabriken e. V., VdP, 2012.

22 **Heinemann, S.** *Beitrag zur Bewertung der massespezifischen Oberfläche und ihres Einflusses auf das Festigkeitsverhalten von Papierfaserstoffen, Dissertation.* Dresden : TU Dresden, Fakultät für Maschinenwesen, 1984.

23 **Erhard, K., Fiedler, M., Pirger, M.** *Der Einfluss der spezifischen Oberfläche von Faserstoffen auf die Wirkungsweise chemischer Additive und auf wesentliche Papiereigenschaften,m PTS-Forschungsbericht AiF 13023 BR.* Heidenau : Papiertechnische Stiftung, PTS, 2003.

24 **Weise, U., Hiltunen, E., Paulapuro, H.** Hornification of pulp and means of its reversal. *Das Papier.* 1998, 10A, S. V14–V19.

25 **Weigert, J.** *Untersuchungen zur chemischen Modifizierung von Zellstoff zur Verminderung der Verhornungsneigung sowie zu den sich daraus ergebenden papiertechnologischen Eigenschaften, Dissertation.* Darmstadt : TU Darmstadt, Fachbereich Chemie, 1999.

26 **Naujock, H.-J.** Aufbereitung der Faserstoffe (Halbstoffe). [Buchverf.] J. Blechschmidt. *Taschenbuch der Papiertechnik.* München : Carl Hanser Verlag, 2010.

27 **Bachner, K., Fischer, K., Bäucker, E.** Zusammenhang zwischen Aufbau der Zellwand und Festigkeitseigenschaften bei Faserstoffen von konventionellen und neuen Aufschlußverfahren. *Das Papier.* 1993, Bd. 47, 10 A, S. V30–V40.

28 **Richter, L.** *Technische Stoffe der Zellstoff- und Papiertechnik, Bd. 2, Hemizellulosen.* Karl-Marx-Stadt, DDR : Institut für Fachschulwesen der Deutschen Demokratischen Republik, 1970.

29 **Croney, C., Oullet, D., Kerekes, R.J.** Characterizing refining intensity for tensile strength development. [Buchverf.] N.N. *5th International Conference Scientific and Technical Advances in Refining.* Wien, Österreich : Pira, Leatherhead, UK, 1999.

30 **Fischer, K., Bäurich, C.** Chemischer Aufschluss von Holz. [Buchverf.] J. Blechschmidt. *Taschenbuch der Papiertechnik.* München : Carl Hanser Verlag, 2010.

31 **Lumiainen, J.** Refining of chemical pulp. [Buchverf.] H. Paulapuro. *Papermaking Part 1, Stock Preparation and Wet End. Papermaking Science and Technology, Book 8.* Finland : Fapet Oy, 2000.

32 **Dekker, J.** How many fibres do ´see´ the Refiner. *8th Pira International Refining Conference.* Barcelona : Pira International, 2005.

33 **Ortner, G.** Die Fortentwicklung der Mahlung für Kurzfaser und Altpapierstoffe. *Wochenblatt für Papierfabrikation.* 2007, 5, S. 200–204.

34 **Eriksson, M.** *The influence of molecular adhesion on paper strength, Doctoral thesis.* Stockholm : KTH Stockholm, Schweden, Department of Fibre and Polymer Technology, 2006.

35 **Lingström, R.** *On the Adhesion Between Substrates Covered with Polyelectrolyte Multilayers, Doctoral thesis.* Stockholm : KTH Stockholm, Schweden, Department of Fibre and Polymer Technology, 2008.

36 **Kuttruff, H.** *Akustik, Eine Einführung.* Stuttgart : Hirzel Verlag, 2004.

37 **Stroppe, H.** *Physik für Studenten der Natur- und Technikwissenschaften.* Leipzig, Köln : Fachbuchverlag, 1994.

38 **Millner, R.** *Ultraschalltechnik: Grundlagen und Anwendungen.* Weinheim : Physik-Verlag, 1987.

39 **Sorge, G., Hauptmann, P.** *Ultraschall in Wissenschaft und Technik.* Frankfurt am Main : Verlag Harri Deutsch, 1985.

40 **Ensminger, D., Stulen, F. B.** *Ultrasonics: Data, Equations, and Their Practical Uses.* Broken Sound Partway NW, USA : CRC Press, 2009.

41 **Kuttruff, H.** *Physik und Technik des Ultraschalls.* Stuttgart : Hirzel, 1988.

42 **Schmid, G., Rommel, O.** Zerreißen von Makromolekülen mit Ultraschall. *Zeitschrift für physikalische Chemie.* 1939, Bd. A185, 2, S. 97–139.

43 **Weissler, A.** Depolymerization by Ultrasonic Irradiation: The Role of Cavitation. *Journal of Applied Physics.* 1950, Bd. 21, February, S. 171–173.

44 **Simpson, F. W., Mason, S. G.** Note on the treatment of cellulose fibres with ultrasonic waves. *Pulp and Paper Magazine of Canada.* 1950, Bd. 51, July.

45 **Jayme, G., Rosenfeld, K.** Eigenschaftsänderungen von Zellstoffen durch Einwirkung von Ultraschall. *Das Papier.* Juli 1955, Bd. 9, 13/14, S. 296–303.

46 **Jayme, G., Crönert, H., Neuhaus, W.** Veränderung kolloidchemischer Eigenschaften von Zellstoff-Fasern durch hochfrequente Behandlung. *Das Papier.* 1959, Bd. 13, 23/24, S. 578–583.

47 **Tatsumi, D., Higashihara, T., Kawamura, S., Matsumoto, T.** Ultrasonic treatment to improve the quality of recycled pulp fiber. *The Japan Wood Research Society.* 2000, Bd. 46, S. 405–409.

48 **Manning, A., Thompson, R.** The influence of ultrasound on virgin paper fibres. *Progress in Paper Recycling.* 2002, Bd. 11, 4, S. 6–12.

49 **Gruber, E., Pena, A.** *INFOR Projekt Nr. 100 Untersuchungen zur Mahlung von Faserstoffen mit Hilfe von Ultraschall.* Darmstadt : TU Darmstadt, 2007.

50 **Turai, L.L., Teng, C.-H.** Ultrasonic deinking of waste paper. *Tappi Journal.* 1978, Bd. 61, (2), S. 31-34.

51 **Großmann, H., Fröhlich, H., Wanske, M.** The Potential of Ultrasound Assisted Deinking. *TAPPI PEERS Conference and 9th Research Forum on Recycling.* 2010, S. 1682–1736.

52 **Manning, A.N., Thompson, R.C.** De-inking of thick film UV-cured coatings using high intensity ultrasound. *Surface Coatings International.* 2004, Bd. 87, B1, S. 22–26.

53 **Fricker, A., Thompson, R., Manning, A.** Novel solutions to new problems in paper deinking. *Pigment & Resin Technology.* 2007, Bd. 36, 3, S. 141–152.

54 **Ehrlich, H., Engert, P., Grossmann, H., Vogel, M.** Ultrasound-assisted deinking of cross-linked inks. *IPW International paper world.* 2013, Bd. 2, S. 47–51.

55 **Zheng, J., Li, Q., Hu, A., Yang, L., Lu, J., Zhang, X., Lin, Q.** Dual-frequency ultrasound effect on structure and properties of sweet potato starch. *Starch/Stärke.* 2013,, Bd. 65, S. 621–627.

56 **Suslick, K. S.** The Chemical Effects of Ultrasound. *Scientific American.* 1989, February, S. 80–86.

57 **Crum, L. A.** Sonoluminescence. *Physics Today.* 9, 1994, Bd. 4, September, S. 22–29.

58 **Brennen, C.E.** *Cavitation and bubble dynamics.* Oxford : Oxford University Press, 1995.

59 **Heller, W.** *Hydrodynamische Effekte unter besonderer Berücksichtigung der Wasserqualität und ihre Messverfahren.* Tönning : Der Andere Verlag, 2005. Bde. Strömungsmechanik, Bd. 2.

60 **Wagner, W., Pruß, A.** The IAPWS Formulation 1995 for the Thermodynamic Properties of Ordinary Water Substance for General and Scientific Use. *Journal of Physical and Chemical Reference Data.* 2002, Bd. 31, 2, S. 387–535.

61 **Pelz, P.** Fluidsystemtechnik - Technische Universität Darmstadt. *tu-darmstadt.de.* [Online] 27. 07 2007. [Zitat vom: 10. 05 2010.] http://www1.fst.tu-darmstadt.de/file admin/Dateien/Downloads/KAV/.

62 **Margulis, M. A.** *Sonochemistry and cavitation.* [Übers.] G. Leib. Amsterdam : OPA, Published under license by Gordon and Breach Science Publishers SA, 1995.

63 **Kuiper, G.** *Cavitation in Ship Propulsion.* Delft, Niederlande : TU Delft, 2010.

64 **Lord Rayleigh, O.M.** On the pressure developed in a liquid during the collapse of a spherical cavity. *Philosophical Magazine.* Series 6, 1917, Bd. 34, 200, S. 94–98.

65 **Plesset, M. S.** The Dynamics of Cavitation Bubbles. *Journal of Applied Mechanics.* 16, 1949, September, S. 277–282.

66 **Plesset, M. S.** Bybble dynamics and cavitation. *Annual Revue of Fluid Mechanics.* 9, 1977, S. 145–185.

67 **Hickling, R., Plesset, M. S.** Collapse and Rebound of a Spherical Bubble in Water. *The Physics of Fluids.* 7, 1964, Bd. 1, January, S. 7–14.

68 **Weitendorf, E.-A.** Cavitation phenomena, Propeller excited hull pressure amplitudes and cavitation scale effect. *Ocean Engineering.* 8, 1981, Bd. 5, S. 517–539.

69 **Alehossein, H., Qin, Z.** Numerical analysis of Rayleigh-Plesset equation for cavitating water jets. *International Journal for Numerical Methods in Engineering.* 72, 2007, S. 780–807.

70 **Noltingk, B. E., Neppiras, E. A.** Cavitation produced by Ultrasonics. *Proceedings of the Physical Society of London.* B63, 1950, S. 674–685.

71 **Neppiras, E. A., Noltingk, B. E.** Cavitation Produced by Ultrasonics: Theoretical Conditions for the Onset of Cavitation. *Proceedings of the Physical Society of London.* B64, 1951, S. 1032–1038.

72 **Lauterborn, W.** Numerical investigations of nonlinear oscillations of gas bubbles in liquids. *Journal of the Acoustical Society of America.* 59, 1976, Bd. 2, Februar, S. 283–293.

73 **Akhatov, I., Vakhitova, N., Topolnikov, A., Zakirov, K. Wolfrum, B., Kurz, T., Lindau, O., Mettin, R., Lauterborn, W.** Dynamics of laser-induced cavitation bubbles. *Experimental Thermal and Fluid Science.* 26, 2002, S. 731–737.

74 **Mettin, R.** From a single bubble to bubble structures in acoustic cavitation. [Buchverf.] T., Parlitz, U., Kaatze, U. Kurz. *Oscillations, Waves and Interactions.* Göttingen : Universitätsverlag Göttingen, 2007.

75 **Tervo, T., Mettin, R., Krefting, D., Lauterborn.** Interaction of bubble clouds and solid objectives. [Buchverf.] D. Casseraeu. *Proceedings of the joint congress CFA/DAGA´04.* Strasbourg : Deutsche Gesellschaft für Akustik e.V. (DEGA), 2004, S. 925–926.

76 **Lauterborn, W., Ohl, C.-D.** Cavitation bubble dynamics. *Ultrasonics chemistry.* 4, 1997, S. 65–75.

77 **Wolfrum, B., Kurz, T., Mettin, R., Lauterborn, W.** Shock wave induced interaction of microbubbles and boundaries. *Physics of Fluids.* 15, 2003, Bd. 10, October, S. 2916–2922.

78 **Lindau, O., Lauterborn, W.** Cinematographic observation of the collapse and rebound of a laser-produced cavitation bubble near a wall. *Journal of Fluid Mechanics.* 479, 2003, S. 327–348.

79 **Tinguely, M.** *The effect of pressure gradient on the collapse of cavitation bubbles in normal and reduced gravity.* Lausanne : École Polytechnique Fédérale de Lausanne, 2013.

80 **Fröhlich, J., Rüdiger, F., Heller, W.** *Kompaktkurs Kavitation.* Dresden : TU Dresden, Professur für Strömungsmechanik, 2013.

81 **Tomita, Y., Shima, A.** High-Speed Photographic Observations of Laser-Induced Cavitation Bubbles in Water. *ACUSTICA.* 71, 1990, S. 161–171.

82 **Brujan, E.-A., Nahen, K., Schmidt, P., Vogel, A.** Dynamics of laser-induced cavitation bubbles near an elastic boundary. *Journal of Fluid Mechanics.* 433, 2001, S. 251-281.

83 **Philipp, A., Lauterborn, W.** Cavitation erosion by single laser-produced bubbles. *Journal of Fluid Mechanics.* 1998, Bd. 361, Apr., S. 75–116.

84 **Lauterbron, W.** Mehrblasendynamik und Kavitationsfeldverteilung. [Buchverf.] P., Eickenbusch, H. Düx. [Hrsg.] VDI-Technologiezentrum. *Von der Kavitation zur Sonotechnologie.* Düsseldorf, 2000, Bd. Zukünftige Technologien Nr. 32.

85 **Blake, J. R., Gibson, D. C.** Cavitation Bubbles near boundaries. *Annual Review of Fluid Mechanics.* 19, 1987, S. 99–123.

86 **Bilaniuk, N., Wong, G. S. K.** Speed of sound in pure water as a function of temperature. *Jounrnal of Acoustic Society of America.* 1993, Bd. 93, 3, S. 1609–1612.

87 **Zhong, P., Chuong, C.J., Preminger, G.M.** Propagation of shock waves in elastic solids caused by cavitation microjet impact. II Application in extracorporal shock wave lithotripsy. *Journal of the Acoustical Society of America.* 1993, Bd. 94, 29, S. 29–36.

88 **Neppiras, E.A.** Acoustic cavitation thresholds and cyclic processes. *Ultrason.* 1980, Vol. 9, pp. 201–209.

89 **Günther, R., Gompf, B.** Blasendynamik, Schockwellen und Sonolumineszenz. [Buchverf.] P., Eickebusch, H. Düx. [Hrsg.] VDI-Technologiezentrum. *Von der Kavitation zur Sonotechnologie.* Düsseldorf, 2000, Bd. Zukünftige Technologien Nr. 32.

90 **Blake, F. G.** Bjerknes Forces in Stationary Sound Fields. *The Journal of the Acoustical Society of America.* 21, 1949, Bd. 5, September, S. 551.

91 **Rath, H. J.** Über nichtlineare Schwingungen sphärisch schwingender Gasblasen in Flüssigkeiten unter Berücksichtigung der Kompressibilität des Fluids. *Zeitschrift für angewandte Mathematik und Physik.* 30, 1979, S. 627–635.

92 **Louisnard, O., Gonzáles-Garcia, J.** Acoustic Cavitation. [Buchverf.] H., Barbosa-Cánovas, G., V., Weiss, J. Feng. *Ultrasound Technologies for Food and Bioprocessing.* New York : Springer, 2011.

93 **Brotchie, A., Grieser, F., Ashokkumar, M.** Effect of Power and Frequency on Bubble-Size Distribution in Acoustic Cavitation. *Physical Review Letters.* 29. February 2009, 102, S. 084302-1–084302-4.

94 **Peters, D.** Sonochemische Verfahrenstechnik. [Buchverf.] Eickenbusch, H. Düx. P. [Hrsg.] VDI-Technologiezentrum. *Von der Kavitation zur Sonotechnologie.* Düsseldorf, 2000, Bd. Zukünftige Technologien Nr. 32.

95 **Yasui, K.** Influence of ultrasonic frequency on multibubble sonoluminescence. *Journal of the Acoustical Society of America.* 2002, Bd. 112, 4, S. 1405–1413.

96 **Kentish, S., Ashokkumar, M.** The Physical and Chemical Effects of Ultrasound. [Buchverf.] H., Barbosa-Cánovas, G., V., Weiss, J. Feng. *Ultrasound Technologies for Food and Bioprocessing.* New York : Springer, 2011.

97 **Mettin, R.** Bubble structures in acoustic cavitation. [Buchverf.] A. A. Doinikov. *Bubble and Particle Dynamics in Acoustic Fields: Modern Trends and Applications.* Kerala (Indien) : Research Signpost, 2005, S. 1–36.

98 **Flanningran, D. J., Suslick, K. S.** Plasma formation and temperature measurement during single-bubble cavitation. *Nature.* 434, 2005, Bd. 3, March, S. 52–55.

99 **McNamara, W. B., Didenko, Y. T., Suslick, K. S.** Sonoluminescence temperatures during multi-bubble cavitation. *Nature.* 401, 1999, October, S. 772–775.

100 **Lauterborn, W.** Jetbildung und Erosion. [Buchverf.] Eickebusch, H. Düx. P. [Hrsg.] VDI-Technologiezentrum. *Von der Kavitation zur Sonotechnologie.* Düsseldorf, 2000, Bd. Zukünftige Technologien Nr. 32.

101 **Suslick, K., S., Flannigan, D. J.** Inside a Collapsing Bubble – Sonoluminescence and the Conditions During Cavitation. *Annual Review of Physical Chemistry.* 59, 2008, S. 659–683.

102 **Gompf, B., Günther, R., Nick, G., Pecha, R., Eisenmenger, W.** Resolving Sonoluminescence Pulse Width with Time-Correlated Single Photon Counting. *Physical Review Letters.* 79, 1997, Bd. 7, August, S. 1405–1408.

103 **Manickam, S., Rana, R., K.** Production of Nanomaterials Using Ultrasonic Cavitation – A Simple Efficient and Technological Approach. [Buchverf.] H., Barbosa-Cánovas, G., V., Weiss, J. Feng. *Ultrasound Technologies for Food and Bioprocessing.* New York : Springer, 2011.

104 **Yasui, K., Tuziuti, T., Iida, Y.** Optimum bubble temperature for the sonochemical production of oxidants. *Ultrasonics.* 2004, Bd. 42, S. 579–584.

105 **Riesz, P., Berdahl, D., Christman, C.L.** Free Radical Generation by Ultrasound in Aqueous and Nonaqueous Solutions. *Environmental Health Perspectives.* 1985, Bd. 64, S. 233–252.

106 **Caruso, M.M., Davis, D.A., Shen, Q., Odom, S.A., Sottos, N.R., White, S.R., Moore, J.** Mechanically-Induced Chemical Changes in Polymeric Materials. *Chemical Revue.* 2009, Bd. 109, 11, S. 5755–5798.

107 **Weissler, A., Cooper, H. W., Snyder, S.** Chemical Effect of Ultrasonic Waves: Oxidation of Potassium Iodide Solution by Carbon Tetrachloride. *Journal of the American Chemical Society.* 72, 1950, Bd. 4, April, S. 1769–1775.

108 **Suslick, K.S., Mdleleni, M.M., Ries, J.T.** Chemistry Induced by Hydrodynamic Cavitation. *Journal of the American Chemical Society.* 1997, Vol. 119, pp. 9303–9304.

109 **Schittenhelm, N., Kulicke, W.-M.** Producing homologous series of molar masses for establishing structure-property relationships with the aid of ultrasonic degradation. *Macromolecular Chemistry and Physics.* 2000, Bd. 201, 15, S. 1976–1984.

110 **Mason, T.J., Lorimer, J.P.** *Applied Sonochemistry, The Uses of Power Ultrasound in Chemistry and Processing.* Weinheim : WILEY-VCH Verlag, 2002.

111 **Beyer, M.K., Clausen-Schaumann, H.** Mechanochemistry: The mechanical activation of covalent bonds. *Chemical Reviews.* 2005, Bd. 150, 8, S. 2921–2948.

112 **Weiss, J., Kristbergson, K., Kjartansson, G. T.** Engineering Food Ingridients with High-Intensity Ultrasound. [Buchverf.] H., Barbosa-Cánovas, G., V., Weiss, J. Feng. *Ultrasound Technologies for Food and Bioprocessing.* New York : Springer, 2011.

113 **Grandbois, M., Beyer, M., Rief, M., Clausen-Schaumann, H., Gaub, H.E.** How strong is a covalent bond. *Science.* 1999, Bd. 283, 12, S. 1727–1730.

114 **Aktah, D., Frank, I.** Breaking Bonds by Mechanical Stress: When Do Electrons Decide for the Other Side? *Journal of the American Chemical Society.* 2002, Bd. 124, 13, S. 3402–3406.

115 **Durst, F.** *Grundlagen der Strömungsmechanik, Eine Einführung in die Theorie der Strömungen von Fluiden.* Berlin Heidelberg : Springer-Verlag, 2006.

116 **Bollrich, G.** *Technische Hydromechanik.* Berlin, München : Verlag für Bauwesen, 1996. Bd. 1.

117 **Cook, S.** Erosion by water-hammer. *Proceedings of the Royal Society of London.* 1928, 119, S. 481–488.

118 **Lange, K.** *Umformtechnik : Handbuch für Industrie und Wissenschaft, Bd. 3, Blechbearbeitung.* Berlin, Heidelberg : Springer Verlag, 1990.

119 **Eder, M., Stanzl-Teschegg, S., Burgert, I.** The fracture behaviour of single wood fibres is governed by geometrical constraints: in situ ESEM studies on three fibre types. *Wood Science and Technology.* 2008, Bd. 42, S. 679–689.

120 **Olsson, A.-M., Salmen, L., Eder, M.** Mechano-sorptive creep in wood fibres. *Wood Science and Technology.* 2007, Bd. 41, S. 59–67.

121 **Groom, L., Mott, L., Shaler, S.** Mechanical properties of individual southern pine fibers. Part i. Determination and variability of stress-strain curves with respect to tree height and juvenility. *Wood and Fiber Science.* 2002, Bd. 34, 1, S. 14–27.

122 **Oberegge, O., Hockelmann, H.-P.** 8 A Stahlbau nach DIN 18 800 (11.90). [Buchverf.] K.-J. Schneider. *Bautabellen für Ingenieure.* Düsseldorf : Werner Verlag, 1998.

123 **Thygesen, L.G., Eder, M., Burgert, I.** Dislocations in single hemp fibres–investigations into the relationship of structural distortions and tensile properties at the cell wall level. *Journal of Material Science.* 2007, 42, S. 558–564.

124 **Bledzki, A.K., Gassan, J.** Composites reinforced with cellulose based fibres. *Progress in Polymer Science.* 1999, 24, S. 221–274.

125 **Gindl. W., Teischinger, A.** Axial compression strength of Norway spruce related to structural variability and lignin content. *Composites.* 2002, Part A: 33, S. 1623–1628.

126 **Wang, X., Fang, G., Hu, C., Du, T.** Application of Ultrasonic Waves in Activation of Microcrystalline Cellulose. *Journal of Applied Polymer Science.* 2008, Bd. 109, S. 2762–2767.

127 **Sixta, H.** *Handbook of pulp.* Weinheim : WILEY-VCH, 2006. Bd. 1.

128 **Bermudes-Aguirre, D.** Ultrasound Applications in Food Processing. [Buchverf.] H., Barbosa-Cánovas, G., V., Weiss, J. Feng. *Ultrasound Technologies for Food and Bioprocessing.* New York : Springer, 2011.

129 **Luster, A., Rosenfeld, E.** *Ein kalorimetrisches Verfahren zur Messung der akustischen Leistung von Ultraschall – Desintegratoren, Naturwissenschaft und Technik - Forschungsbericht.* Merseburg : HS Merseburg (FH), 2007.

130 **Seltner, R.** *Identifizierung von Einflussgrößen der Ultraschallbehandlung auf die Zielgrößen Energieeintrag, Wasserrückhaltvermögen und Tensile-Index, Großer Beleg Nr. 82.* Dresden : TU Dresden, Professur für Papiertechnik, 2009.

131 **Park, S., et al.** Changes in pore size distribution during the drying of cellulose fibers as measured by differential scanning calorimetry. *Carbohydrate Polymers.* 2006, Bd. 66, S. 97–103.

132 **Berger, H.** *Erarbeitung der messtechnischen und technologischen Grundlagen für die Entwicklung der Online-Messung der Oberflächenspannung von Faserstoffsuspensionen, PTS-Forschungsbericht 11/05.* Heidenau : Papiertechnische Stiftung, PTS, 2005.

133 **DIN 53804–1.** *Statistische Auswertungen, Teil 1: Kontinuierliche Merkmale.* April, 2002.

134 **Kanning, R.** neugrad.de. [Online] 2009. [Zitat vom: 16. 02 2011.] http://www.neugrad.de/statistik/ausreisser/grubbs/grubbstabelle.html.

135 **Gottardi, W.** Photometrische Bestimmung von Iod und Iod-freisetzenden Oxidationsmitteln. *Fresenius' Zeitschrift für Analytische Chemie.* 1982, 313, S. 217–220.

136 **Kunze, U. R., Schwedt, G.** *Grundlagen der quantitativen Analyse.* Weinheim : WILEY-VCH Verlag, 2009.

137 **Brenner, T., Großmann, H., Arndt, T.** Ultraschallbehandlung von Naturfaserstoffen zur Papierproduktion und Biogasgewinnung, Abschlussbericht Cornet SONOPULP. Heidenau : PTS - Papiertechnische Stiftung, 2012.

138 **Titze, A.** *Entwicklung einer Methode zur Messung der akustischen Kavitation bei der Ultraschallbehandlung von Faserstoffsuspensionen, Großer Beleg Nr. 88.* Dresden : TU Dresden, Professur für Papiertechnik, 2010.

139 **Hanke, O.** *Entwicklung einer Methode zur Bewertung der akustischen Kavitation auf Basis von Prüfkörpern, Interdisziplinäre Projektarbeit Nr. 628.* Dresden : TU Dresden, Professur für Papiertechnik, 2012.

140 **DIN 1319–3.** *Grundlagender Meßtechnik, Teil 3: Auswertung von Messungen einer einzelnen Meßgröße, Meßunsicherheit,* Mai, 1996.

141 **CEPI.** *Key Statistics, European Pulp and Paper Industry - 2013.* Brüssel, Belgien : Confederation of European Paper Industries, CEPI, 2014.

142 **N.N.** *Key Statistics, European Pulp and Paper Industry - 2013.* Brüssel, Belgien : CEPI, 2014.

143 **Pryke, D.** ECF is on a Roll! *Pulp & Paper International.* 2003, August.

144 **N.N.** *Papier 2013 - Ein Leistungsbericht.* Bonn : Verband deutscher Papierfabriken e.V., 2015.

145 **Hanke, O.** *Bewertung der Eignung einer Ultraschallbehandlung rezyklierter Faserstoffe für die energieeffiziente Verbesserung ihrer Bindungseigenschaften, Diplomarbeit Nr. 742.* Dresden : TU Dresden, Professur für Papiertechnik, 2013.

146 **Schmid, G., Beuttenmüller, E.** Ultraschallbeitrag zur Frage der Biegsamkeit der Makromoleküle. *Zeitschrift für Elektrochemie und angewandte physikalische Chemie : Organ der Deutschen Bunsengesellschaft.* 1943, Bd. 49, 4–5, S. 325–334.

147 **Niemczewski, B.** A comparison of ultrasonic cavitation intensity in liquids. *Ultrasonics.* 1980, Mai, S. 107–110.

148 **Rosenberg, D.** On the Physics of Ultrasonic Cleaning. *Ultrasonic News.* 1960, Winter, S. 16–20.

149 **Paul, D., Fink, H.-P., Philipp, B.** Untersuchungen zur Umsetzung von Cellulose mit wäßriger Natronlauge unter Ultraschalleinwirkung. *Acta Polymerica.* 1986, Bd. 37, 8, S. 496–500.

150 **Miletzky, A.** *Bewertung der Ultraschallbehandlung zur Druckfarbenablösung und -zerkleinerung sowie hinsichtlich ihrer Wirkung auf Faserstoff- und Festigkeitseigenschaften, Großer Beleg, Nr. 89.* Dresden : TU Dresden, Professur für Papiertechnik, 2010.

151 **Moussatov, A., Mettin, R., Granger, C., Tervo, T., Dubus, B., Lauterborn, W.** Evolution of Acoustic Cavitation Structures Near Larger Emmiting Surface. *Proceedings of the World Congress of Ultrasonics (WCU).* Paris : 2003, S. 955–958.

152 **Huber, T., et al.** Optimierung des Schallfeldes in einem sonochemischen Reaktor durch numerische Simulation. *Fortschritte der Akustik, DAGA, 33, 2007.* Stuttgart : Deutsche Gesellschaft fur Akustik, 2007, S. 955–956.

153 **Maas, R.** *Beitrag zur numerischen und experimentellen Untersuchung des Schall- und Strömungsfeldes bei der Klärschlammdesintegration mit Ultraschall, (Dissertation TU Dresden).* Stuttgart : Fraunhofer IRB Verlag, 2008. Bd. Kompetenzen in Keramik und Umweltverfahrenstechnik 2.

154 **Dean, J.** *Lange´s Handbook of Chemistry.* New York, USA : McGraw-Hill Inc., 1999.

155 **Kittner, H., Starke, W., Wissel, D.** *Wasserversorgung.* Berlin : VEB Verlag für Bauwesen, 1988.

156 **Dorsey, N.E.** *Properties of Ordinary Water Substances.* New York : Reinhold Publishing Corporation, 1940.

157 **Nimtz, G., Weiss, W.** Relaxation time and viscosity of water near hydrophilic surfaces. *Zeitschrift für Physik B – Condensed Matter.* 1987, Bd. 67, S. 483–487.

158 **Derakhshandeh, B., Kerekes, R.J., Hatzikiriakos, S.G., Bennington, C.P.J.** Rheology of pulp fibre suspensions: A critical review. *Chemical Engineering Science.* 2011, Bd. 66, S. 3460–3470.

159 **Bär, G., Meinl, G.** *Entwicklung von Algorithmen zur Prognose des Mahlungsverhaltens morphologisch unterschiedlicher Zellstoffe.* www.ptspaper.de - Forschungsdatenbank : PTS / Papiertechnische Stiftung, 2005.

160 **Großmann, H., Brenner, T.** *Weiterführende Untersuchungen zur Mahlungsunterstützung mittels Hochleistungsultraschall, Abschlussbericht, INFOR-Projekt Nr. 129.* Bonn : VdP e.V., 2010.

161 **Elbrandt, S.** *Bestimmung des Einfluss einer Vormahlung auf die Faserstoffeigenschaften bei einer kombinierten Mahlungs- und Ultraschallbehandlung, Interdisziplinäre Projektarbeit Nr. 613.* Dresden : TU Dresden, 2009.

162 **Bär, G.** *Optimierung des Mahlverfahrens für Halbstoffe mit hohem Füllstoff- bzw. Aschegehalt zur Herstellung von füllstoffreichen Papieren, PTS-Forschungsbericht 18/05.* Heidenau : Papiertechnische Stiftung, PTS, 2005.

163 **Stark, H.** Kraftwirtschaftliche Verbesserungsmöglichkeiten und technologische Neuerungsnotwendigkeiten bei der Mahlung. *Das österreichische Papier.* 1981, Bd. 10, S. 23–27.

164 **Hunold, M.** *Experimentelle und theoretische Untersuchungen über quantitative und qualitative Auswirkungen steigender Altpapier-Einsatzquoten auf das Recylingsystem Papier-Altpapier, Dissertation.* Darmstadt : TH Darmstadt, 1997.

165 **Gruber, E., Weigert, J.** *Verbesserung der Festigkeitseigenschaften und somit der Recyclierbarkeit von Cellulose-Faserstoffen durch chemische Modifizierung zur Verminderung bzw. Vermeidung der Verhornungsneigung, Abschlussbericht AiF-Nr. 10720.* Darmstadt : Technische Universität Darmstadt, 1998.

166 **Jayme, G. und Hunger, G.** Die Faser-zu-Faser-Bindung des Papiergefüges im elektronenoptischen Bild. *Das Papier.* 1957, Bd. 11, 7/8, S. 140–145.

167 **Brenner, T.** *Einsatz hochfrequenter Verfahren in der Stoffaufbereitung zur Steigerung der Festigkeit von Wellpappenrohpapieren, Abschlussbericht IGF 15741BR, PTS-FB 21/10.* Heidenau : Papiertechnische Stiftung, PTS, 2010.

168 **Brüning, F.** Einsatz und Wirkung der Füllstoffe und Hilfsmittel. [Buchverf.] J. Strauß. *Papiererzeugung für Manager und Experten – Total Immersion Kurs, PTS–Manuskript: PTS–MS 397.* München : Papiertechnische Stiftung, PTS, 2003.

169 **Dietz, W., Mannert, C., Bierbaum, S. Schramm, S.** *Abwasserfreie Erzeugung von weiß gedeckten Wellpappenrohpapieren ohne Qualitäts- und Produktivitätsverlust, Abschlussbericht AiF 13982, PTS-Forschungsbericht 10/2006.* München : Papiertechnische Stiftung, PTS, 2006.

170 **Schnittenhelm, N., Kulicke, W.-M.** Producing homologous series of molar masses for establishing structure-property relationships with the aid of ultrasonic degradation. *Macromolecular Chemistry and Physics.* 2000, Bd. 201, 15, S. 1976–1984.

171 **Brenner, T., Kießler, B.** Stärkeaufbereitung Kavitation. *5. FuE-Forum Altpapiertechnologie & Stärke.* Heidenau : Papiertechnische Stiftung, PTS, 2013.

172 **Vogel, M.** *Bewertung der Ultraschallbehandlung zur Druckfarbenablösung und Zerkleinerung im Vergleich zum Disperger, Diplomarbeit Nr. 728.* Dresden : TU Dresden, Professur für Papiertechnik, 2011.

173 **Kuntzsch, T.** *Effektive Bewertung von Trennprozessen in der Stoffaufbereitung durch moderne fasermorphologische Messverfahren, Abschlussbericht Projekt IW 050280.* Heidenau : Papiertechnische Stiftung PTS, 2006.

174 **Hirsch, G. F.** *Altpapierfeinstoffe – Trennbarkeit und Festigkeitspotenzial, Dissertation.* Darmstadt : TU Darmstadt, Fachbereich Maschinenbau, 2012.

175 **Kießler, B.** Unveröffentlichte Messungen. Heidenau : 17. November 2006.

176 **Lehfeldt, W.** *Ultraschall kurz und bündig - Physikalische Grundlagen und Anwendungen.* Würzburg : Vogel-Verlag, 1973. S. 63ff.

177 **Sayan, P., Ulrich, J.** The effect of particle size and suspension density on the measurement of ultrasonic velocity in aqueous solutions. *Chemical Engineering and Processing.* 2002, Bd. 41, S. 281–287.

178 **Johnson, B., Holland, M. R., Miller, J., G., Katz, J.** Ultrasonic attenuation and speed of sound of cornstarch suspensions. *Journal of the Acoustical Society of America.* 2013, Bd. 133, 3, S. 1399–1403.

179 **Temkin, S.** *Suspension Acoustics, An Introduction to the Physics of Suspensions.* Cambridge : Cambridge University Press, 2005.

180 **Raman, V., Abbas, A., Joshi, S. C.** Mapping Local Cavitation Events in High Intensity Ultrasound Fields. *Proceedings of COMSOL User Conference 2006.* Bangalore : Indien, 2006.

181 **Ciuti, P., Dezhkunov, N. V., Francescutto, A., Kulak, A. I., Iernetti, G.** Cavitation activity stimulation by low frequency field pulses. *Ultrasonic chemistry.* 2000, 7, S. 213–216.

182 **Feng, R., Zhao, Y, Zhu, C., Mason, T. J.** Enhancement of ultrasonic cavitation yield by multi-frequency cavitation. *Ultrasonics Sonochemistry.* 2002, 9, S. 231–236.

183 **Liu, H.-L., Hsieh, C.-M.** Single-transducer dual-frequency ultrasound generation to enhance acoustic cavitation. *Ultrasonics Sonochemistry.* 2009, Bd. 16, 3, S. 431–438.

184 **Bräutigam, P.** Abbau des Antiepileptikums Carbamazepin in aquatischen Systemen durch Hydrodynamisch-Akustische-Kavitation (HAC), 4. Workshop Kavitation. Drübeck : Physikalisch-Technischen Bundesanstalt, PTB, 2011.

185 **Arndt, T., Brenner, T., Großmann, H.** Anwendung und Einflussgrößen hydrodynamischer Kavitation in der Stoffaufbereitung. *Austrian Paper Conference, Zukunft.Forum Papier 2013.* Graz, Österreich : ÖZEPA, 2013.

186 **Furó, I., Daicic, J.** NMR cryoporometry: A novel method for the inestigation of the pore structure of paper and paper coatings. *Nordic Pulp and Paper.* 1999, Bd. 14, 3, S. 221–225.

187 **Maloney, T., Paulapuro, H.** Hydration and swelling of pulp fibres measured with differential scanning calorimetry. *Nordic Pulp and Paper Research Journal.* 1998, Bd. 13, 1, S. 31–36.

188 **Jackson, C. L., McKenna, G. B.** The melting behavior of organic materials confined in porous solids. *Journal of Chemical Physics.* 1990, Bd. 93, 12, S. 9002–9011.

189 **Dieste, A., Krause, A., Mai, C., Sèbe, G., Grelier, S., Militz, H.** Modification of Fagus sylvatica L. with 1,3-dimethylol-4,5-dihydroxy ethylene urea (DMDHEU). Part 2: Pore size distribution determined by differential scanning calorimetry. *Holzforschung.* 2009, Bd. 63, 1, S. 89–93.

190 **Zauer, M., Kretzschmar, J., Großmann, L., Pfriem, A., Wagenführ, A.** Analysis of the pore-size distribution and fiber saturation point of native and thermally modified wood using differential scanning calorimetry. *Wood Science and Technology.* 2014, Bd. 48, 1, S. 177–193.

191 **DIN 55350–13.** *Begriffe der Qualitätssicherung und Statistik, Begriffe zur Genauigkeit von Ermittlungsverfahren und Ermittlungsergebnissen,* Juli, 1987.

192 **DIN 1319–1.** *Grundlagen der Meßtechnik, Teil 1: Grundbegriffe,* Januar, 1995.

193 **Rönz, B., Förster, E.** *Regressions- und Korrelationsanalyse : Grundlagen, Methoden, Beispiele.* Wiesbaden : Gabler, 1992.

194 **Fahrmeier, L.** *Regression : Modelle, Methoden und Anwendungen.* Berlin, Heidelberg : Springer–Verlag, 2007.

195 **Stahel, A.** *Statistische Datenanalyse : Eine Einführung für Naturwissenschaftler.* Braunschweig, Wiesbaden : Friedr. Vieweg und Sohn, 1995.

196 **Dormann, C. F., Kühn, I.** *Angewandte Statistik für die biologischen Wissenschaften.* Leipzig : Helmholtz Zentrum für Umweltforschung – UFZ, 2009.

197 **Storm, R.** *Wahrscheinlichkeitsrechnung, mathematische Statistik und statistische Qualitätskontrolle, 10. Aufl.* Leipzig, Köln : Fachbuchverlag, 1995.

198 **Kleppmann, W.** *Versuchsplanung, Produkte und Prozesse optimieren.* München, Wien : Carl Hanser Verlag, 2013.

199 **Besant, W. H.** *A treatise on hydrostatics and hydrodynamics.* Camebridge : Deighton, Bell, 1859.

200 **Levandoski, R., Norman, J., Pepelnjak, G., Drnovsek, T.** Ultrasonic Deinking and Fiber Properties. *Progress in Paper Recycling.* 1999, Bd. 8, 3, S. 53–57.

201 **Jayme, G., Crönert, H., Neuhaus, W.** Veränderungen kolloidchemischer Eigenschaften von Zellstoff-Fasern durch hochfrequente Behandlung. *Das Papier.* 1960, Bd. 14, 1, S. 5–11.

Anhang

Inhalt

Anhang 1. Kapitel „Strategie und Methoden“

Anhang 1.01 Ultraschall-Mahlung

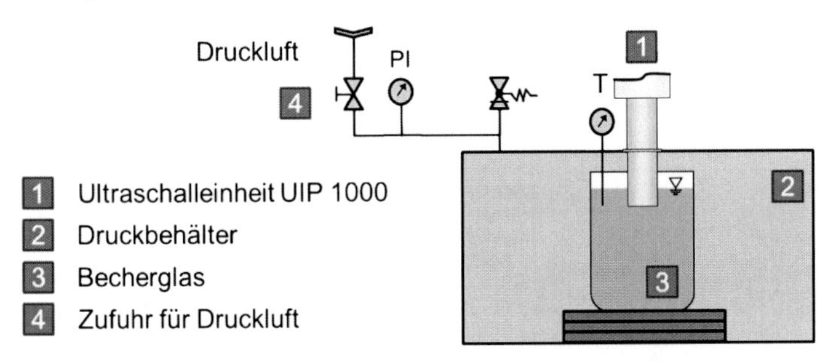

Anhang-Abbildung 1: Versuchsanlage mit diskontinuierlicher Beschallung (Batchzelle)

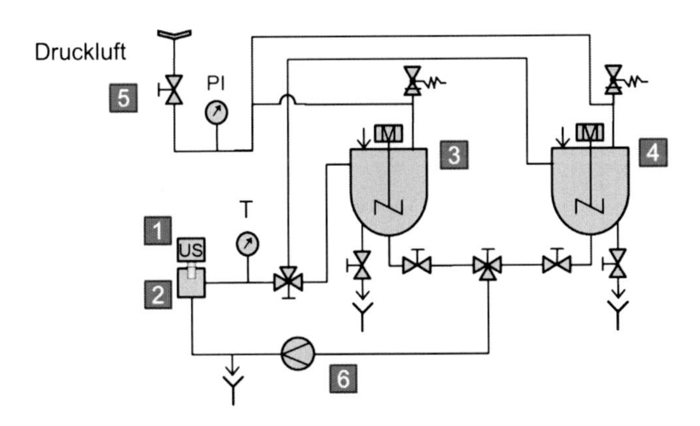

1 Ultraschalleinheit UIP 1000
2 Beschallungsreaktor
3 Vorlagebehälter 1
4 Vorlagebehälter 2
5 Zufuhr für Druckluft
6 Exzenterschneckenpumpe

Anhang-Abbildung 2: Versuchsanlage mit kontinuierlicher Beschallung (Kontizelle)

Anhang 1.02 Fließgeschwindigkeit

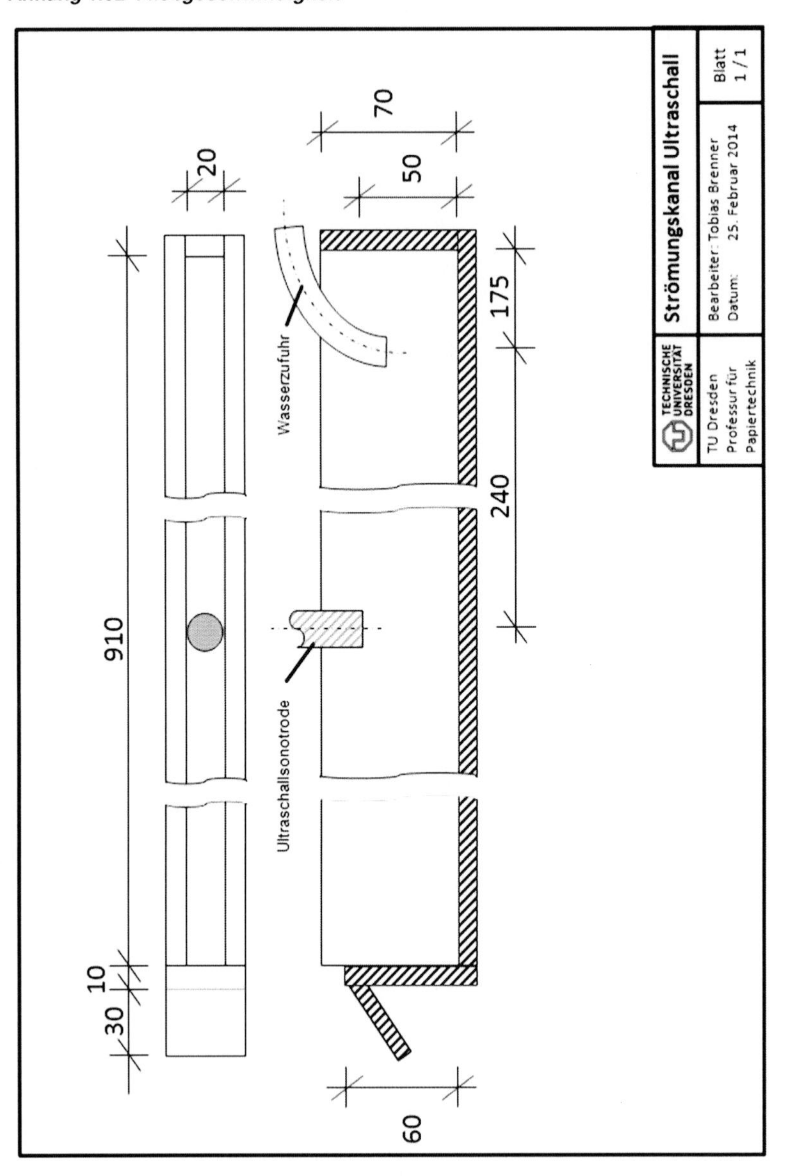

Anhang-Abbildung 3: Skizze Versuchsstand Fließgeschwindigkeit

Anhang 1.03 Analytik der Faserstoffsuspension – Differenz-Wärmestrom-Kalorimetrie

Für die Bewertung der Porengrößenverteilung im Faserstoff wurde die Thermoporosimetrie eingesetzt. Physikalische Grundlage dieser Messmethode ist, dass sich mit abnehmendem Porendurchmesser die Schmelztemperatur eines kristallinen Festkörpers (Bsp. Eis) in der Pore verringert (186). Diese Schmelzpunktdepression entsteht dadurch, dass bei kleiner werdendem Innendurchmesser einer Pore (187) der Druck in der Flüssigkeit der Pore steigt. Der Zusammenhang zwischen dem Druck p an der Innenseite einer gekrümmten Oberfläche (Pore) und dem Krümmungsradius R_P kann durch Gleichung (18) ausgedrückt werden, wobei S die Oberflächenspannung ist (Young-Laplace-Beziehung) (37).

$$p = \frac{2 \cdot S}{R_P} \qquad (18)$$

Der Zusammenhang zwischen dem Durchmesser D der Pore und der Schmelzpunktdepression ΔT ist durch die Gleichung von Gibbs-Thomson (19) beschrieben. Dabei ist T_0 die Schmelztemperatur von freiem Wasser (273,15 K), T_S die Schmelztemperatur von (Eis-) Kristallen mit dem Durchmesser D, γ_{sl} die Oberflächenenergie, ρ_{So} die Dichte des (Eis-) Kristalls und H_f die Schmelzenthalpie (188).

$$\Delta T = T_0 - T_S(D) = \frac{4 \cdot T_0 \cdot \gamma_{sl}}{D \cdot \rho_{so} \cdot \Delta H_f} \qquad (19)$$

Mit dieser Gleichung ist in der Literatur der Schmelzpunkt von Wasser in verschieden großen Poren einer Cellulosefaser abgeschätzt worden, wobei eine zylindrische Porenform sowie die Cellulose als nicht löslich angenommen wurden (131), (189).

Die Bestimmung der Schmelztemperatur erfolgte durch die Messung von Temperaturdifferenzen zwischen einem leeren Referenztiegel und einem mit feuchtem Faserstoff gefüllten Tiegel, die über eine gemeinsame Heizplatte schrittweise für definierte Isothermstufen (-9, -8, -7, -6, -5, -4, -3, -2, -1,5, -1,1, -0,8, -0,5, -0,2, -0,1 °C) und mit einer Heizrate von 3 K/min aufgetaut wurden. Der Wechsel zur nächsthöheren Isothermstufe erfolgte, wenn der Wärmestrom sein Ausgangsniveau erreicht hatte. Die aufgenommene Wärme während einer isothermen Heizphase wurde durch Integration der Wärmezufuhr berechnet. Aus der Differenz der totalen Wärme und der sensiblen Wärme wird die Schmelzenthalpie für die jeweilige Isothermstufe berechnet (131), (190).

Die Bestimmung der Porengrößenverteilung in Faserstoff über Quecksilber-Porosimetrie hat verschiedene Nachteile und wurde daher nicht eingesetzt. Infolge des hohen Druckes bei der Quecksilber-Porosimetrie erfolgt eine Beeinflussung der Porengrößenverteilung während der Messung. Bei sehr kleinen Poren (< 10 nm) ist ein sehr hoher Druck erforderlich und die Messgenauigkeit nimmt mit abnehmender Porengröße ab. (186)

Anhang 1.04 Analytik der Faserstoffsuspension – Gasgehalt

Die Messung des Gasgehaltes basierte auf dem polarographischen Messprinzip mit einem galvanischen Sensor. Gemessen wurde der Sauerstoffgehalt in der Flüssigkeit. Das Messsystem besteht aus einer goldenen Kathode und einer Gegenelektrode aus Blei, die sich in einem wässrigem Elektrolyt aus Kaliumcarbonat und Kaliumhydroxid befinden. Der Elektrolyt ist durch eine 13 µm starke Perfluor-Ethylen-Propylen-Membran von der zu messenden Flüssigkeit getrennt. Für die Messung des Sauerstoffgehaltes wurde das Gerät Oxi 340i mit der Sauerstoffsonde CellOx 325, beides Fa. WTW GmbH (Deutschland) eingesetzt. Die Ultraschallbehandlung erfolgte sowohl in der Batchzelle (Becher 400 ml) als auch in der kontinuierlichen Versuchsanlage jeweils mit der Ultraschallsonotrode BS2d40 und einer Schwingweite von 36 µm. Für die Bewertung des Gasgehaltes in einem wässrigen Medium (Volumen des Fluids 1 Liter) in Abhängigkeit von der Temperatur (ohne Ultraschallbehandlung) und in Abhängigkeit vom Druck (Unterdruck -0,8 bar) wurde ein Glas-Erlenmeyerkolben (Volumen 2 Liter) mit einem Magnetrührer mit integrierter Herdplatte verwendet.

Anhang 1.05 Messung der Kavitation – Nachweis von gebildeten Radikalen (Weissler-Reaktion)

Die Erstellung einer Kalibrierkurve für das Photometer erfolgte durch entsprechende Verdünnung einer Iod-Stammlösung mit einer Stoffmengenkonzentration von 0,0453 mol/l (Anhang-Abbildung 4). Die Stoffmengenkonzentration der Iod-Stammlösung wurde durch Titration mit 0,1 molarer Natriumthiosulfatlösung und Zugabe von Stärke bis zum Farbumschlag bestimmt.

Für die Bewertung der Kavitation in Abhängigkeit verschiedener Parameter der Ultraschallbehandlung wurde Kaliumiodidlösung (150 ml) in der Batchzelle mit der Sonotrode BS2d22 beschallt. Zur Erzielung einer Temperaturkonstanz während der Ultraschallbehandlung befand sich die KI-Lösung in einer Aluminiumschale, die in einem Eisbad (Wasser mit Eiswürfeln) fixiert wurde. Die Aluminiumschale hatte die Form eines Kegelstumpfes mit einem Durchmesser der Grundfläche von 114 mm und einem Volumen von 280 ml. Die KI-Lösung wurde durch Zugabe von Kaliumiodid in deionisiertem Wasser unter Rühren bis zur Aufklarung der Lösung hergestellt. Das deionisierte Wasser wurde aus Leitungswasser über das Vorbeiführen an einem Ionenaustauscherharz gewonnen (maximale Leitfähigkeit γ_{Fl} = 5 µS/cm).

Die Auswahl der Stoffmengenkonzentrationen der KI-Lösung erfolgte durch Tests mit der Beschallung bei drei verschiedenen Stoffmengenkonzentrationen KI (Anhang-Abbildung 5). Die Hauptuntersuchungen der Ultraschallbehandlung von Kaliumiodid-Lösung erfolgten mit einer Stoffmengenkonzentration *c(KI)* von 312 mmol/l – entspricht einer Massenkonzentration von 51,8 g/l. Das in der Prüflösung im Überschuss vorhandene Kaliumiodid kann bei einer Wellenlänge von 340 nm ebenfalls Licht absorbieren. Die Messung ergab bei einer KI-Lösung mit einer Stoffmengenkonzentration *c(KI)* von 312 mmol/l ein spektrales Absorptionsmaß von 0,0014, so dass die daraus entstehende systematische Abweichung mit 1,5 % abgeschätzt werden kann.

Um die Lichtempfindlichkeit der Iodid-Lösung während der Versuchsdurchführung zu bewerten, wurde die Abnahme des spektralen Absorptionsmaßes über die Zeit einer Iod-Lösung mit einer Stoffmengenkonzentration von 0,75 mmol/l unter Nutzung des Versuchsaufbaus bewertet. Das spektrale Absorptionsmaß sinkt um $1{,}03 \cdot 10^{-3}$ Einheiten je Minute. Bei einer Probenbeschallung von 2 Minuten und der anschließenden Messung der Probe innerhalb weiterer 2 Minuten kann die daraus resultierende systematische Abweichung mit 1 % abgeschätzt werden.

Die Wiederholgrenze g als Maß für die Wiederholpräzision (Wiederholbarkeit) einer Messmethode kann für eine Wahrscheinlichkeit von 95 % aus dem Produkt des Quantils der standardisierten Normalverteilung $u_{1-\alpha/2} = 1{,}96$, der Konstanten $\sqrt{2}$ sowie der Wiederholstandardabweichung σ_r abgeschätzt werden (191). Nach (192) kann die Wiederholstandardabweichung für einen ausreichend hohen Stichprobenumfang (hier $n = 30$) durch die empirische Standardabweichung ersetzt werden (Anhang-Tabelle 1).

Die Bestimmung eines Messergebnisses nach der Messmethode nach Weissler-Reaktion erfolgte aus der Messung von zehn Einzelmessungen ($m = 9$). Für eine Wahrscheinlichkeit von 90 % (t–Verteilung, zweiseitig) kann der Vertrauensbereich mit $s \cdot t/\sqrt{n}$ mit $t = 1{,}83$ nach (140) abgeschätzt werden (Anhang-Tabelle 1).

Anhang-Tabelle 1: Wiederholgrenze und Vertrauensbereich der Messmethode nach Weissler-Reaktion

Schwingweite Ultraschallsonotrode in µm	**35**	**65**
Mittelwert für $n = 10$ in -	0,080	0,179
Standardabweichung für $n = 10$ in -	0,009	0,018
Wiederholgrenze für $n = 30$ in -	0,024	0,049
Vertrauensbereich für $n = 10$, $\alpha = 0{,}1$ in -	0,007	0,011

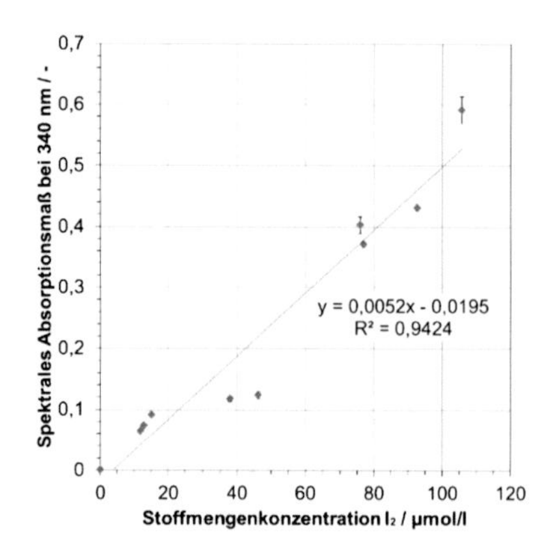

Anhang-Abbildung 4: Eichkurve des spektralen Absorptionsmaß für eine wässrige Iod-Lösung bei einer Wellenlänge von 340 nm

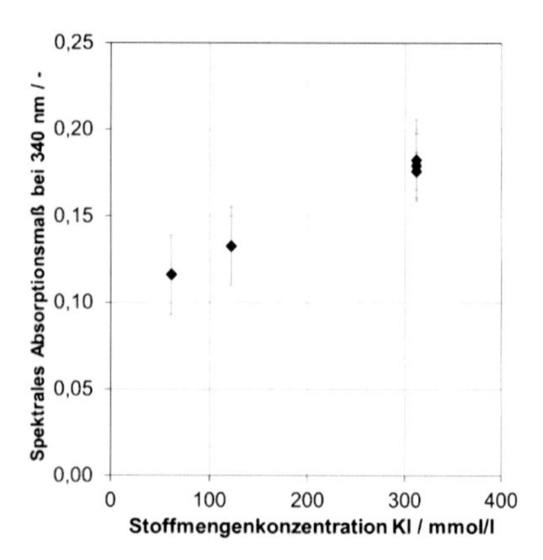

Anhang-Abbildung 5: Spektrales Absorptionsmaß als Funktion der Stoffmengenkonzentration einer wässrigen Kaliumiodid-Lösung bei einer Wellenlänge von λ = 340 nm nach Beschallung eines Volumens V = 150 ml mit Ultraschall bei einem Druck p = 3 bar, einer Schwingweite $\hat{y}$ = 65 µm, einer Dauer t = 120 s, einer Temperatur ϑ = 14 °C ± 8 °C

Anhang 1.06 Statistische Bewertung der Versuchsergebnisse

In den genutzten Software-Paketen basiert die Bestimmung der Regressionsparameter auf der Methode der kleinsten Quadrate, indem die Regressionsparameter so gewählt werden, dass die Summe der quadrierten Residuen minimal ist. Die Residuen stellen dabei die Abweichungen der empirisch ermittelten Werte der Zielgröße von den Regresswerten (durch Regressionsmodell berechnete Werte der Zielgröße) der jeweiligen Realisierung dar. Die multiple Regression, bei der mehr als eine Einflussgröße betrachtet wird, basiert ebenfalls auf der Methode der kleinsten Quadrate für die Bestimmung der Regressionsparameter, wobei die Zielgröße, die Regressionsparameter und die Störgrößen als Vektoren und die Einflussgrößen als Matrizen dargestellt werden können. Für die formelmäßige Darstellung wird auf die entsprechende Literatur (193), (194) verwiesen. Bei der Regressionsanalyse wird der Zusammenhang zwischen einem Merkmal (Zielgröße), das zufällig ist, hinsichtlich seiner Abhängigkeit von fest vorgegebenen und damit nicht zufälligen Merkmalen (Einflussgrößen) beurteilt. Im Unterschied dazu erfolgt bei der Korrelationsanalyse eine Beurteilung des Zusammenhanges von zwei oder mehreren zufälligen Merkmalen. Dass der Wert einer Einflussgröße bei Wiederholung eines Experimentes nicht exakt reproduziert werden kann und damit auch in gewisser Weise zufällig ist, wird bei der Regressionsanalyse vernachlässigt und fließt in den Fehler des Regressionsmodells ein.

Der Effekt einer einzelnen Einflussgröße auf die Zielgröße stellt ein Maß des Einflusses dar, den die einzelne Einflussgröße auf die Zielgröße ausübt. Ein Regressionsmodell wird mit den Regressionskoeffizienten β_k und der Regressionskonstanten angegeben.

Zur Bewertung, ob die einzelnen Einflussfaktoren des Regressionsmodells für die Berechnung der Zielgröße relevant sind, kann der Wert einer Teststatistik t_k und der p-Wert („Probability level", „Significance") für jede Einflussgröße X_k herangezogen werden. Dabei erfolgt eine Prüfung gegen die Nullhypothese: „Einflussgröße X_k hat keinen Einfluss auf die Zielgröße". Der Wert der Teststatistik t_i für eine Einflussgröße X_k prüft, ob der Wert des Standardfehlers 0 ist. Der t-Wert kann mit $t_k = \beta_k / se_k$ ausgedrückt werden, mit dem Regressionskoeffizienten β_k und dem Standardfehler des Regressionskoeffizienten se_k. Der Standardfehler ist mit $se_k = \hat{\sigma} / \sqrt{SS_k}$ definiert, der aus der Schätzung der empirischen Varianz $\hat{\sigma}^2$ und SS_k, der Quadratsumme (sum of squares) einer Einflussgröße X_k bestimmt werden kann. Die Schätzung der empirischen Varianz $\hat{\sigma}^2$ kann aus den Residuen, also den Differenzen der beobachteten (gemessenen) Werten der Zielgröße und den berechneten Werten der Zielgröße (Regresswerte), mit $\hat{\sigma}^2 = \frac{1}{m} \sum_i R_i^2$ abgeschätzt werden. Die Quadratsumme einer Einflussgröße X_k, kann aus $SS_k = \sum_i (x_i - \bar{x})^2$ mit den Realisierungen x_i der Einflussgröße X_k sowie dem Mittelwert $\bar{x}$ der Realisierungen bestimmt werden. Der p-Wert ist die Fläche unterhalb der Verteilungsfunktion der Test-Statistik vom Wert der Testgröße an in Richtung anwachsender Abszisse der Testgröße (bei einseitiger Fragestellung), ist aber kein Maß für die Größe des Effekts. (195), (196)

Eine Bewertung der Güte des jeweiligen Regressionsmodells erfolgte durch statistische Prüfgrößen, insbesondere auch in Hinblick darauf, dass nicht alle erhobenen Versuchsserien in dieser Arbeit streng den Anforderungen einer statistischen Versuchsplanung beispielsweise hinsichtlich Orthogonalität, Randomisierung oder Drehbarkeit des Versuchsplanes genügen. Die Reststreuung $\hat{s}^2$ des Regressionsmodells kann nach Gleichung (20) angegeben werden, wobei n der Umfang der Realisierungen (Stichprobenumfang), m die Anzahl der Variablen beziehungsweise der betrachteten Einflussgrößen, y_i die Messwerte der Zielgröße und $\acute{y}_i$ die Schätzwerte der Zielgröße darstellen. (197), (198)

$$\hat{s}^2 = \frac{1}{n - m + 1} \sum_{i=1}^{n} (y_i - \acute{y}_i)^2 \qquad (20)$$

Das Bestimmtheitsmaß B eines (linearen) Regressionsmodells wird nach Gleichung (21) berechnet, wobei $\bar{y}$ der Mittelwert der Messwerte der Zielgröße darstellt (197), (196).

$$B = 1 - \frac{\sum_{i=1}^{n} (y_i - \acute{y}_i)^2}{\sum_{i=1}^{n} (y_i - \bar{y})^2} \qquad (21)$$

Als Irrtumswahrscheinlichkeit wurde 5 % gewählt.

Anhang 2. Kapitel „Darstellung und Diskussion der Ergebnisse“

Anhang 2.01 Messung der Kavitation – Weissler-Reaktion (Spektrales Absorptionsmaß)

Anhang-Tabelle 2: Daten zu Messung der Kavitation – Weissler-Reaktion (Spektrales Absorptionsmaß)

Versuch-Nr.	Tag	Parameter						Messwerte											Verwendung in Regressionsmodell
		Generator	Verstärkungsfaktor	ŷ	p	t	c(KI)	Leistung		Intensität	Extinktion				Temperatur Medium				
											Probe 1	Probe 2	MW	Stabw	Probe 1		Probe 2		
								Probe 1	Probe 2	MW	MW	MW			Start	Ende	Start	Ende	
-	-	%	-	µm	bar	s	mmol/L	W	W	W/cm²	-	-	-	-	°C	°C	°C	°C	-
1	1	60	6,05	65	3	120	312	460	460	121	0,19	0,17	0,18	0,02	15,8	15,2	15,4	16,7	ja, (in)
2	1	40	6,05	50	0	120	312	142	141	37	0,10	0,11	0,10	0,01	12,3	9,2	13,1	11,3	ja, (in)
3	1	100	6,05	96	0	120	312	310	312	82	0,15	0,15	0,15	0,01	13,6	10,3	12,8	8,8	ja, (in)
4	1	60	6,05	65	3	120	312	465	465	122	0,17	0,19	0,18	0,01	12,7	12,3	13,1	11,3	ja, (in)
5	2	60	6,05	65	3	30	312	466	461	122	0,05	0,04	0,04	0,00	16,4	15,7	14,8	14,6	nein
6	2	20	6,05	35	3	120	312	270	255	69	0,10	0,07	0,08	0,01	17,9	13,7	17,3	16,2	ja, (in)
7	2	60	6,05	65	0	120	312	191	192	50	0,10	0,10	0,10	0,00	14,5	8,4	15,8	10,2	ja, (in)
8	2	20	6,05	35	5	120	312	390	395	103	0,11	0,08	0,09	0,01	13,8	13,6	17,3	11,6	ja, (in)
9	2	100	6,05	96	3	120	312	685	693	181	0,18	0,26	0,22	0,04	16,6	21,2	15,7	16,8	ja, (in)
10	2	80	6,05	80	0	120	312	265	268	70	0,12	0,14	0,13	0,01	17,3	7,7	17,2	12,2	ja, (in)
11	2	60	6,05	65	3	120	312	447	445	117	0,16	0,20	0,18	0,02	17,4	15,2	18,1	19,6	ja, (in)
12	2	60	6,05	65	3	60	312	453	447	118	0,09	0,09	0,09	0,00	16,6	14,2	15,5	16,5	nein
13	2	20	6,05	35	0	120	312	104	103	27	0,06	0,07	0,06	0,00	18,1	8,9	19,3	9,4	ja, (in)
14	2	60	6,05	65	1	120	312	270	270	71	0,14	0,15	0,14	0,00	16,3	12,8	18,5	10,2	ja, (in)
15	3	100	6,05	96	1	120	312	419	414	110	0,17	0,20	0,19	0,02	15,2	9,7	15,7	9,1	ja, (in)
16	3	20	6,05	35	3	120	312	250	254	66	0,08	0,08	0,08	0,00	15,7	12,3	14,6	10,2	ja, (in)
17	3	20	6,05	35	1	120	312	153	152	40	0,06	0,08	0,07	0,01	17,2	9,1	18,1	8,7	ja, (in)
18	3	60	6,05	65	5	120	312	608	616	161	0,22	0,24	0,23	0,01	18,6	21,7	17,8	22	ja, (out)
19	3	60	6,05	65	3	120	122	442	445	117	0,11	0,15	0,13	0,02	19,2	13,1	18,4	14,2	nein
20	3	60	6,05	65	3	120	61	443	440	116	0,09	0,14	0,12	0,02	18,2	14,2	18,3	15,5	nein
21	3	57	3,36	35	3	120	312	243	249	65	0,08	0,08	0,08	0,00	17,1	13,3	18,3	14,2	ja, (in)
22	3	20	3,36	19	5	120	312	194	141	44	0,05	0,02	0,04	0,01	16,3	11,5	18,2	15,8	ja, (in)
23	3	20	3,36	19	1	120	312	100	99	26	0,03	0,03	0,03	0,00	18,8	10,1	18,5	8,2	ja, (in)
24	3	93	3,36	50	0	120	312	183	181	48	0,10	0,10	0,10	0,00	19,1	9,3	18,7	8,4	ja, (in)
25	3	20	3,36	19	3	120	312	141	151	38	0,05	0,04	0,04	0,00	18,2	9,3	16,4	10,4	ja, (in)
26	3	20	3,36	19	0	120	312	71	71	19	0,03	0,03	0,03	0,00	16,6	9,8	18,3	9,8	ja, (in)
27	4	57	3,36	35	3	120	312	245	256	66	0,07	0,08	0,07	0,00	14,8	11,2	14,4	10	ja, (in)
28	4	57	3,36	35	0	120	312	114	114	30	0,06	0,06	0,06	0,00	14,6	7,1	15,2	6,8	ja, (in)
29	4	58	0,95	10	3	120	312	83	88	23	0,03	0,03	0,03	0,00	15,4	5,2	16,2	7,7	ja, (in)
30	4	20	0,95	6	0	120	312	40	38	10	0,02	0,02	0,02	0,00	16,1	4,8	15,9	6,2	ja, (in)
31	4	100	0,95	15	0	120	312	82	82	22	0,04	0,04	0,04	0,00	14,3	5,6	15	5,8	ja, (in)
32	4	20	0,95	6	3	120	312	52	58	14	0,02	0,02	0,02	0,00	15,3	5,5	13,5	5,4	ja, (in)
33	4	20	0,95	6	5	120	312	48	47	13	0,02	0,02	0,02	0,00	14,1	2,3	14,6	2,7	ja, (in)
34	4	58	0,95	10	3	120	312	65	86	20	0,02	0,03	0,03	0,01	16,4	6,2	16,2	6,7	ja, (in)
35	5	100	0,95	15	5	120	312	159	169	43	0,03	0,04	0,04	0,00	15,9	9,6	15,1	10,6	ja, (in)
36	5	58	0,95	10	0	120	312	57	57	15	0,02	0,03	0,02	0,00	16,1	5,1	15,8	9,5	ja, (in)

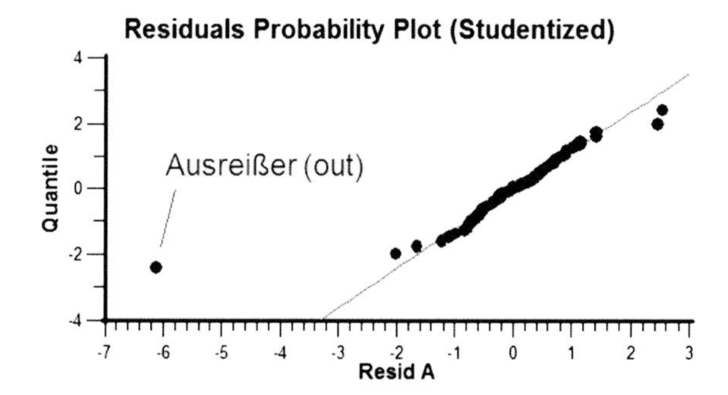

Anhang-Abbildung 6: Residuen im Wahrscheinlichkeitsnetz, Regressionsmodell Kavitationsmessung nach Weissler-Reaktion, Daten Anhang-Tabelle 2

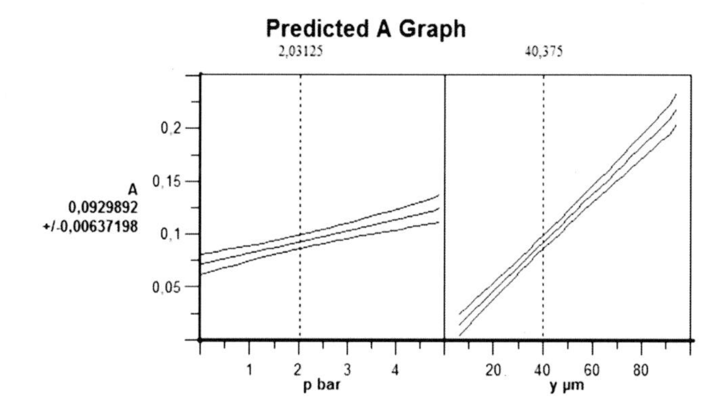

Anhang-Abbildung 7: Einfluss der Einflussgrößen auf die Zielgröße mit Vertrauensbereich (95 %), Regressionsmodell Kavitationsmessung nach Weissler-Reaktion, Daten Anhang-Tabelle 2

Anhang 2.02 Messung der Kavitation – Kavitationsindex

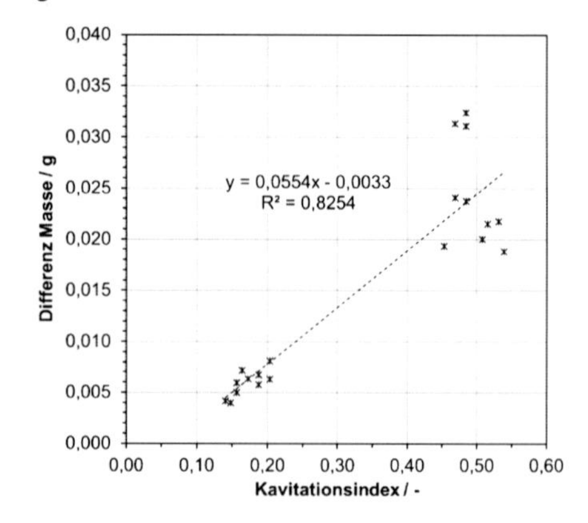

Anhang-Abbildung 8: Vergleich Messmethoden zur Bestimmung der Kavitation (Messung Massenverlust eines metallischen Prüfkörpers (Differenz Masse), Kavitationsindex (metallische Prüfkörper))

Anhang-Tabelle 3: Rohdaten Kavitationsmessung (metallische Prüfkörper), (139)

Versuchs-punkt	c	y	p	As	P_{Netto}	K_A
	%	µm	bar	cm²	W	-
	x1	x2	x3	x4	y1	y2
KKF0-0a	0,0	30,0	0,0	12,6	176,9	0,33
KKF0-0b	0,0	30,0	0,0	12,6	178,1	0,34
KKF0-2a	2,0	30,0	0,0	12,6	184,5	0,21
KKF0-2b	2,0	30,0	0,0	12,6	179,0	0,27
KKF0-4a	4,0	30,0	0,0	12,6	161,7	0,09
KKF0-4b	4,0	30,0	0,0	12,6	152,9	0,11
KKF0-6a	6,0	30,0	0,0	12,6	148,9	0,04
KKF0-6b	6,0	30,0	0,0	12,6	148,7	0,03
KKF5-4a	4,0	30,0	5,0	12,6	829,0	0,69
KKF5-4b	4,0	30,0	5,0	12,6	829,0	0,65
KKF5-6a	6,0	30,0	5,0	12,6	566,1	0,77
KKF5-6b	6,0	30,0	5,0	12,6	539,8	0,77
KKF5-8a	8,0	30,0	5,0	12,6	444,9	0,70
KKF5-8b	8,0	30,0	5,0	12,6	442,1	0,75
KKF5-10a	10,0	30,0	5,0	12,6	370,6	0,45
KKF5-10b	10,0	30,0	5,0	12,6	345,0	0,60
KKF5-12a	12,0	30,0	5,0	12,6	229,4	0,20
KKF5-12b	12,0	30,0	5,0	12,6	215,7	0,07
KKF2,5-2a	2,0	30,0	2,5	12,6	481,4	0,41
KKF2,5-2b	2,0	30,0	2,5	12,6	491,0	0,31
KKF2,5-4a	4,0	30,0	2,5	12,6	457,1	0,39
KKF2,5-4b	4,0	30,0	2,5	12,6	456,9	0,45
KKF2,5-6a	6,0	30,0	2,5	12,6	386,4	0,39
KKF2,5-6b	6,0	30,0	2,5	12,6	307,1	0,22
KKF2,5-8a	8,0	30,0	2,5	12,6	308,7	0,24
KKF2,5-8b	8,0	30,0	2,5	12,6	334,7	0,23
KKF2,5-10a	10,0	30,0	2,5	12,6	295,5	0,22
KKF2,5-10b	10,0	30,0	2,5	12,6	273,0	0,19
LKF5-4a	4,0	23,0	5,0	12,6	598,0	0,47
LKF5-4b	4,0	23,0	5,0	12,6	581,5	0,36
LKF5-6a	6,0	23,0	5,0	12,6	517,8	0,75
LKF5-6b	6,0	23,0	5,0	12,6	503,2	0,70
LKF5-8a	8,0	23,0	5,0	12,6	333,8	0,58
LKF5-8b	8,0	23,0	5,0	12,6	309,9	0,65
LKF5-10a	10,0	23,0	5,0	12,6	235,4	0,27
LKF5-10b	10,0	23,0	5,0	12,6	235,1	0,23
MKF5-0a	0,0	18,0	5,0	12,6	313,1	0,48
MKF5-0b	0,0	18,0	5,0	12,6	300,0	0,51
MKF5-2a	2,0	18,0	5,0	12,6	310,1	0,66
MKF5-2b	2,0	18,0	5,0	12,6	322,4	0,52
MKF5-4a	4,0	18,0	5,0	12,6	329,9	0,27
MKF5-4b	4,0	18,0	5,0	12,6	316,5	0,32
MKF5-6a	6,0	18,0	5,0	12,6	393,2	0,52
MKF5-6b	6,0	18,0	5,0	12,6	360,5	0,54
MKF5-8a	8,0	18,0	5,0	12,6	261,5	0,49
MKF5-8b	8,0	18,0	5,0	12,6	251,0	0,58
MKF5-10a	10,0	18,0	5,0	12,6	197,6	0,16
MKF5-10b	10,0	18,0	5,0	12,6	197,2	0,20
VKF0-0a	0,0	28,0	0,0	9,1	105,6	0,26
VKF0-0b	0,0	28,0	0,0	9,1	104,8	0,28
VKF0-1a	1,0	28,0	0,0	9,1	107,8	0,26
VKF0-1b	1,0	28,0	0,0	9,1	104,9	0,25
VKF0-2a	2,0	28,0	0,0	9,1	108,5	0,16
VKF0-2b	2,0	28,0	0,0	9,1	108,9	0,15
VKF0-3a	3,0	28,0	0,0	9,1	71,3	0,06
VKF0-3b	3,0	28,0	0,0	9,1	73,5	0,05
VKF0-4a	4,0	28,0	0,0	9,1	67,3	0,02
VKF0-4b	4,0	28,0	0,0	9,1	63,1	0,03
VKF5-0a	0,0	28,0	5,0	9,1	496,6	0,49
VKF5-0b	0,0	28,0	5,0	9,1	498,5	0,65
VKF5-1a	1,0	28,0	5,0	9,1	457,8	0,38
VKF5-1b	1,0	28,0	5,0	9,1	482,2	0,45
VKF5-2a	2,0	28,0	5,0	9,1	508,5	0,39
VKF5-2b	2,0	28,0	5,0	9,1	493,4	0,44
VKF5-3a	3,0	28,0	5,0	9,1	247,7	0,36
VKF5-3b	3,0	28,0	5,0	9,1	346,6	0,43
VKF5-4a	4,0	28,0	5,0	9,1	154,9	0,27
VKF5-4b	4,0	28,0	5,0	9,1	150,2	0,30
VKF5-5a	5,0	28,0	5,0	9,1	149,1	0,37
VKF5-5b	5,0	28,0	5,0	9,1	163,8	0,37
VKF5-6a	6,0	28,0	5,0	9,1	151,7	0,41

Versuchs-punkt	c	y	p	As	P_{Netto}	K_A
	%	µm	bar	cm²	W	-
	x1	x2	x3	x4	y1	y2
VKF5-6b	6,0	28,0	5,0	9,1	149,5	0,39
VKF5-7a	7,0	28,0	5,0	9,1	142,9	0,37
VKF5-7b	7,0	28,0	5,0	9,1	147,6	0,36
VKF5-7c	7,0	28,0	5,0	9,1	147,6	0,29
VKF5-8a	8,0	28,0	5,0	9,1	146,8	0,06
VKF5-8b	8,0	28,0	5,0	9,1	136,8	0,08
VKF5-10a	10,0	28,0	5,0	9,1	136,8	0,02
VKF5-10b	10,0	28,0	5,0	9,1	134,1	0,09
BKF5-0a	0,0	24,0	5,0	9,1	396,3	0,44
BKF5-0b	0,0	24,0	5,0	9,1	409,9	0,52
BKF5-2a	2,0	24,0	5,0	9,1	429,7	0,43
BKF5-2b	2,0	24,0	5,0	9,1	422,2	0,40
BKF5-4a	4,0	24,0	5,0	9,1	160,6	0,23
BKF5-4b	4,0	24,0	5,0	9,1	162,4	0,34
BKF5-6a	6,0	24,0	5,0	9,1	138,1	0,24
BKF5-6b	6,0	24,0	5,0	9,1	136,3	0,33
BKF5-8a	8,0	24,0	5,0	9,1	123,7	0,02
BKF5-8b	8,0	24,0	5,0	9,1	128,4	0,04
AKF5-0a	0,0	51,0	5,0	9,1	399,5	0,76
AKF5-0b	0,0	51,0	5,0	9,1	456,8	0,77
AKF5-2a	2,0	51,0	5,0	9,1	291,4	0,23
AKF5-2b	2,0	51,0	5,0	9,1	567,2	0,20
AKF5-4a	4,0	51,0	5,0	9,1	539,6	0,55
AKF5-4b	4,0	51,0	5,0	9,1	467,9	0,39
AKF5-6a	6,0	51,0	5,0	9,1	292,1	0,38
AKF5-6b	6,0	51,0	5,0	9,1	241,5	0,30
AKF5-8a	8,0	51,0	5,0	9,1	234,9	0,07
AKF5-8b	8,0	51,0	5,0	9,1	224,6	0,06
AKF5-10a	10,0	51,0	5,0	9,1	224,6	0,05
AKF5-10b	10,0	51,0	5,0	9,1	196,9	0,05
VKF2,5-0a	0,0	33,0	2,5	9,1	359,1	0,52
VKF2,5-0b	0,0	33,0	2,5	9,1	353,5	0,52
VKF2,5-2a	2,0	33,0	2,5	9,1	374,0	0,30
VKF2,5-2b	2,0	33,0	2,5	9,1	369,2	0,45
VKF2,5-4a	4,0	33,0	2,5	9,1	256,4	0,45
VKF2,5-4b	4,0	33,0	2,5	9,1	274,8	0,50
VKF2,5-6a	6,0	33,0	2,5	9,1	108,0	0,02
VKF2,5-6b	6,0	33,0	2,5	9,1	136,8	0,13
VKF2,5-8a	8,0	33,0	2,5	9,1	108,6	0,01
VKF2,5-8b	8,0	33,0	2,5	9,1	107,6	0,00
DKF0-2a	2,0	68,0	0,0	3,8	104,8	0,08
DKF0-2b	2,0	68,0	0,0	3,8	95,3	0,08
DKF5-2a	2,0	68,0	5,0	3,8	131,6	0,13
DKF5-2b	2,0	68,0	5,0	3,8	128,7	0,07
DKF0-7a	7,0	68,0	0,0	3,8	48,2	0,00
DKF0-7b	7,0	68,0	0,0	3,8	50,5	0,00
DKF5-7a	7,0	68,0	5,0	3,8	101,4	0,00
DKF5-7b	7,0	68,0	5,0	3,8	96,3	0,00
FKF0-2a	2,0	68,0	0,0	3,8	107,2	0,10
FKF0-2b	2,0	68,0	0,0	3,8	108,6	0,10
FKF5-2a	2,0	68,0	5,0	3,8	152,7	0,00
FKF5-2b	2,0	68,0	5,0	3,8	147,3	0,00
FKF0-7a	7,0	68,0	0,0	3,8	48,4	0,07
FKF0-7b	7,0	68,0	0,0	3,8	51,3	0,15
FKF5-7a	7,0	68,0	5,0	3,8	109,4	0,07
FKF5-7b	7,0	68,0	5,0	3,8	104,2	0,02
GKF0-0a	0,0	68,0	0,0	3,8	92,4	0,06
GKF0-0b	0,0	68,0	0,0	3,8	92,1	0,07
GKF5-0a	0,0	68,0	5,0	3,8	540,0	0,22
GKF5-0b	0,0	68,0	5,0	3,8	540,6	0,17
HKF0-0a	0,0	28,0	0,0	3,8	13,2	0,03
HKF0-0b	0,0	28,0	0,0	3,8	13,6	0,03
HKF5-0a	0,0	28,0	5,0	3,8	164,6	0,07
IKF0-0a	0,0	68,0	0,0	3,8	99,6	0,09
IKF0-0b	0,0	68,0	0,0	3,8	96,4	0,09
IKF5-0a	0,0	68,0	5,0	3,8	539,0	0,36
IKF5-0b	0,0	68,0	5,0	3,8	540,8	0,30
JKF0-0a	0,0	28,0	0,0	3,8	14,5	0,03
JKF0-0b	0,0	28,0	0,0	3,8	13,5	0,03
JKF5-0a	0,0	28,0	5,0	3,8	173,4	0,00
JKF5-0b	0,0	28,0	5,0	3,8	176,9	0,00

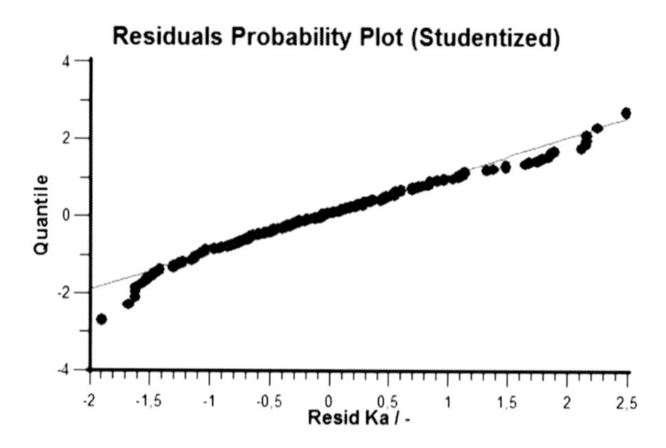

Anhang-Abbildung 9: Residuen im Wahrscheinlichkeitsnetz, Regressionsmodell Kavitationsmessung (metallische Prüfkörper), Daten Anhang-Tabelle 3

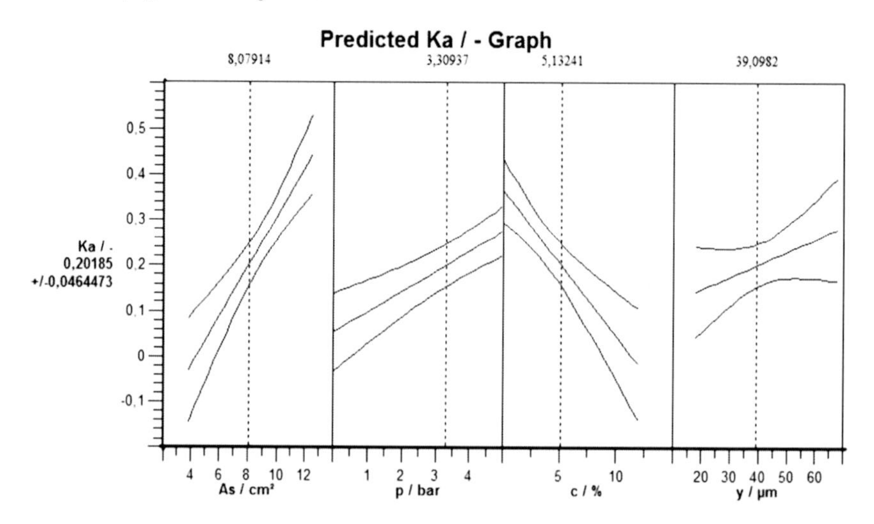

Anhang-Abbildung 10: Einfluss der Einflussgrößen auf die Zielgröße mit Vertrauensbereich (95 %), Regressionsmodell Kavitationsmessung (metallische Prüfkörper), Daten Anhang-Tabelle 3

Anhang 2.03 Feststoffgehalt der Faserstoffsuspension

Anhang-Tabelle 4: Versuchsdaten – Feststoffgehalt der Faserstoffsuspension

Versuchsreihe				Feststoffgehalt					
Faserrohstoff				AP 1.02 1.04				EuSa	
Versuchspunkt				AP-0	AP-U6	AP-U3	AP-U3e	0-HCU	HCU
Daten Behandlung	Stoffdichte Stoffsuspension		%	-	6	3	3	-	8
	Statischer Überdruck		bar	-	5	5	5	-	5
	Strömungsgeschwindigkeit		m/min	-	-	-	-	-	-
	Temperatur Stoffsuspension		°C	-	20	20	20	-	20
	Versuchsstand		-	-	Batch	Batch	Batch	-	Batch
	Reaktor / Becher		-	-	Becher, 400 ml	Becher, 400 ml	Becher, 400 ml	-	Becher, 400 ml
	Durchmesser Sonotrode		mm	-	40	40	40	-	40
	Schwingweite der Sonotrode		µm (pkpk)	-	30	30	30	-	30
	Leistung, Brutto		W	-	585	842	823	-	320
	Leerlaufleistung		W	-	94	94	94	-	110
	SEC, Netto		kWh/t	0	407	1170	457	0	567
	Schallintensität, Netto		W/cm²	-	39	59	58	-	17
Faserstoff-eigensch.	Entwässerungs-widerstand	Messung 1	SR	36	42	51	45	15	16
		Messung 2	SR	37	43	51	45	15	16
	WRV	MW	g/g	0,52	0,50	0,49	0,50	0,81	0,85
		Stabw	g/g	0,002	0,001	0,000	0,001	0,004	0,006
Physikalische Blattprüfung	Flächenmasse	MW	g/m²	75,5	76,9	75,5	75,7	80,7	83,7
		Stabw	g/m²	0,3	0,2	0,9	1,9	1,9	0,8
	Dicke	MW	µm	141	142	138	139	154	161
		Stabw	µm	1,3	1,6	1,7	1,7	4,0	1,4
	Scheinbare Dichte	MW	g/cm³	0,53	0,54	0,55	0,55	0,52	0,52
		Stabw	g/cm³	0,01	0,01	0,02	0,04	0,05	0,02
	Zugfestigkeit (Tensile-Index)	MW	Nm/g	35,9	37,6	42,3	38,8	17,1	19,4
		Stabw	Nm/g	1,7	3,4	2,2	2,0	0,9	0,3

Anhang 2.04 Schwingweite und Intensität

Anhang-Tabelle 5: Versuchsdaten – Schwingweite

Versuchsreihe					**Schwingweite**						
Faserrohstoff					**Altpapier 1.02 + 1.04**			**EuSa**			
Versuchspunkt					**AmpK4_00**	**AmpK4_2**	**AmpK4_3**	**AmpK3_00**	**AmpK3_1**	**AmpK3_2**	**AmpK3_3**
Daten Behandlung	Stoffdichte Stoffsuspension			%	-	2	2	-	2	2	2
	Statischer Überdruck			bar	-	3	0,8	-	3	1,8	0,8
	Volumenstrom			l/min	-	1,5	1,5	-	1,5	1,5	1,5
	Temperatur Stoffsuspension			°C	-	30	30	-	30	30	30
	Versuchsstand			-	-	Konti	Konti	-	Konti	Konti	Konti
	Reaktor / Becher			-	-	T-Stück	T-Stück	-	T-Stück	T-Stück	T-Stück
	Durchmesser Sonotrode			mm	-	22	22	-	22	22	22
	Schwingweite der Sonotrode			µm (pkpk)	-	68	123	-	68	96	123
	SEC, Netto			kWh/t	0	500	517	0	511	511	510
	Schallintensität, Netto			W/cm²	-	118	121	-	120	120	119
Faserstoffeigenschaften	Entwässerungswiderstand		Messung 1	SR	29	40	39	15	15	15	15
			Messung 2	SR	29	40	39	15	15	15	15
	WRV		MW	g/g	0,92	0,95	0,95	0,80	0,86	0,83	0,88
			Stabw	g/g	0,01	0,01	0,00	0,00	0,01	0,01	0,01
	Ganzstoff	Durchmesser	MW	µm	20,3	20,4	20,2	15,7	15,8	15,8	15,8
		Wandstärke	MW	µm	5,8	5,8	5,8	3,8	3,8	3,9	3,8
		Curl	MW	%	-	-	-	-	-	-	-
		Fibrillierungs-Index	MW	%	6,1	5,7	5,7	3,7	3,5	3,7	3,6
		L(l) c	MW	mm	1,22	1,20	1,21	0,84	0,84	0,82	0,82
		Fines(n) c	MW	%	23,1	26,7	25,7	-	6,5	6,8	7,7
Physikalische Blattprüfung	Flächenmasse		MW	g/m²	81,1	82,0	81,4	82,4	80,8	83,3	86,6
			Stabw	g/m²	0,0	0,2	0,0	0,0	0,0	0,0	0,0
	Dicke		MW	µm	138	144	138	156	151	154	159
			Stabw	µm	2,4	12,3	2,3	3,3	3,2	3,3	2,1
	Scheinbare Dichte		MW	g/cm³	0,59	0,57	0,59	0,53	0,53	0,54	0,55
			Stabw	g/cm³	0,00	0,05	0,00	0,00	0,01	0,00	0,00
	Zugfestigkeit (Tensile-Index)		MW	kNm/kg	32,8	35,0	36,8	19,9	24,7	24,3	25,1
			Stabw	kNm/kg	1,4	2,4	1,6	0,5	1,1	0,6	1,1

Anhang-Tabelle 6: Versuchsdaten – Intensität

Versuchsreihe				Intensität								
Faserrohstoff				Altpapier 1.02 + 1.04			Altpapier (SC-Papier)			EuSa		
Versuchspunkt				US50	US51	US52	US0	US41	US43	US60	US61	US62
Daten Behandlung	Stoffdichte Stoffsuspension		%	-	2	2	-	2	2	-	2	2
	Statischer Überdruck		bar	-	5	5	-	5	5	-	5	5
	Volumenstrom		l/min	-	-	-	-	-	-	-	-	-
	Temperatur Stoffsuspension		°C	-	40	40	-	40	40	-	40	40
	Versuchsstand		-	-	Batch	Batch	-	Batch	Batch	-	Batch	Batch
	Reaktor / Becher		-	-	400 ml Becher	400 ml Becher	-	400 ml Becher	400 ml Becher	-	400 ml Becher	400 ml Becher
	Durchmesser Sonotrode		mm	-	10	10	-	10	10	-	10	10
	Schwingweite der Sonotrode		µm (pkpk)	-	168	168	-	168	168	-	168	168
	SEC, Netto		kWh/t	0	447	894	0	453	899	0	433	866
	Schallintensität, Netto		W/cm²	-	441	441	-	447	443	-	427	427
Faserstoffeigenschaften	Entwässerungswiderstand	Messung 1	SR	30	41	42	64	67	67	15	16	15
		Messung 2	SR	30	41	42	64	67	67	15	16	15
	WRV	MW	g/g	0,94	1,02	1,07	1,09	1,17	1,08	0,81	0,84	0,86
		Stabw	g/g	0,01	0,01	0,02	0,01	0,01	0,02	0,00	0,00	0,00
	Ganzstoff – Durchmesser	MW	µm	22,2	21,8	22,1	-	23,7	23,4	17,4	17,2	17,3
	Ganzstoff – Wandstärke	MW	µm	6,2	5,9	5,9	-	7,1	6,9	3,7	3,7	3,8
	Ganzstoff – Curl	MW	%	16,1	15,6	15,2	-	17,7	18,1	17,1	16,2	16,1
	Ganzstoff – Fibrillierungs-Index	MW	%	5,9	5,5	5,5	-	7,2	7,6	3,7	3,1	3,0
	Ganzstoff – L(l) c	MW	mm	1,29	0,57	0,57	-	1,17	1,15	0,81	0,81	0,80
	Ganzstoff – Fines(n) c	MW	%	19,5	29,3	29,4	-	9,9	10,1	7,3	8,4	8,4
Physikalische Blattprüfung	Flächenmasse	MW	g/m²	82,1	80,5	80,1	81,3	79,4	80,3	80,7	81,6	82,3
		Stabw	g/m²	1,5	0,7	1,6	1,3	4,6	1,4	1,9	4,0	1,9
	Dicke	MW	µm	142	136	135	142	135	136	154	153	155
		Stabw	µm	1,6	1,2	2,3	0,9	6,6	2,8	4,0	7,2	3,3
	Scheinbare Dichte	MW	g/cm³	0,58	0,59	0,59	0,57	0,59	0,59	0,52	0,53	0,53
		Stabw	g/cm³	0,03	0,02	0,04	0,02	0,11	0,04	0,05	0,10	0,04
	Zugfestigkeit (Tensile-Index)	MW	kNm/kg	28,0	33,5	34,8	27,4	29,0	30,3	17,1	19,1	21,2
		Stabw	kNm/kg	0,9	1,3	1,1	1,0	1,4	1,7	0,9	1,2	1,1

Anhang 2.05 Reaktor-Geometrie

Anhang-Tabelle 7: Versuchsdaten – Reaktor-Geometrie

Versuchsreihe				Reaktor-Geometrie				
Faserrohstoff				EuSa				
Versuchspunkt				USpEu-0	USpEu-1	USpEu-2	USpEu-3	USpEu-4
Daten Behandlung	Stoffdichte Stoffsuspension		%	-	1	1	1	1
	Statischer Überdruck		bar	-	0	5	0	5
	Volumenstrom		l/min	-	1,5	1,5	1,5	1,5
	Temperatur Stoffsuspension		°C	-	20	20	20	20
	Versuchsstand		-	-	Konti	Konti	Konti	Konti
	Reaktor / Becher		-	-	FC Gap 5 mm	FC Gap 5 mm	FC Insert 34	FC Insert 34
	Durchmesser Sonotrode		mm	-	34	34	34	34
	Schwingweite der Sonotrode		µm (pkpk)	-	28	28	28	28
	SEC, Netto		kWh/t	0	174	716	179	763
	Schallintensität, Netto		W/cm²	-	17	71	17	76
Faserstoffeigenschaften	Entwässerungs-widerstand	Messung 1	SR	15	14	14	14	14
		Messung 2	SR	15	14	15	14	14
	WRV	MW	g/g	1,00	1,01	1,06	1,03	1,08
		Stabw	g/g	0,03	0,04	0,03	0,03	0,03
	Durchmesser	MW	µm	15,8	16,0	16,2	16,1	16,3
	Wandstärke	MW	µm	3,3	3,5	3,5	3,6	3,6
	Curl	MW	%	13,7	14,2	13,8	14,3	13,2
	Fibrillierungs-Index	MW	%	4,9	4,0	3,4	3,5	2,9
	L(l) c	MW	mm	0,72	0,74	0,74	0,73	0,74
	Fines(n) c	MW	%	11,5	11,8	12,0	12,1	13,0
Physikalische Blattprüfung	Flächenmasse	MW	g/m²	120,4	121,7	122,3	118,8	122,2
		Stabw	g/m²	0,8	1,3	78,0	1,7	86,0
	Dicke	MW	µm	234	235	232	233	230
		Stabw	µm	0,0	0,0	0,0	0,0	0,0
	Scheinbare Dichte	MW	g/cm³	0,5	0,5	0,5	0,5	0,5
		Stabw	g/cm³	0,0	0,0	0,3	0,0	0,4
	Durchreißfestigkeit (Tear-Index)	MW	mNm²/g	1,8	2,0	2,0	1,8	2,6
		Stabw	mNm²/g	0,1	26,1	18,9	7,8	28,6
	Zugfestigkeit (Tensile-Index)	MW	kNm/kg	18,9	19,2	21,7	18,9	23,3
		Stabw	kNm/kg	1,1	0,7	0,5	0,6	1,2
	Scott-Bond	MW	J/m²	28,2	31,5	66,4	49,2	59,7
		Stabw	J/m²	8,4	10,5	5,1	8,9	4,8

Anhang 2.06 Gasgehalt

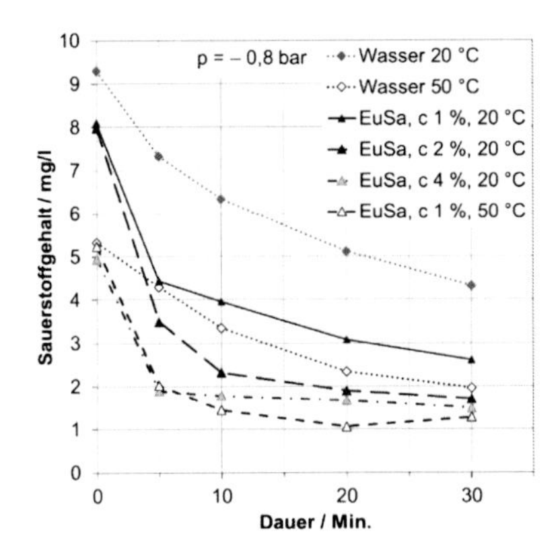

Anhang-Abbildung 11: Einfluss der Stoffdichte und der Temperatur (ϑ) auf die Entwicklung des Sauerstoffgehaltes über der Zeit nach plötzlicher Änderung des Drucks von 0 bar auf - 0,8 bar (Luft ϑ = 20 °C), Proben standen vor Messung 24 Stunden in offenem Austausch mit der Gasphase bei Atmosphärendruck (0 bar)

Anhang 2.07 Viskosität

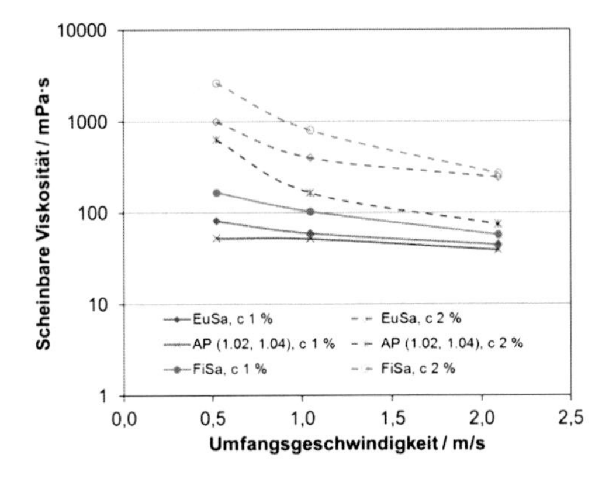

Anhang-Abbildung 12: Entwicklung der scheinbaren Viskosität (Messrührersystem MR-A 0.5, Rührer R1343, Fa. IKA) in Abhängigkeit der Umfangsgeschwindigkeit des Messrührers bei Faserstoffsuspension, ϑ = 25 °C

Anhang 2.08 Nadelholzfaserstoff

Anhang-Tabelle 8: Versuchsdaten – Nadelholzfaserstoff

Versuchsreihe				**Nadelholzzellstoff**			
Faserrohstoff				**FiSa**			
Versuchspunkt				**Amp-0**	**Amp-1**	**Amp-2**	**Amp-3**
Daten Behandlung	Stoffdichte Stoffsuspension		%	-	1	1	1
	Statischer Überdruck		bar	-	0	0	0
	Strömungsgeschwindigkeit		m/min	-	1,4	1,4	1,4
	Temperatur Stoffsuspension		°C	-	35	35	35
	Versuchsstand		-	-	Konti	Konti	Konti
	Reaktor / Becher		-	-	FC Insert 34	FC Insert 34	FC Insert 34
	Durchmesser Sonotrode		mm	-	22	22	22
	Leistung, Brutto		W	-	450	450	453
	Leerlaufleistung		W	-	105	105	105
	Schwingweite der Sonotrode		µm (pkpk)	-	120	120	120
	SEC, Netto		kWh/t	0	300	600	1000
	Schallintensität, Netto		W/cm²	-	91	91	91
Faserstoff-eigenschaften	Entwässerungs-widerstand	Messung 1	SR	12	13	12	12
		Messung 2	SR	12	11	11	12
	WRV	MW	g/g	0,97	0,99	1,02	1,02
		Stabw	g/g	0,02	0,03	0,01	0,01
	GVZ	MW	ml/g	660	642	640	649
		Stabw	ml/g	2	1	2	1
Physikalische Blattprüfung	Flächenmasse	MW	g/m²	79,7	81,1	79,5	78,8
		Stabw	g/m²	2,4	5,0	2,7	2,5
	Dicke	MW	µm	155	160	164	163
		Stabw	µm	3,0	8,0	5,0	5,0
	Durchreißfestigkeit (Tear-Index)	MW	mNm²/g	12,9	13,1	15,8	21,2
		Stabw	mNm²/g	1,4	0,2	3,3	0,9
	Zugfestigkeit (Tensile-Index)	MW	kNm/kg	20,7	21,5	21,5	23,3
		Stabw	kNm/kg	1,1	2,0	0,9	1,1
	Berstwiderstand-Index ((Mullen)	MW	kPa·m²/g	79,6	79,6	88,8	88,6
		Stabw	kPa·m²/g	9,1	6,9	4,3	7,0

Anhang 2.09 Laubholzfaserstoff

Anhang-Tabelle 9: Versuchsdaten – Laubholzfaserstoff

Versuchsreihe				Laubholzzellstoff			
Faserrohstoff				EuSa			
Versuchspunkt				AmpK2_00	AmpK2_1	AmpK2_2	AmpK2_3
Daten Behandlung	Stoffdichte Stoffsuspension		%	-	2	2	2
	Statischer Überdruck		bar	-	1	1	1
	Strömungsgeschwindigkeit		m/min	-	0,8	0,8	0,8
	Temperatur Stoffsuspension		°C	-	25	25	25
	Versuchsstand		-	-	Konti	Konti	Konti
	Reaktor / Becher		-	-	T-unit	T-unit	T-unit
	Durchmesser Sonotrode		mm	-	22	22	22
	Schwingweite der Sonotrode		µm (pkpk)	-	120	120	120
	Leistung, Brutto		W	-	625	635	610
	Leerlaufleistung		W	-	115	115	115
	SEC, Netto		kWh/t	0	560	1140	4330
	Schallintensität, Netto		W/cm²	-	134	137	130
Faserstoffeigenschaften	Entwässerungs-widerstand	Messung 1	SR	15	16	15	16
		Messung 2	SR	15	16	15	16
	WRV	MW	g/g	0,80	0,90	0,87	1,03
		Stabw	g/g	0,00	0,01	0,00	0,00
	GVZ	MW	ml/g	734	713	713	711
		Stabw	ml/g	5	3	6	4
	Durchmesser	MW	µm	15,65	15,86	15,76	15,94
	Wandstärke	MW	µm	3,78	3,83	3,80	3,99
	Curl	MW	%	17,05	15,15	15,10	14,65
	Fibrillierungs-Index	MW	%	3,73	3,34	3,38	3,27
	L(l) c	MW	mm	0,84	0,82	0,82	0,82
	Fines(n) c	MW	%	6,03	7,73	7,28	8,42
Physikalische Blattprüfung	Flächenmasse	MW	g/m²	82,4	79,2	80,6	83,0
		Stabw	g/m²	1,5	1,6	1,3	1,4
	Dicke	MW	µm	156	144	148	146
		Stabw	µm	3,3	2,6	2,9	2,3
	Scheinbare Dichte	MW	g/cm³	0,5	0,6	0,5	0,6
		Stabw	g/cm³	0,0	0,0	0,0	0,0
	Zugfestigkeit (Tensile-Index)	MW	Nm/g	19,9	28,1	27,2	33,9
		Stabw	Nm/g	0,5	0,9	1,2	2,1
	Weißgrad	MW	%	86,9	84,8	85,5	82,0
		Stabw	%	0,0	0,1	0,1	0,3

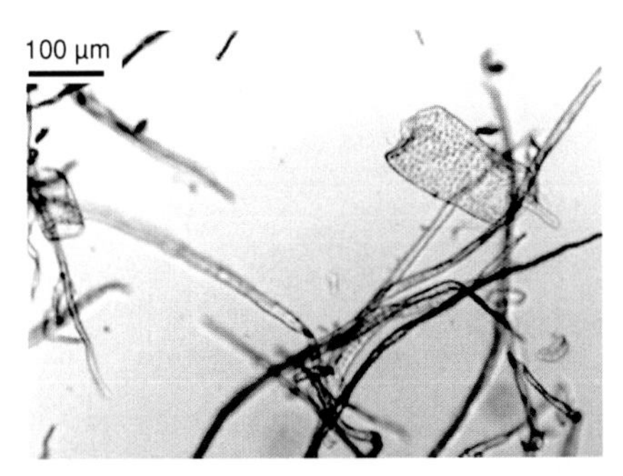

Anhang-Abbildung 13: Lichtmikroskopische Aufnahme der Faserstoffsuspension (EuSa), ohne Ultraschallbehandlung

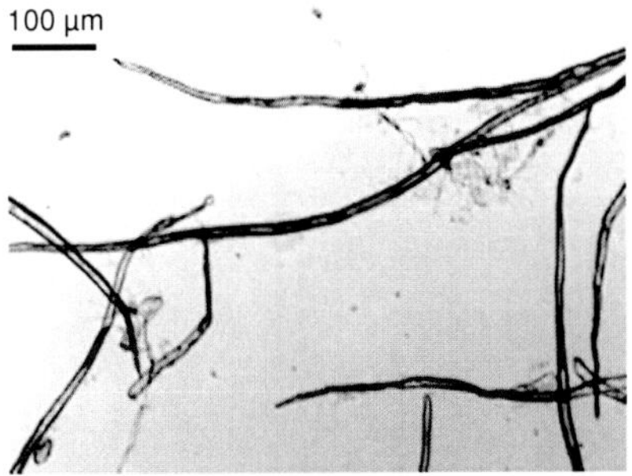

Anhang-Abbildung 14: Lichtmikroskopische Aufnahme der Faserstoffsuspension (EuSa), nach Ultraschallbehandlung mit SEC 4000 kWh/t

Anhang 2.10 Ultraschallbehandlung von mechanisch vorbehandelten Faserstoffen

Anhang-Tabelle 10: Versuchsdaten – Ultraschallbehandlung von mechanisch vorbehandelten Faserstoffen

Versuchsreihe					Vormahlung											
Faserrohstoff					KiSa											
Versuchspunkt					1-0	1-29-U1	2-5	2-5-U1	2-5-U2	2-6	2-6-U1	2-7	2-7-U1	2-8	2-8-U1	2-8-U2
Daten Behandlung	Mahlg.	Spez. Energiebedarf		kWh/t	0	0	200	200	200	100	100	50	50	200	200	200
		Spez. Kantenbelastung		J/m	-	-	3	3	3	3	3	1	1	1	1	1
		Stoffdichte		%	-	-	4	4	4	4	4	4	4	4	4	4
		Mahlaggregat		-	-	-	Laborrefiner	Laborrefiner	Laborrefiner	Laborrefiner	Laborrefiner	Laborrefiner	Laborrefiner	Laborrefiner	Laborrefiner	Laborrefiner
	Ultraschall	Stoffdichte		%	-	1	-	1	1	-	1	-	1	-	1	1
		Statischer Überdruck		bar	-	0	-	5	1	-	1	-	1	-	5	1
		Volumenstrom		l/min	-	-	-	-	-	-	-	-	-	-	-	-
		Temperatur		°C	-	20	-	20	20	-	20	-	20	-	20	20
		Versuchsstand		-	-	Batch	-	Batch	Batch	-	Batch	-	Batch	-	Batch	Batch
		Reaktor / Becher		-	-	400 ml Becher	-	400 ml Becher	400 ml Becher	-	400 ml Becher	-	400 ml Becher	-	400 ml Becher	400 ml Becher
		Durchmesser Sonotrode		mm	-	22	-	22	22	-	22	-	22	-	22	22
		Schwingweite der		µm (pkpk)	-	68	-	68	68	-	68	-	68	-	68	68
		SEC, Netto		kWh/t	0	300	0	290	312	0	303	0	304	0	291	303
		Schallintensität, Netto		W/cm²	-	32	-	138	56	-	54	-	55	-	137	54
Faserstoffeigenschaften	Entwässerungs-widerstand		Messung 1	SR	13	12	52	56	54	27	29	17	17	24	26	23
			Messung 2	SR	13	12	51	55	53	27	29	17	16	23	25	24
	WRV		MW	g/g	0,85	0,88	1,73	1,74	1,79	1,43	1,48	1,21	1,20	1,38	1,38	1,39
			Stabw	g/g	0,00	0,00	0,01	0,01	0,01	0,00	0,02	0,02	0,01	0,03	0,01	0,00
	Durchmesser		MW	µm	24,0	24,2	23,8	26,2	25,6	24,2	25,7	12,8	25,7	25,7	25,8	25,6
	Wandstärke		MW	µm	6,6	6,8	6,8	7,9	7,5	6,8	7,5	3,7	7,4	7,5	7,5	7,4
	Curl		MW	%	21,1	21,1	16,6	18,7	18,4	16,7	18,2	9,9	20,0	19,0	18,8	18,7
	Fibrillierungs-Index		MW	%	3,6	3,7	4,5	4,5	4,5	3,8	3,9	3,5	3,4	3,4	3,5	3,4
	L(l) c		MW	mm	2,1	2,2	1,47	1,42	1,56	1,68	1,77	1,03	2,06	1,92	1,96	1,92
	Fines(n) c		MW	%	29,19	26,33	27,3	33,8	26,8	26,3	27,6	14,4	28,4	27,2	28,0	30,4
Physikalische Blattprüfung	Flächenmasse		MW	g/m²	77,4	81,6	82,7	79,9	82,3	84,0	81,5	83,2	80,9	83,9	82,8	82,9
			Stabw	g/m²	1,8	1,2	3,4	2,3	1,9	1,4	1,8	4,6	1,8	6,6	2,2	2,1
	Dicke		MW	µm	146	155	111	106	110	120	119	137	131	125	122	122
			Stabw	µm	3,7	2,0	3,9	3,1	2,1	1,7	2,0	10,6	2,4	8,7	3,2	2,7
	Scheinbare Dichte		MW	g/cm³	0,53	0,53	0,75	0,76	0,75	0,70	0,69	0,61	0,62	0,67	0,68	0,68
			Stabw	g/cm³	0,05	0,03	0,08	0,06	0,04	0,03	0,04	0,13	0,04	0,15	0,05	0,05
	Zugfestigkeit (Tensile-Index)		MW	kNm/kg	22,6	23,1	69,4	72,6	74,0	61,3	62,4	44,7	47,2	62,2	65,7	61,0
			Stabw	kNm/kg	1,1	1,4	5,1	8,4	7,3	3,2	3,0	3,1	1,7	2,6	2,7	4,7

Anhang 2.11 Einfluss von mineralischen Mahlhilfsmitteln

Anhang-Tabelle 11: Versuchsdaten – Einfluss von mineralischen Mahlhilfsmitteln

Versuchsreihe				Einfluss von mineralischen Mahlhilfsmitteln								
Faserrohstoff				KiSa								
Versuchspunkt				F	FM	FM	FU(MIN)	FU(MAX)	FMU(MIN)	FMU(MAX)	FMU(MIN)	FMU(MAX)
Daten Behandlung	Stoffdichte Stoffsuspension		%	0	10	33	0	0	33	33	10	10
	Statischer Überdruck		bar	-	-	-	0	5	0	5	0	5
	Volumenstrom		l/min	-	-	-	-	-	-	-	-	-
	Temperatur Stoffsuspension		°C	-	-	-	25	25	25	25	25	25
	Versuchsstand		-	-	-	-	Batch	Batch	Batch	Batch	Batch	Batch
	Reaktor / Becher		-	-	-	-	400 ml Becher	400 ml Becher	400 ml Becher	400 ml Becher	400 ml Becher	400 ml Becher
	Durchmesser Sonotrode		mm	-	-	-	22	22	22	22	22	22
	Schwingweite der Sonotrode		µm (pkpk)	-	-	-	68	68	68	68	68	68
	SEC, Netto		kWh/t	0	0	0	297	2681	298	2679	296	2644
	Schallintensität, Netto		W/cm²	-	-	-	31	133	31	133	30	131
Faserstoff-eigenschaften	Entwässerungswiderstand	Messung 1	SR	14	13	12	15	19	10	13	13	16
		Messung 2	SR	0	0	0	0	1	0	0	0	1
	WRV	MW	g/g	92,10	88,20	73,50	87,00	106,50	70,50	80,45	85,85	98,10
		Stabw	g/g	0,99	0,00	0,14	2,40	1,84	0,85	2,76	0,64	0,99
	L(l) c	MW	mm	2,04	2,05	1,98	1,98	1,98	1,96	1,97	2,02	2,00
Physikalische Blattprüfung	Flächenmasse	MW	g/m²	84,5	76,7	72,7	70,2	82,0	76,1	77,3	74,4	73,1
		Stabw	g/m²	2,4	1,7	4,9	1,2	2,0	3,8	3,8	2,5	1,3
	Dicke	MW	µm	158	143	134	131	144	139	137	139	134
		Stabw	µm	5,1	4,0	7,2	3,7	5,9	8,0	4,9	6,5	5,3
	Scheinbare Dichte	MW	g/cm³	0,53	0,54	0,54	0,54	0,57	0,55	0,56	0,54	0,55
		Stabw	g/cm³	0,06	0,05	0,12	0,05	0,07	0,11	0,08	0,08	0,06
	Glührückstand bei 525°C	MW	%	0,10	0,20	0,30	0,12	0,14	0,51	0,95	0,20	0,40
		Stabw	%	0,02	0,01	0,04	0,01	0,01	0,04	0,30	0,03	0,10
	Durchreißfestigkeit (Tear-Index)	MW	mNm²/g	1516,2	1318,4	1242,5	1049,6	2059,0	1344,5	1786,2	1216,2	1811,6
		Stabw	mNm²/g	69,8	21,4	158,3	63,4	120,5	166,4	112,0	68,1	128,3
	Zugfestigkeit (Tensile-Index)	MW	kNm/kg	25,4	26,4	25,4	24,1	33,8	25,3	31,9	25,5	31,3
		Stabw	kNm/kg	1,4	0,7	2,6	0,7	1,1	0,7	1,8	1,0	4,2

Anhang 2.12 Rezyklierter Faserstoff für die Produktion grafischer Papiere

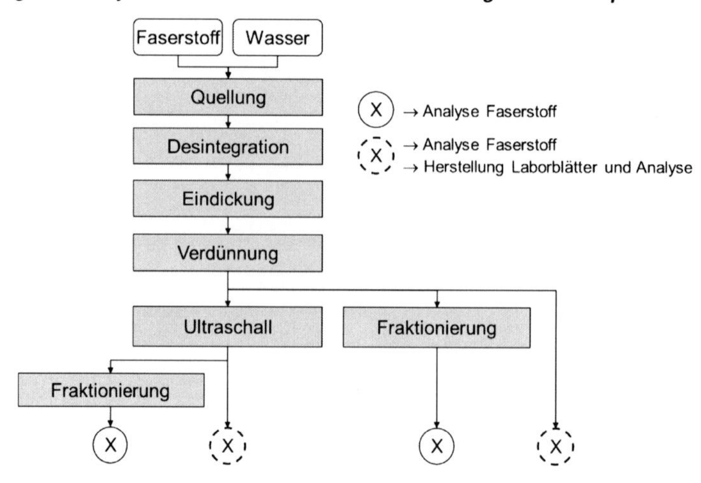

Anhang-Abbildung 15: Versuchsdurchführung Rezyklierter Faserstoff für die Produktion grafischer Papiere

Anhang-Tabelle 12: Versuchsdaten – Rezyklierter Faserstoff für die Produktion grafischer Papiere

Versuchsreihe				Rezyklierter Faserstoff grafischer Papiere						
Faserrohstoff				WFC-Druckmuster						
Versuchspunkt				K_NP	K_NP_2	K_US_1	K_US_2	K_US_3	K_US_4	K_US_5
Daten Behandlung	Stoffdichte Stoffsuspension		%	-	-	2	2	2	2	2
	Statischer Überdruck		bar	-	-	0	0	0	0	0
	Volumenstrom		l/min	-	-	2,8	2,8	2,8	2,8	2,8
	Temperatur Stoffsuspension		°C	-	-	40	40	40	40	40
	Versuchsstand		-	-	-	Konti	Konti	Batch	Batch	Konti
	Reaktor / Becher		-	-	-	FC/Insert 34	FC/Insert 34	400 ml Becher	400 ml Becher	FC/Insert 34
	Durchmesser Sonotrode		mm	-	-	34	34	34	34	34
	Schwingweite der Sonotrode		µm (pkpk)	-	-	63	63	63	63	63
	SEC, Netto		kWh/t	0	0	540	528	522	515	633
	Schallintensität, Netto		W/cm²	-	-	40	39	31	30	39
Faserstoffeigenschaften	Entwässerungswiderstand	Messung 1	SR	14	15	18	17	18	19	18
	Entwässerungswiderstand	Messung 2	SR	14	14	18	17	18	18	17
	WRV	MW	g/g	0,77	0,82	0,81	0,76	0,83	0,81	0,83
	WRV	Stabw	g/g	0,01	0,00	0,00	0,00	0,02	0,00	0,01
	Glührückstand bei 525°C	MW	%	44,7	46,8	45,0	45,5	45,4	45,3	45,8
	Glührückstand bei 525°C	Stabw	%	0,0	0,0	0,3	0,6	0,8	0,3	0,1
	Ganzstoff: Durchmesser	MW	µm	21,9	21,6	21,8	21,9	21,6	21,3	
	Ganzstoff: Wandstärke	MW	µm	6,5	6,6	6,5	6,5	6,4	6,3	
	Ganzstoff: Curl	MW	%	19,7	20,4	19,1	19,1	18,6	18,3	
	Ganzstoff: Fibrillierungs-Index	MW	%	7,8	8,7	7,4	7,2	8,3	7,6	
	Ganzstoff: L(l) c	MW	mm	1,25	1,20	1,22	1,33	1,25	1,17	
	Ganzstoff: Fines(n) c	MW	%	14,7	15,3	14,3	15,1	16,6	17,6	
	nach Fraktionierung (Hyperwäsche): Durchmesser	MW	µm	23,3	22,9	23,1	23,3	22,9	22,7	22,9
	nach Fraktionierung (Hyperwäsche): Wandstärke	MW	µm	6,8	6,8	6,5	6,6	6,5	6,4	6,5
	nach Fraktionierung (Hyperwäsche): Curl	MW	%	22,4	22,8	21,0	21,1	21,6	20,6	21,3
	nach Fraktionierung (Hyperwäsche): Fibrillierungs-Index	MW	%	4,1	4,3	4,1	4,1	4,1	3,9	4,0
	nach Fraktionierung (Hyperwäsche): L(l) c	MW	mm	1,55	1,46	1,54	1,54	1,53	1,47	1,51
	nach Fraktionierung (Hyperwäsche): Fines(n) c	MW	%	0,8	0,9	1,0	0,8	0,6	0,7	0,6
Physikalische Blattprüfung	Flächenmasse	MW	g/m²	78,6	78,7	78,6	77,9	79,1	79,9	79,2
	Flächenmasse	Stabw	g/m²	0,6	0,8	1,6	0,9	0,8	0,8	0,6
	Dicke	MW	µm	114	115	112	111	114	113	113
	Dicke	Stabw	µm	0,5	0,7	2,5	1,0	1,4	0,8	1,4
	Scheinbare Dichte	MW	g/cm³	0,69	0,69	0,70	0,70	0,70	0,71	0,70
	Scheinbare Dichte	Stabw	g/cm³	0,01	0,02	0,04	0,02	0,02	0,02	0,02
	Glührückstand bei 525°C	MW	%	21,2	20,7	19,9	19,3	18,9	17,9	18,0
	Glührückstand bei 525°C	Stabw	%	0,1	0,0	0,1	0,1	0,0	0,1	0,0
	Durchreißfestigkeit (Tear-Index)	MW	mNm²/g	12,9	11,5	14,2	14,6	15,2	12,8	13,1
	Durchreißfestigkeit (Tear-Index)	Stabw	mNm²/g	0,6	0,3	1,2	0,9	1,6	0,3	0,4
	Zugfestigkeit (Tensile-Index)	MW	kNm/kg	35,8	35,0	40,4	39,1	40,9	40,9	39,8
	Zugfestigkeit (Tensile-Index)	Stabw	kNm/kg	1,0	1,1	1,0	1,4	0,9	2,1	1,2

Anhang 2.13 Rezyklierte Faserstoffe für die Produktion von Verpackungspapieren

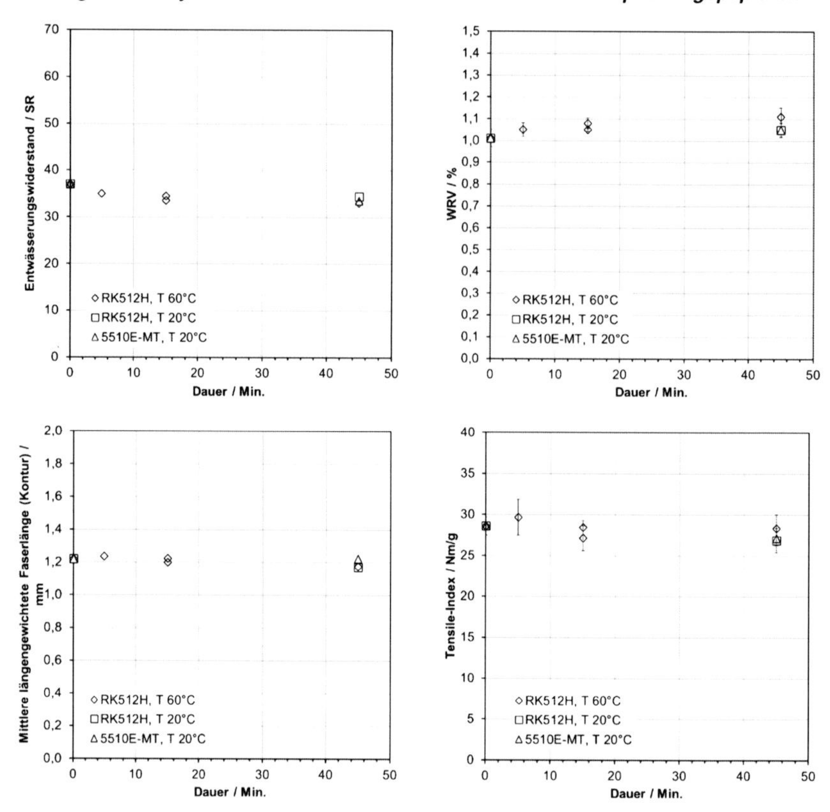

Anhang-Abbildung 16: Ausgewählte Eigenschaften des Faserstoffes (AP 1.02 1.04) und von Laborblättern vor und nach Ultraschallbehandlung der Faserstoffsuspension mit Flächenschwingern, Feststoffgehalt 1 %

Anhang 2.14 Faserstofffraktionen

Anhang-Tabelle 13: Versuchsdaten – Faserstofffraktionen

Versuchsreihe				Faserstofffraktionen		
Faserrohstoff				AP 1.02 1.04		
Versuchspunkt				O	US-K	US-L
Daten Behandlung	Stoffdichte Stoffsuspension		%	-	1	3
	Statischer Überdruck		bar	-	5	5
	Strömungsgeschwindigkeit		m/min	-	-	-
	Temperatur Stoffsuspension		°C	-	20	20
	Versuchsstand		-	-	Batch	Batch
	Reaktor / Becher		-	-	Becher, 400 ml	Becher, 400 ml
	Durchmesser Sonotrode		mm	-	40	40
	Schwingweite der Sonotrode		µm (pkpk)	-	28	28
	Leistung, Brutto		W	-	913	935
	Leerlaufleistung		W	-	105	105
	SEC, Netto, bez. auf Fraktion		kWh/t	0	1350	460
	SEC, Netto, bez. auf Gesamt		kWh/t	0	175	400
	Schallintensität, Netto		W/cm²	-	64	66
Faserstoffeigenschaften	Entwässerungs-widerstand	Messung 1	SR	34	40	45
		Messung 2	SR	34	44	46
	WRV	MW	g/g	0,89	0,93	0,93
		Stabw	g/g	0,01	0,04	0,02
	Durchmesser	MW	µm	24,99	25,37	25,07
	Wandstärke	MW	µm	6,37	6,34	6,42
	Curl	MW	%	16,70	16,50	16,40
	Fibrillierungs-Index	MW	%	5,32	5,07	5,25
	L(l) c	MW	mm	1,26	1,26	1,25
	Fines(n) c	MW	%	24,32	25,09	25,92
Physikalische Blattprüfung	Flächenmasse	MW	g/m²	75,4	75,4	75,2
		Stabw	g/m²	0,4	0,7	0,5
	Dicke	MW	µm	140	139	136
		Stabw	µm	2,9	3,5	3,2
	Scheinbare Dichte	MW	g/cm³	0,54	0,54	0,55
		Stabw	g/cm³	0,03	0,03	0,03
	Glührückstand 525 °C	MW	%	9,8	9,2	10,3
	Weiterreißarbeit (Brecht-Imset)	MW	mN·m/m	1016	1060	1059
		Stabw	mN·m/m	70	75	74
	Zugfestigkeit (Tensile-Index)	MW	Nm/g	34,5	38,2	38,8
		Stabw	Nm/g	1,0	1,3	1,3

Anhang 2.15 Einfluss der Ultraschallbehandlung auf die Stärke im rezyklierten Faserstoff

Anhang-Tabelle 14: Versuchsdaten – Einfluss der Ultraschallbehandlung auf die Stärke im rezyklierten Faserstoff

Versuchsreihe				**Stärke**		
Faserrohstoff				**Altpapier 1.02 + 1.04**		
Versuchspunkt				**R**	**OM**	**UM**
Daten Behandlung Stärkelösung	Stoffdichte Stärkelösung		%	-	-	5,9
	Statischer Überdruck		bar	-	-	0
	Volumenstrom		l/min	-	-	2,8
	Temperatur Stärkelösung		°C	-	-	60
	Versuchsstand		-	-	-	Konti
	Reaktor / Becher		-	-	-	FC/Insert 34
	Durchmesser Sonotrode		mm	-	-	18
	Schwingweite der Sonotrode		µm (pkpk)	-	-	143
	SEC, Netto		kWh/t	-	-	-
	Schallintensität, Netto		W/cm²	-	-	105
Physikalische Blattprüfung	Flächenmasse	MW	g/m²	77,3	76,7	77,4
		Stabw	g/m²	0,6	1,0	1,0
	Dicke	MW	µm	126	127	128
		Stabw	µm	1,8	2,3	1,6
	Scheinbare Dichte	MW	g/cm³	0,61	0,60	0,60
		Stabw	g/cm³	0,02	0,03	0,03
	Stärkemenge in Probe		mg/g otro	9,7	10,6	12,1
	Durchreißfestigkeit (Tear-Index)	MW	mNm²/g	14,6	14,1	13,6
		Stabw	mNm²/g	1,9	0,8	1,3
	Zugfestigkeit (Tensile-Index)	MW	kNm/kg	35,4	42,9	43,8
		Stabw	kNm/kg	1,5	1,3	2,8

Die Schriftenreihe Holz- und Papiertechnik umfasst bisher folgende Bände:

Band 1: Christian Gottlöber: Ein Weg zur Optimierung von Spanungsprozessen am Beispiel des Umfangsplanfräsens von Holz und Holzwerkstoffen. Dissertation, Technische Universität Dresden, 2006, ISBN 3-86005-534-8

Band 2: Roland Zelm: Möglichkeiten zur Ressourceneinsparung bei der Papierproduktion am Beispiel von Feinpapierproduktionslinien. Dissertation, Technische Universität Dresden, 2006, ISBN 3-86005-533-X

Band 3: Alexander Pfriem: Untersuchungen zum Materialverhalten thermisch modifizierter Hölzer für deren Verwendung im Musikinstrumentenbau. Dissertation, Technische Universität Dresden, 2007, ISBN 978-3-86780-014-3

Band 4: Denis Eckert: Bewertung der Markierungsempfindlichkeit matt gestrichener grafischer Papiere und Möglichkeiten der Einflussnahme. Dissertation, Technische Universität Dresden, 2010, ISBN 3-86780-163-0

Band 5: André Wagenführ (Hrsg.): Tagungsband des 14. Holztechnologischen Kolloquiums Dresden 08.-09. April 2010, 2010, ISBN 987-3-86780-167-6

Band 6: Matthias Wanske: Hochleistungs-Ultraschallanwendungen in der Papierindustrie – Methoden zur volumenschonenden Glättung von Oberflächen. Dissertation, Technische Universität Dresden, 2010, ISBN 978-3-86780-176-8

Band 7: Daniel Heymann: Untersuchungen zur Flexibilisierung von Holzfurnieren zum Einsatz im automobilen Innenausbau. Dissertation, Technische Universität Dresden, 2011, ISBN 978-3-86780-206-2

Band 8: Max Britzke: Entwicklung einer kontinuierlich herstellbaren Sandwichplatte mit Papierwabenkern. Dissertation, Technische Universität Dresden, 2011, ISBN 978-3-86780-255-0

Band 9: André Wagenführ (Hrsg.): Tagungsband des 15. Holztechnologischen Kolloquiums Dresden 29.-30. März 2012, 2012, ISBN 987-3-86780-266-6

Band 10: Mario Zauer: Untersuchung zur Porenstruktur und kapillaren Wasserleitung im Holz und deren Änderung infolge einer thermischen Modifikation. Dissertation, Technische Universität Dresden, 2012, ISBN 978-3-86780-276-5

Band 11: Tilo Gailat: Entwicklung eines Prüfverfahrens zur Quantifizierung des Mineraliengehaltes von gestrichenen und ungestrichenen Papieren. Dissertation, Technische Universität Dresden, 2012, ISBN 978-3-86780-284-0

Band 12: André Wagenführ (Hrsg.): Tagungsband des 16. Holztechnologischen Kolloquiums Dresden 03.-04. April 2014, 2014, ISBN 978-3-86780-385-4

Band 13: Toni Handke: Neue Wege in der stofflichen Aufbereitung von Halbstoffen zur Papierherstellung. Dissertation, Technische Universität Dresden, 2015, ISBN 978-3-86780-424-0

Band 14: André Wagenführ (Hrsg.): 60 Jahre Lehrstuhl Holz- und Faserwerkstofftechnik an der TU Dresden – Eine Chronik (1955-2015), 2015, ISBN 978-3-86780-447-9

Band 15: André Wagenführ (Hrsg.): Tagungsband des 17. Holztechnologischen Kolloquiums Dresden 28.-29. April 2016, 2016, ISBN 978-3-86780-476-9

Band 16: Martina Härting: Einfluss des Papiers auf die Bildwiedergabe im Rollen- und Bogenoffsetdruck. Dissertation, Technische Universität Dresden, 2016, ISBN 978-3-86780-492-9

Band 17: Tobias Brenner: Anwendung von Ultraschall zur Verbesserung der Papierfestigkeit durch Beeinflussung der Fasermorphologie. Dissertation, Technische Universität Dresden, 2016, ISBN 978-3-86780-494-3